视频教学

步步图解

万用表使用技能

指针、数字、电路检测，一本通关

分解图 直观学 易懂易查
看视频 跟着做 快速上手

双色印刷

韩雪涛 主编
吴 瑛 韩广兴 副主编

U0179309

机械工业出版社
CHINA MACHINE PRESS

本书全面系统地讲解了万用表的种类、结构、工作原理，以及使用方法的专业知识和实操技能。为了确保图书的品质和特色，本书对目前各行业的万用表应用技能进行了细致的调研，将万用表使用和应用技能按照岗位特色进行了整理，并将国家职业资格标准和行业培训规范融入图书的知识体系中。具体内容包括：万用表种类和功能特点、学用指针万用表、学用数字万用表、万用表检测基础电子元件、万用表检测常用半导体器件、万用表检测常用电气部件、万用表检测电流、万用表检测电压、万用表检测电话机的应用实例、万用表检测吸尘器的应用实例、万用表检测电风扇的应用实例、万用表检测洗衣机的应用实例、万用表检测电饭煲的应用实例、万用表检测微波炉的应用实例、万用表检测电磁炉的应用实例、万用表检测电动自行车的应用实例。

本书可作为专业技能认证的培训教材，也可作为职业技术院校的实训教材，适合电子电气领域的技术人员、电工电子技术爱好者阅读。

图书在版编目（CIP）数据

步步图解万用表使用技能/韩雪涛主编. —北京：机械工业出版社，2023.7
ISBN 978-7-111-73220-4

Ⅰ.①步… Ⅱ.①韩… Ⅲ.①复用电表-使用方法-图解 Ⅳ.①TM938.107-64

中国国家版本馆 CIP 数据核字（2023）第 093570 号

机械工业出版社（北京市百万庄大街 22 号　邮政编码 100037）
策划编辑：任　鑫　　　责任编辑：任　鑫　刘星宁
责任校对：韩佳欣　陈　越　　封面设计：王　旭
责任印制：邓　博
盛通（廊坊）出版物印刷有限公司印刷
2023 年 11 月第 1 版第 1 次印刷
148mm×210mm · 7.75 印张 · 252 千字
标准书号：ISBN 978-7-111-73220-4
定价：49.00 元

电话服务　　　　　　　　网络服务
客服电话：010-88361066　　机　工　官　网：www.cmpbook.com
　　　　　010-88379833　　机　工　官　博：weibo.com/cmp1952
　　　　　010-68326294　　金　书　网：www.golden-book.com
封底无防伪标均为盗版　　机工教育服务网：www.cmpedu.com

前　言

万用表的专业知识和使用技能是电工电子领域相关工作岗位必须具备的一项基础知识和技能。尤其是随着科技的进步和人们生活水平的提升，电子技术和电气自动化应用技术得到了进一步的发展，电工电子领域的岗位类别和从业人数逐年增加。如何能够在短时间内掌握万用表的专业知识和使用方法，成为很多从业者和爱好者亟待解决的关键问题。

本书就是为从事和希望从事电工电子领域相关工作的专业人员及业余爱好者编写的一本专门提升万用表使用及应用技能的“图解类”技能指导培训图书。

针对新时代读者的特点和需求，本书从知识架构、内容安排、呈现方式等多方面进行了创新和尝试。

1. 知识架构

本书对关于万用表使用及应用的知识体系进行了系统的梳理。从基础知识开始，从使用角度出发，成体系地、循序渐进地讲解知识，传授技能。让读者加深对基础知识的理解，避免工作中出现低级错误，明确基本技能的操作方法，提高基本的职业素养。

2. 内容安排

本书注重基础知识的实用性和专业技能的实操性。在基础知识方面，以技能为导向，知识以实用、够用为原则；在内容的讲解方面，力求简单明了，充分利用图片化演示代替冗长的文字说明，让读者直观地通过图示掌握知识内容；在技能的锻炼方面，以实际案例为依托，注重技能的规范性和延伸性，力求让读者通过技能训练掌握过硬的本领，指导实际工作。

3. 呈现方式

本书充分发挥图解特色，在专业知识方面，将晦涩难懂的冗长文字简化、包含在图中，让读者通过读图便可直观地掌握所要体现的知识内容。在实操技能方面，通过大量的操作照片、细节图解、透视图、结构图等图解演绎手法，让读者在第一时间得到最直观、最真实的案例重现，确保在最短时间内获得最大的收获，从而指导工作。

4. 版式设计

本书在版式设计上更加丰富，多个模块的互补既确保学习和练习的融合，同时又增强了互动性，提升了学习兴趣，充分调动学习者的主观能动性，让学习者在轻松的氛围下自主地完成学习。

5. 技术保证

在图书的专业性方面，本书由数码维修工程师鉴定指导中心组织编写，所有编写成员都具备丰富的维修知识和培训经验。书中所有的内容均来源于实际的教学和工作案例，从而确保图书的权威性、真实性。

6. 增值服务

在图书的增值服务方面，本书依托数码维修工程师鉴定指导中心和天津市涛涛多媒体技术有限公司提供全方位的技术支持和服务。为了获得更好的学习效果，本书充分考虑读者的学习习惯，在图书中增设了二维码学习方式。读者通过手机扫描二维码即可打开相关的学习视频进行自主学习，不仅提升了学习效率，同时增强了学习的趣味性和效果。

读者在阅读过程中如遇到任何问题，可通过以下方式与我们取得联系：

咨询电话：022-83715667/13114807267

联系地址：天津市南开区华苑产业园区天发科技园 8-1-401

邮政编码：300384

为了方便读者学习，本书电路图中所用的电路图形符号与厂商实物标注（各厂商的标注不完全一致）一致，未进行统一处理。

在专业知识和技能提升方面，我们也一直在学习和探索，由于水平有限，编写时间仓促，书中难免会出现一些疏漏，欢迎读者指正，也期待与您的技术交流。

编　者

目录

第 1 章

万用表种类和功能特点

1.1 万用表的种类特点

1.1.1 指针万用表和数字万用表

根据内部结构和工作原理的不同，万用表可以分为指针万用表和数字万用表。

1. 指针万用表

指针万用表又称作模拟式万用表，它利用一只灵敏的磁电式直流电流表（微安表）作为表盘。测量时，通过表盘下面的功能旋钮设置不同的测量项目和档位，并通过表盘指针指示的方式直接在表盘上显示测量的结果，其最大的特点就是能够直观地检测出电流、电压等参数的变化过程和变化方向。

图 1-1 所示为典型的指针万用表。指针万用表根据外形结构的不同，可分为单旋钮指针万用表和双旋钮指针万用表。

2. 数字万用表

数字万用表又称数字多用表，它采用先进的数字显示技术。测量时，通过液晶显示屏下面的功能旋钮设置不同的测量项目和档位，并通过液晶显示屏直接用数字将所测量的电压、电流、电阻等测量结果显示出来，其最大的特点就是显示清晰、直观、读取准确，既保证了读数的客观性，又符合人们的读数习惯。

图 1-2 所示为典型的数字万用表。数字万用表根据量程转换方式的不

同，可分为手动量程选择式数字万用表和自动量程变换式数字万用表。

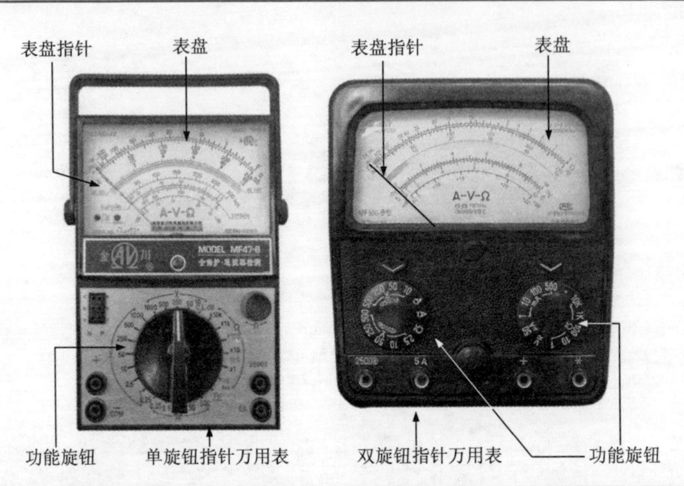
表盘指针
表盘
表盘指针
表盘
功能旋钮
单旋钮指针万用表
双旋钮指针万用表
功能旋钮
A-V-Ω
MODEL MF47-8

图 1-1　典型的指针万用表

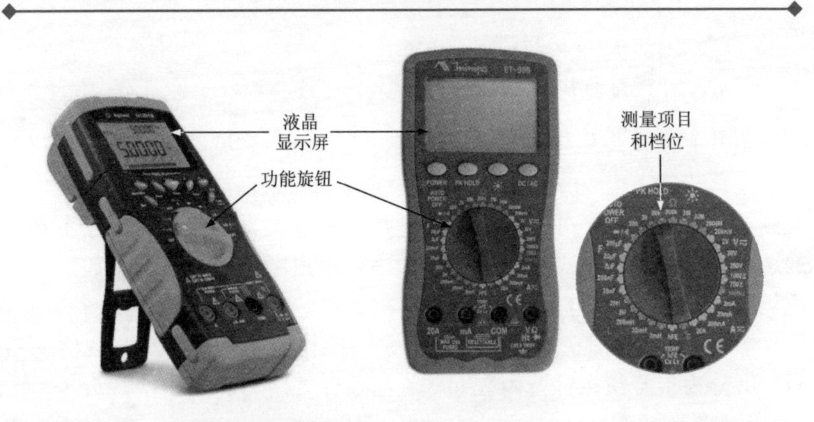
液晶
显示屏
功能旋钮
测量项目
和档位

图 1-2　典型的数字万用表

1.1.2　便携式万用表和台式万用表

根据使用特点的不同，万用表可以分为便携式万用表和台式万用表。

1. 便携式万用表

便携式万用表体积小巧，如图 1-3 所示，主要有手持式万用表和笔式万用表两种。这种万用表使用灵活，检测方便。通常具备阻值、电压、电容量、电感量、晶体管放大倍数以及通、断等多种测量功能，常应用于电子产品调试、检修及电气检修等领域。

UT39A
POWER
HOLD
COM
CE

手持式万用表

CZD
8.8.8.8
COM

笔式万用表

图 1-3　便携式万用表

2. 台式万用表

台式万用表是一种多用途精密数字式电子测量仪表，如图 1-4 所示。与便携式万用表相比，台式万用表的测量准确度更高，且测量功能更加丰富。除具备常规的电阻、电压、电感、电容等测量功能外，还可以测量温度、信号频率等，多用于电子产品设计、制造、调试及电子测量等领域。

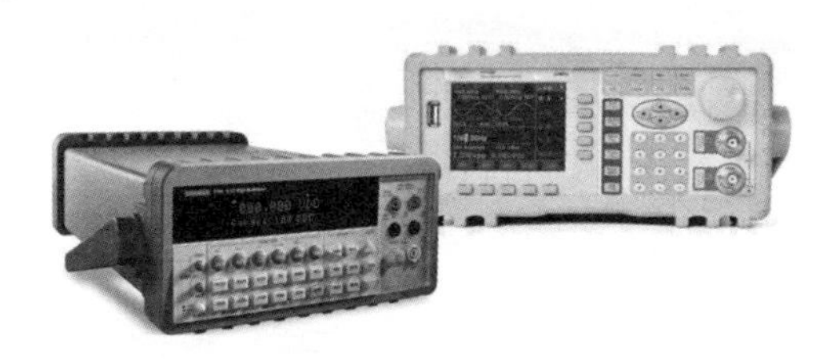

图 1-4　台式万用表

1.1.3　手动量程万用表和自动量程万用表

根据量程调整方式的不同，万用表可以分为手动量程万用表和自动量程万用表。

1. 手动量程万用表

手动量程万用表是指万用表的档位量程需要根据测量环境和测量条件的不同，手动完成档位量程的选择设定。如图 1-5 所示为手动量程的万用表。

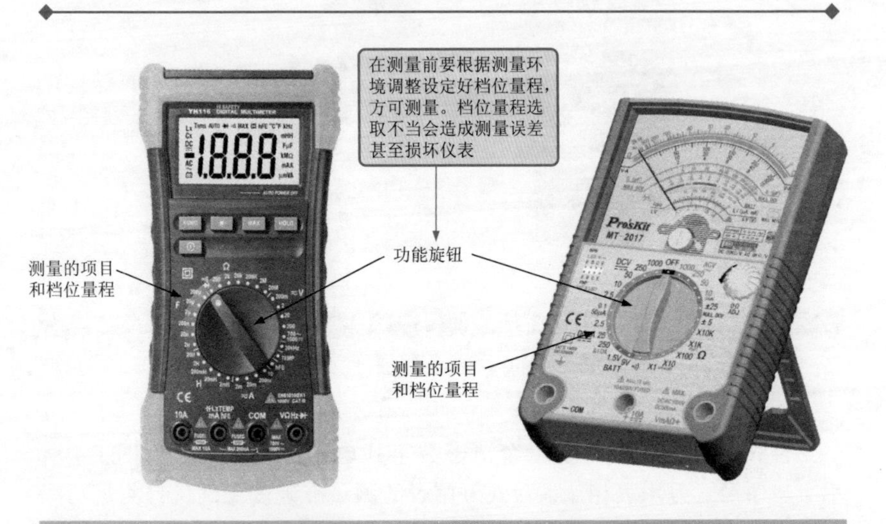
在测量前要根据测量环境调整设定好档位量程，方可测量。档位量程选取不当会造成测量误差甚至损坏仪表
测量的项目和档位量程
功能旋钮
测量的项目和档位量程

图 1-5　手动量程万用表

要点说明

手动量程数字万用表在档位（测量项目）设置好后，还要对量程进行调整设置，只有在量程调整设置正确的情况下，所测量的数值才是准确的。若测量调整设置不合理，不仅会影响测量结果，严重时还会损坏万用表。

2. 自动量程万用表

如图 1-6 所示。自动量程万用表可以根据测量环境，自动变换测量的档位量程以适应测量需要。因此，这种万用表使用更加便捷和方便。通常，自动量程万用表多为数字万用表。

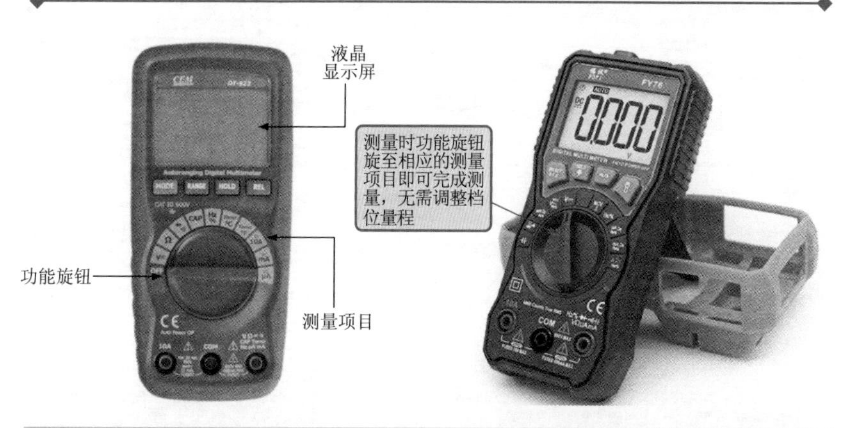
液晶
显示屏
测量时功能旋钮旋至相应的测量项目即可完成测量，无需调整档位量程
功能旋钮
测量项目

图 1-6 自动量程万用表

1.2 万用表的功能特点

1.2.1 万用表的电流测量功能

万用表拥有电流值测量的功能。在电子产品检修时，使用万用表通过对相关电路或部件供电电流和输出电流的测量，能够迅速确定故障。图 1-7 所示为典型万用表测量电流值的应用。

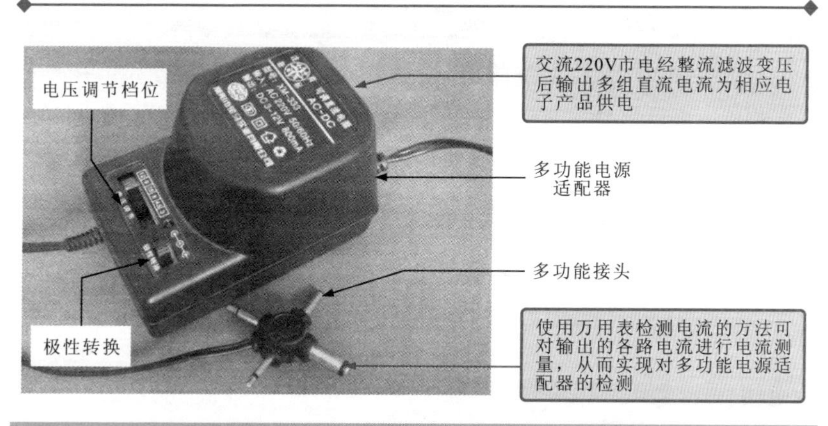
电压调节档位
交流220V市电经整流滤波变压后输出多组直流电流为相应电子产品供电
多功能电源
适配器
多功能接头
极性转换
使用万用表检测电流的方法可对输出的各路电流进行电流测量，从而实现对多功能电源适配器的检测

图 1-7 典型万用表测量电流值的应用

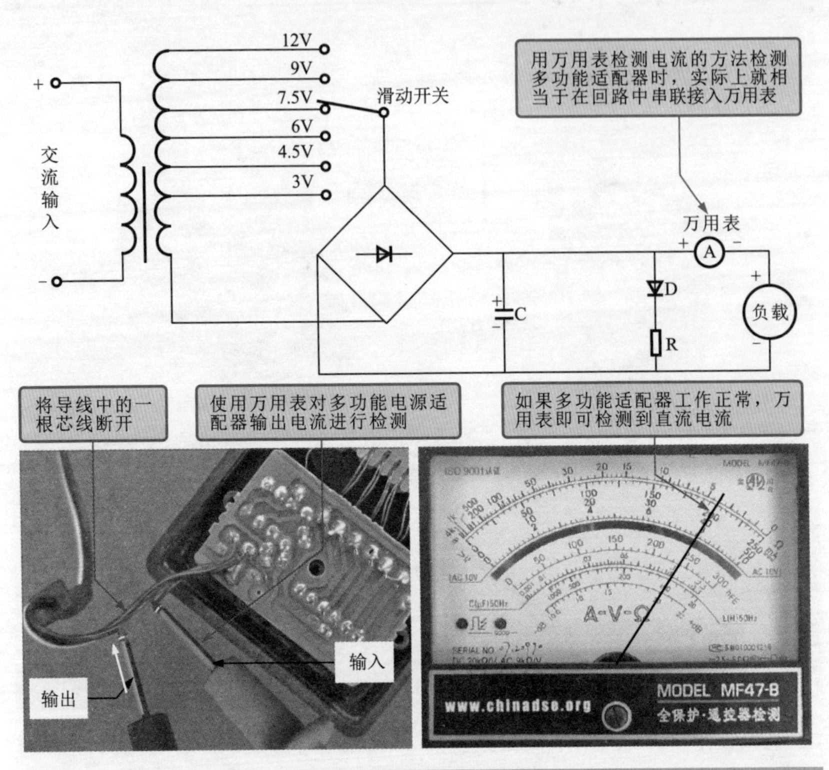
12V
9V
7.5V
6V
4.5V
3V
滑动开关
交流输入
+
-
用万用表检测电流的方法检测多功能适配器时，实际上就相当于在回路中串联接入万用表
万用表
A
D
C
R
负载
将导线中的一根芯线断开
使用万用表对多功能电源适配器输出电流进行检测
如果多功能适配器工作正常，万用表即可检测到直流电流
输入
输出
A-V-Ω
MODEL MF47-8
www.chinadse.org
全保护·遥控器检测

图 1-7 典型万用表测量电流值的应用（续）

1.2.2 万用表的电压测量功能

万用表拥有电压值测量的功能。在电子产品检修时，使用万用表通过对相关电路或部件供电电压和输出电压的测量，能够迅速确定故障。图 1-8 所示为典型万用表测量电压值的应用。

1.2.3 万用表的电阻测量功能

万用表具有电阻值的测量功能。在电子产品检修时，通过万用表对元器件或部件阻值的检测，可判断元器件的好坏以及连接线、接插件、开关等部件的通断。图 1-9 所示为典型万用表测量电阻值的应用。

交流220V输入端

使用万用表检测电压值的方法可对开关电源电路中各输入、输出端的电压进行测量，便可实现对开关电源电路的检测

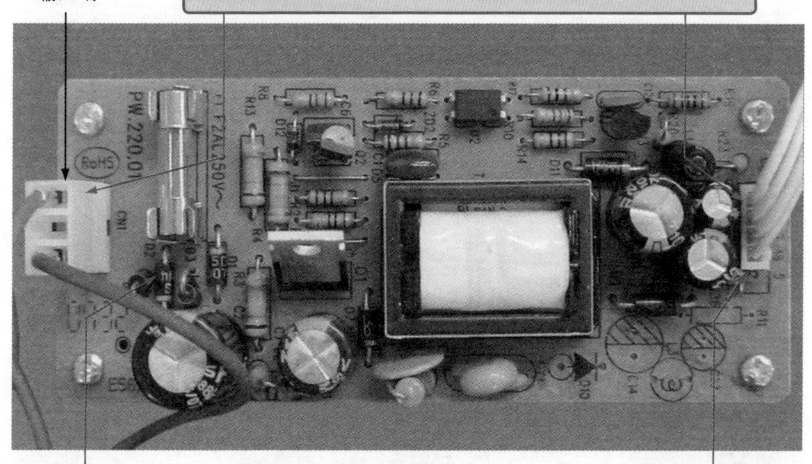

直流300V电压输出端

按下电源开关，交流220V电压经该输入端接口送入开关电源电路板中

3.8V、18V电压输出端

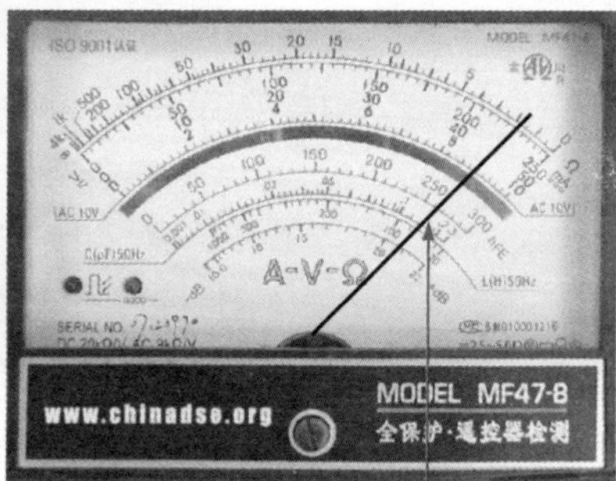
MODEL MF47-8
www.chinadse.org
全保护·遥控器检测
A-V-Ω

使用万用表对交流220V输入端输入电压值的检测

如果市电、电源开关、输入端插件正常，万用表即可检测到交流220V电压

图 1-8　典型万用表测量电压值的应用

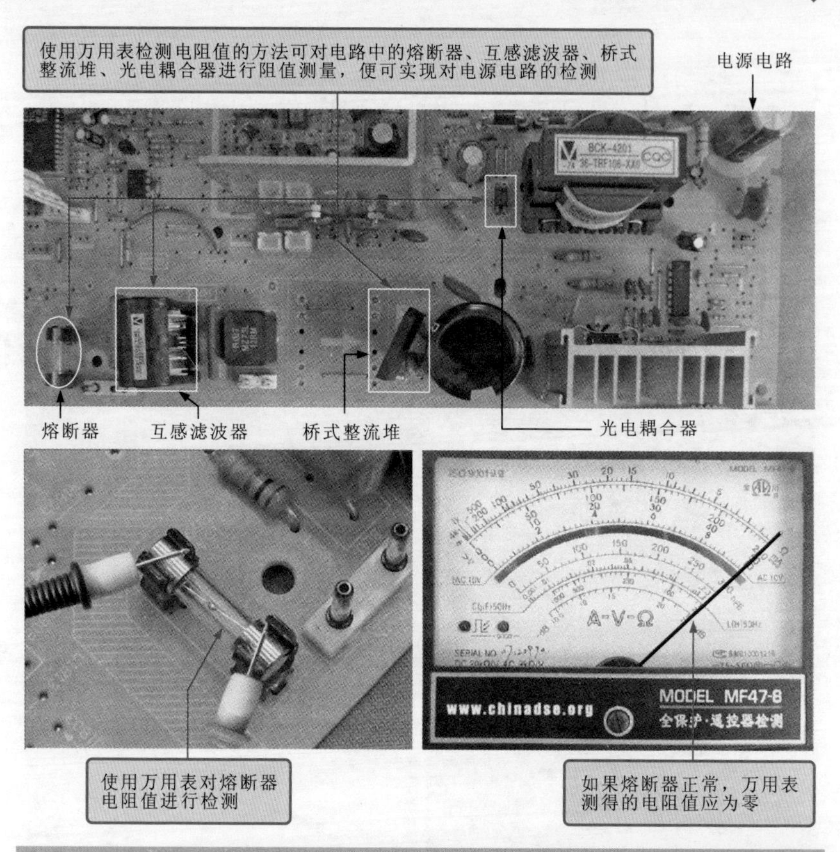
使用万用表检测电阻值的方法可对电路中的熔断器、互感滤波器、桥式整流堆、光电耦合器进行阻值测量，便可实现对电源电路的检测
电源电路
熔断器
互感滤波器
桥式整流堆
光电耦合器
MODEL MF47-8
www.chinadse.org
使用万用表对熔断器电阻值进行检测
如果熔断器正常，万用表测得的电阻值应为零

图 1-9　典型万用表测量电阻值的应用

1.2.4　万用表的电容测量功能

在电子产品检修时，通过万用表对电容器电容量的检测，即可判断电容器的性能是否良好。图 1-10 所示为典型万用表测量电容量的应用。

1.2.5　万用表的电感测量功能

在电子产品检修时，通过万用表对电感器电感量的检测，即可判断电感器的性能是否良好。图 1-11 所示为典型万用表测量电感量的应用。

使用万用表检测电容量的方法可对电子产品或电气设备中电容器的容量进行检测

®CBB65A-1
30 μF ± 5% SH
450 VAC 50/60 Hz

如果电容器正常，万用表可检测到与标称值相近的电容量值

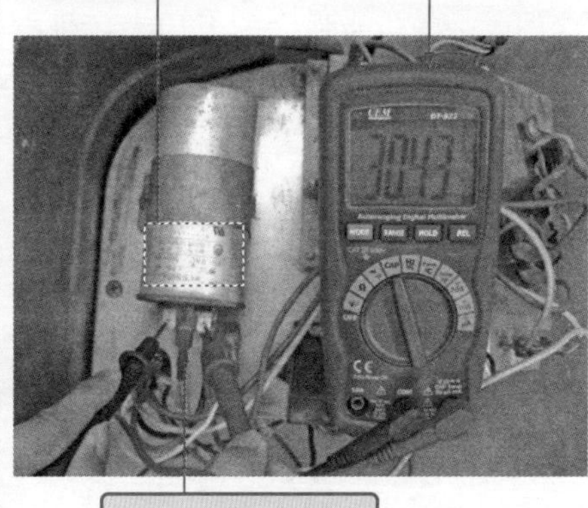

使用万用表对电容器电容量进行检测

图 1-10 典型万用表测量电容量的应用

使用万用表检测电感量的方法可对电子产品或电气设备中电感器的电感量进行检测

如果电感器（炉盘线圈）正常，万用表可检测到正常的电感量值

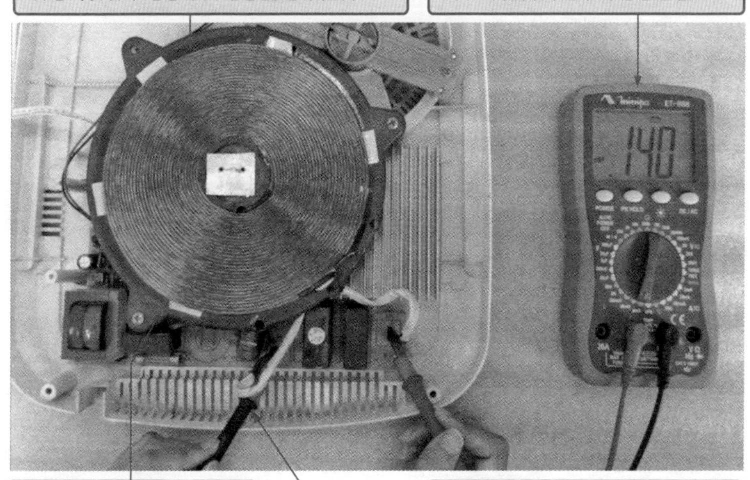
140

电磁炉炉盘线圈的电感量一般为135μH或140μH

使用万用表对电感器（炉盘线圈）电感量进行检测

图 1-11 典型万用表测量电感量的应用

1.2.6　万用表的其他测量功能

万用表除了具有检测电流值、电压值、电阻值、电容量、电感量的功能外，一些功能强大的万用表还带有一些其他扩展功能，如测量温度、频率、晶体管放大倍数等。图1-12所示为典型万用表其他扩展功能的应用。

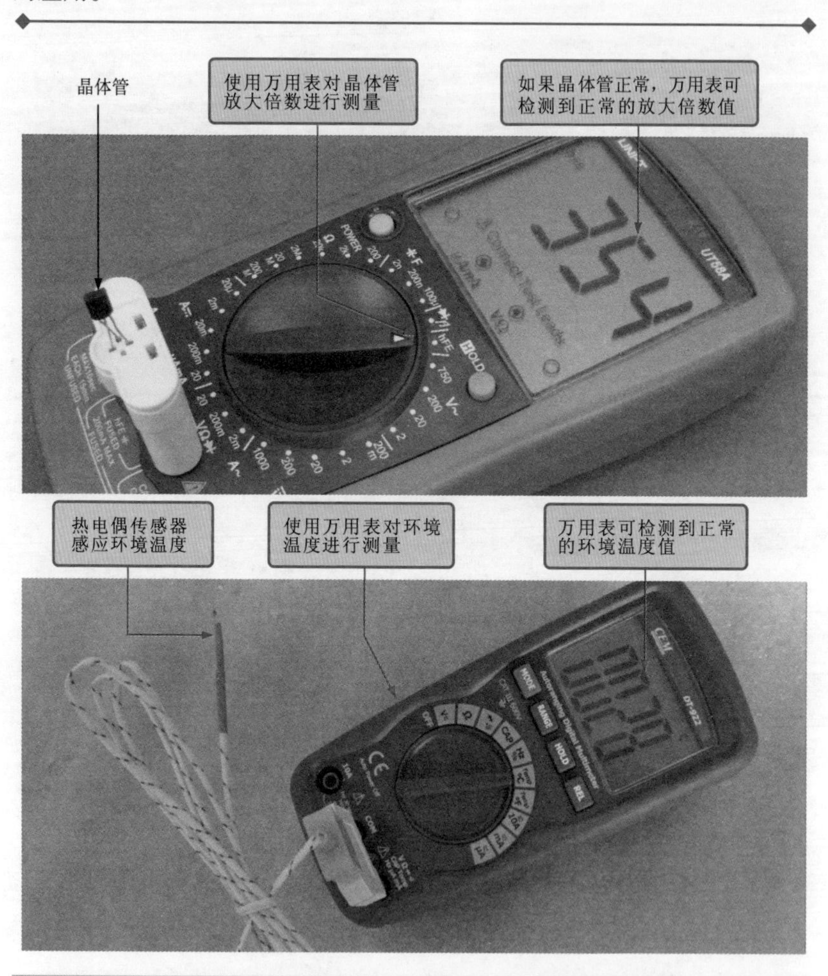
晶体管
使用万用表对晶体管放大倍数进行测量
如果晶体管正常，万用表可检测到正常的放大倍数值
354
UT58A
POWER
HOLD
热电偶传感器感应环境温度
使用万用表对环境温度进行测量
万用表可检测到正常的环境温度值
CEM
DT-922
MODE
RANGE
HOLD
REL

图1-12　典型万用表其他扩展功能的应用

第 2 章 学用指针万用表

2.1 指针万用表的结构

2.1.1 指针万用表的键钮分布

扫一扫看视频

指针万用表是在电子产品的生产、调试、维修中应用广泛的测量仪表。检测时，将表笔分别插接到指针万用表相应的表笔插孔上，根据测量环境调整测量档位及量程后，将表笔搭在被测器件或电路的相应检测点上，即可通过刻度盘上的指针指示读取测量结果。

图 2-1 为典型指针万用表的键钮分布。通常，指针万用表主要是由

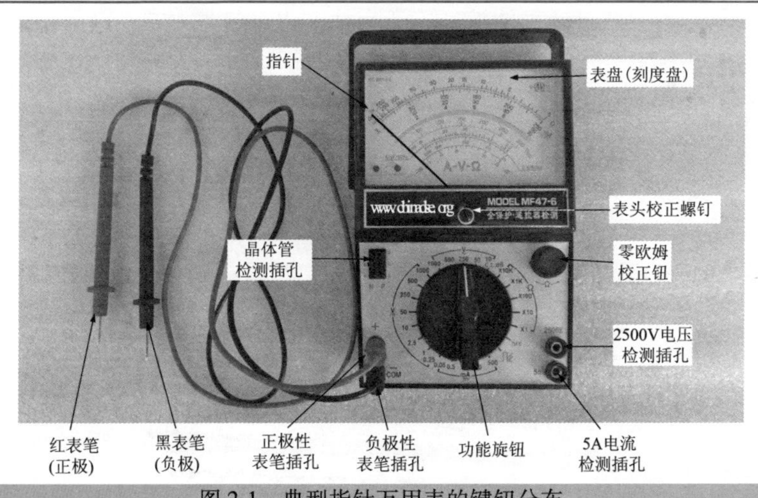
指针
表盘(刻度盘)
表头校正螺钉
晶体管检测插孔
零欧姆校正钮
2500V电压检测插孔
红表笔(正极)
黑表笔(负极)
正极性表笔插孔
负极性表笔插孔
功能旋钮
5A电流检测插孔
MODEL MF47-6
A-V-Ω

图 2-1　典型指针万用表的键钮分布

表盘、指针、表头校正螺钉、晶体管检测插孔、零欧姆校正钮、功能旋钮、表笔插孔、2500V 电压检测插孔、5A 电流检测插孔以及表笔等组成。

图 2-2 为典型指针万用表的测量表笔。指针万用表的表笔分别使用红色和黑色标识，主要用于待测电路、元器件与万用表之间的连接。

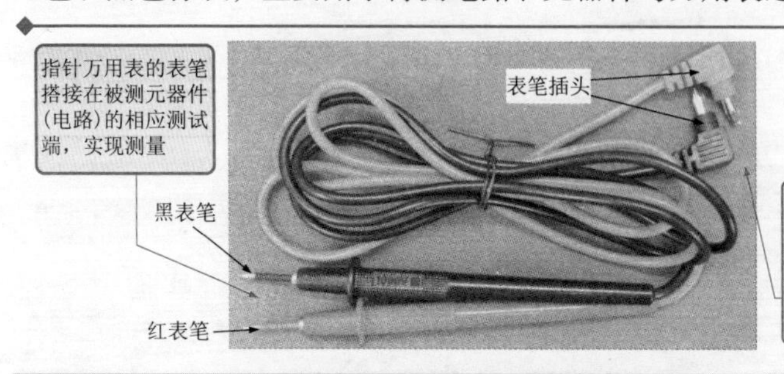
指针万用表的表笔搭接在被测元器件(电路)的相应测试端，实现测量
表笔插头
黑表笔
红表笔
万用表表笔插头插接到万用表上的表笔插孔中。根据测量内容的不同，选择插入的表笔插孔也不相同

图 2-2 典型指针万用表的测量表笔

要点说明

在有极性的环境下测量时，要注意表笔搭接的位置和方式，以免造成万用表指针反偏摆动而损坏万用表。

2.1.2 指针万用表的表盘

扫一扫看视频

表盘（刻度盘）位于指针万用表的最上方，由多条弧线构成，用于显示测量结果。由于指针万用表的功能很多，因此表盘上通常有许多刻度线和刻度值，如图 2-3 所示。

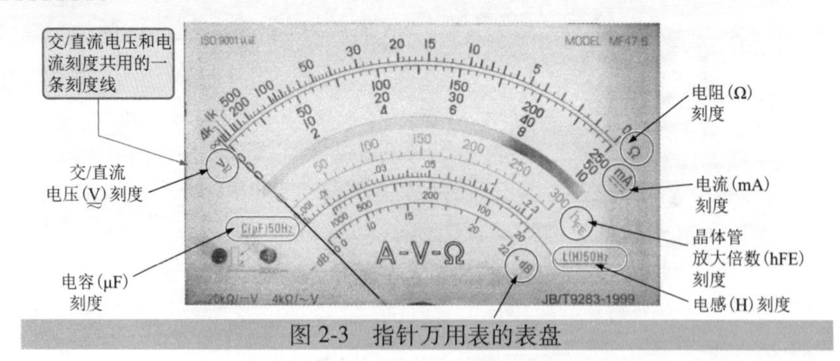
交/直流电压和电流刻度共用的一条刻度线
交/直流电压(V)刻度
电容(μF)刻度
电阻(Ω)刻度
电流(mA)刻度
晶体管放大倍数(hFE)刻度
电感(H)刻度
MODEL MF47-S
C(μF)50Hz
L(H)50Hz
A-V-Ω
JB/T9283-1999

图 2-3 指针万用表的表盘

这些刻度线是以同心的弧线的方式排列的，每一条刻度线上还标识出了许多刻度值。

1. 电阻刻度（Ω）

电阻刻度位于表盘的最上面，在它的右侧标有“Ω”标识，仔细观察，不难发现电阻刻度呈指数分布，从右到左，由疏到密。刻度值最右侧为0，最左侧为无穷大。

2. 交/直流电压和直流电流刻度（V、mA）

交/直流电压、电流刻度位于刻度盘的第二条线，在其右侧标识有“mA”，左侧标识为“V”，表示这两条线是测量交/直流电压和直流电流时所要读取的刻度，它的0位在线的左侧，在这条刻度盘的下方有三排刻度值与它的刻度相对应。

3. 晶体管放大倍数刻度（hFE）

晶体管刻度位于刻度盘的第三条线，在右侧标有“hFE”，其0位在刻度盘的左侧。

指针万用表的最终晶体管放大倍数测量值为相应的指针读数。

4. 电容（μF）刻度

电容（μF）刻度位于刻度盘的第四条线，在左侧标有“C（μF）50Hz”的标识，表示检测电容时，需要使用50Hz交流信号条件进行电容器的检测，方可通过该刻度盘进行读数。其中“（μF）”表示电容量的单位为μF。

5. 电感（H）刻度

电感（H）刻度位于刻度盘的第五条线，在右侧标有“L（H）50Hz”的标识，表示检测电感时，需要在50Hz交流信号条件进行电感器的检测，方可通过该刻度盘进行读数。其中“(H)”表示电感量的单位为H。

6. 分贝数刻度

分贝数刻度是位于表盘最下面的第六条线，在它的两侧分别标有

“+dB”和“-dB”，刻度线两端的“-10”和“+22”表示其量程范围，主要是用于测量放大器的增益或衰减值。

电信号在传输过程中，功率会受到损耗而衰减，而电信号经过放大器后功率也会被放大。计量传输过程中这种功率的减小或增加的单位叫作传输单位，传输单位常用分贝表示，其符号是dB。

万用表检测放大电路的示意图，如图2-4所示。

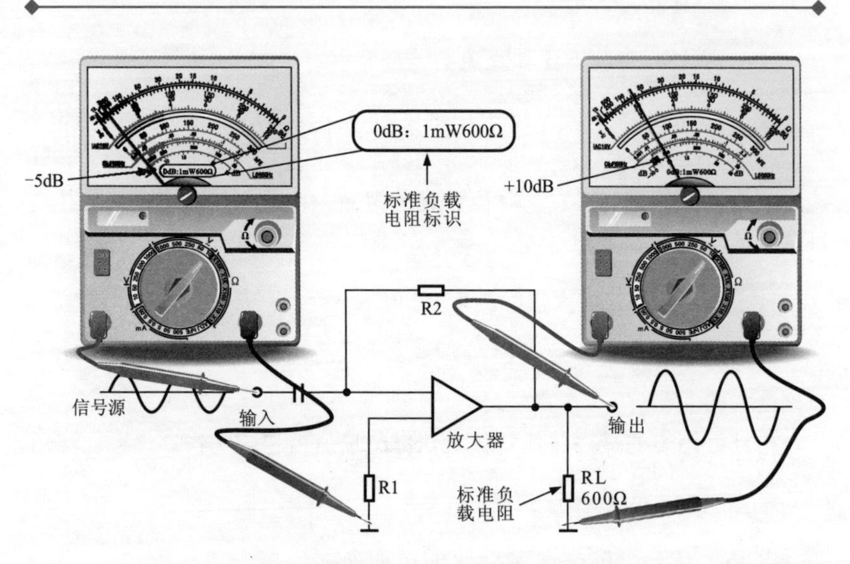
0dB：1mW600Ω
-5dB
+10dB
标准负载电阻标识
R2
信号源
输入
放大器
输出
R1
标准负载电阻
RL
600Ω

图2-4 万用表检测放大电路的示意图

若在检测放大电路时，其电路中采用的是标准负载电阻（电阻600Ω），检测输入分贝为-5dB，输出分贝为+10dB，则其分贝增益为15dB。

要点说明

如图2-5所示，一些指针万用表未专门设置分贝测量档位（dB档）。通常，这种万用表将分贝档位与交流电压档共用一个档位设置。

通常，遵照国际标准，0dB（电平）的标准为在600Ω负载上加1mW的功率，因此，若采用这种标准的指针万用表，则0dB对应交流10V档刻度线上的0.775V，-10dB对应交流10V档刻度线上的0.45V，20dB对应交流10V档刻度线上的7.75V，而10V这一点则对应+22dB（还有一些指针万用表采用500Ω负载加6mW功率作为0dB的标准，则这种指针万用表0dB对应交流10V档刻度线上的1.732V刻度）。

若测量的电平值大于+22dB时，就需要将功能旋钮设置在高量程交流电压档。一般来说，在指针万用表的刻度盘上都会有一个附加分贝关系对应表。该表标注了分贝在交流电压档位的换算关系。如档位设置在交流50V档，则测得的实际分贝数应在原分贝标尺读数上增加14dB。

换句话说，10V交流档对应的分贝量程范围为−20~+22dB。

依据图2-5中的换算关系有：50V交流档对应的分贝量程范围为(−20+14)~(+22+14)dB，即−6~+36dB；250V交流档对应的分贝量程范围为（−20+28)~(+22+28)dB，即8~+50dB。

为了加深理解，下面我们来看一个分贝测量的实际案例。如图2-6所示，将低频信号发生器的输出（选200Hz）送到放大器的输入端，分别检测放大器的输入端和输出端的信号电平。如输入端信号幅度为+15dB，放大器输出信号电平为+21dB，放大器的增益为（21−15)dB=6dB。

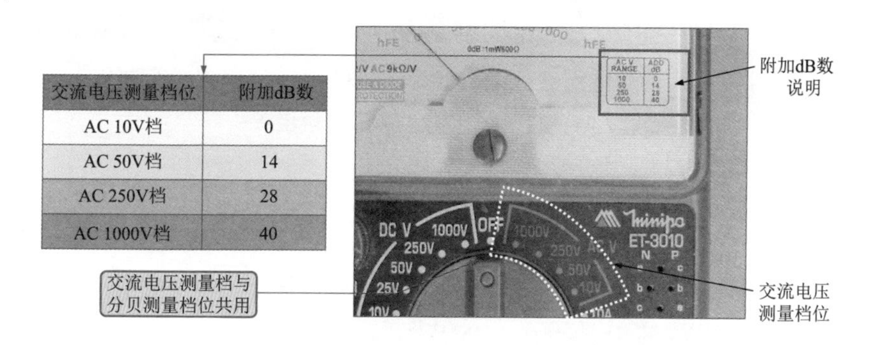

交流电压测量档位	附加dB数
AC 10V档	0
AC 50V档	14
AC 250V档	28
AC 1000V档	40

附加dB数
说明
交流电压测量档与
分贝测量档位共用
交流电压
测量档位
DC V
1000V
OFF
250V
50V
25V
ET-3010

图2-5 分贝关系对应

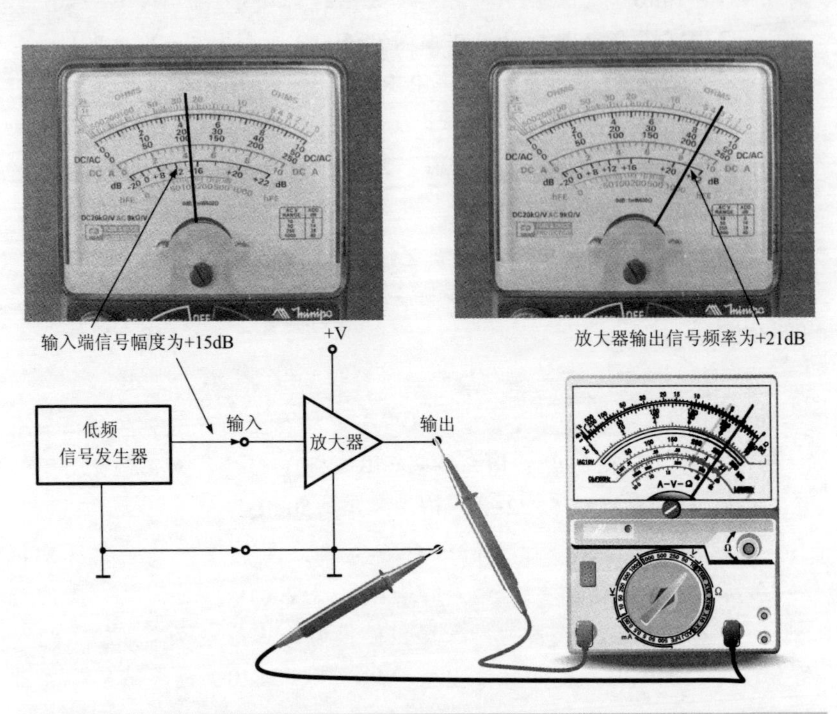
输入端信号幅度为+15dB
放大器输出信号频率为+21dB
+V
低频
信号发生器
输入
放大器
输出

图 2-6　分贝测量的实际案例

2.1.3　指针万用表的功能旋钮

指针万用表的功能旋钮位于指针万用表的主体位置，在其四周标有测量功能及测量范围，主要用来设定测量类型和量程。

指针万用表的功能旋钮如图 2-7 所示。

1. 交流电压检测档位（区域）

测量交流电压时选择该档，根据被测的电压值，可调整的量程范围为“10V、50V、250V、500V、1000V”。

2. 电容、电感、分贝检测区域

测量电容器的电容量、电感器的电感量及分贝值时选择该档位。

3. 电阻检测档位（区域）

测量电阻值时选择该档，根据被测的电阻值，可调整的量程范围为“×1、×10、×100、×1k、×10k”。

有些指针万用表的电阻检测区域中还有一档位为蜂鸣档，主要是用于检测二极管及线路的通、断。

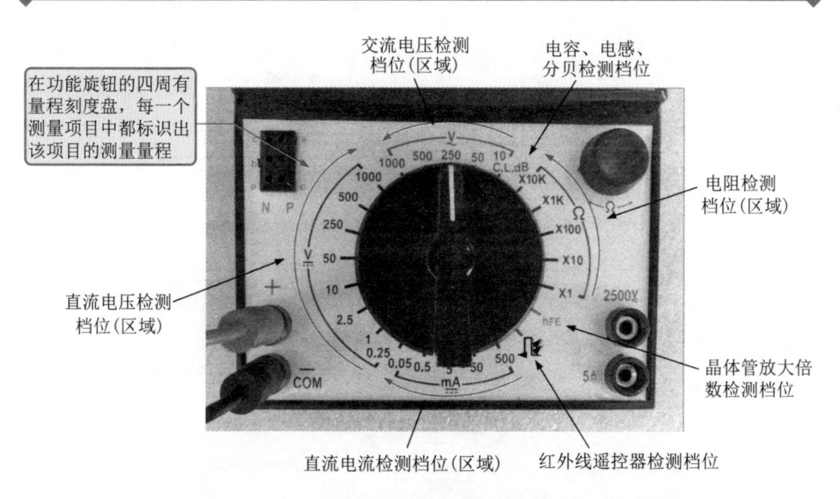
交流电压检测
档位(区域)
电容、电感、
分贝检测档位
在功能旋钮的四周有量程刻度盘，每一个测量项目中都标识出该项目的测量量程
电阻检测
档位(区域)
直流电压检测
档位(区域)
晶体管放大倍
数检测档位
直流电流检测档位(区域)
红外线遥控器检测档位
1000
500
250
50
10
C.L.dB
X10K
X1K
X100
X10
X1
2500V
hFE
COM
mA
5A

图 2-7 指针万用表的功能旋钮

4. 晶体管放大倍数检测档位（区域）

在指针万用表的电阻检测区域附近可以看到有一个 hFE 档位，该档位主要用于测量晶体管的放大倍数。

5. 红外线遥控器检测档位

该档位主要用于检测红外线发射器，当功能旋钮转至该档位时，使用红外线发射器的发射头垂直对准表盘中的红外线遥控器检测档位，并按下红外线发射器的功能按键，如果红色发光二极管（GOOD）闪亮，则表示该红外线发射器工作正常。

6. 直流电流检测档位（区域）

测量直流电流时选择该档，根据被测的电流值，可调整的量程范围

有0.05mA、0.5mA、5mA、50mA、500mA。

7. 直流电压检测档位（区域）

测量直流电压时选择该档，根据被测的电压值，可调整的量程范围为“0.25V、1V、2.5V、10V、50V、250V、500V、1000V”。

2.1.4 指针万用表的晶体管检测插孔

扫一扫看视频

晶体管检测插孔位于操作面板的左侧，专门用来检测晶体管的放大倍数hFE。其外形如图2-8所示，通常在晶体管检测插孔的上方标有“N”和“P”的文字标识。

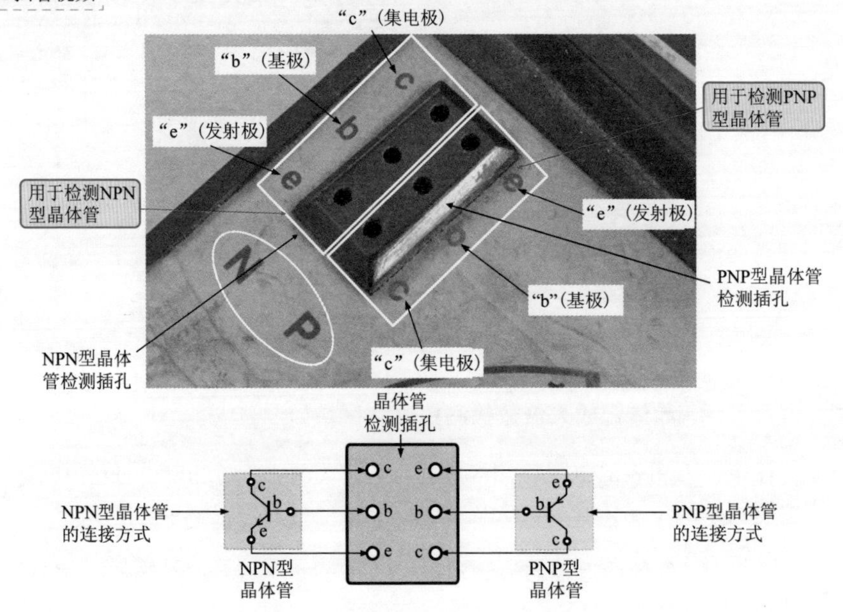
“c”（集电极）
“b”（基极）
“e”（发射极）
用于检测PNP型晶体管
用于检测NPN型晶体管
“e”（发射极）
PNP型晶体管检测插孔
“b”（基极）
“c”（集电极）
NPN型晶体管检测插孔
晶体管检测插孔
NPN型晶体管的连接方式
PNP型晶体管的连接方式
NPN型晶体管
PNP型晶体管

图2-8　指针万用表的晶体管检测插孔

2.1.5 指针万用表的表笔插孔

通常在指针万用表的操作面板下面有2~4个插孔，用来与表笔相连（指针万用表的型号不同，表笔插孔的数量及位置也不相同）。指针万用表的插孔旁边标有文字或符号标识，如图2-9所示。

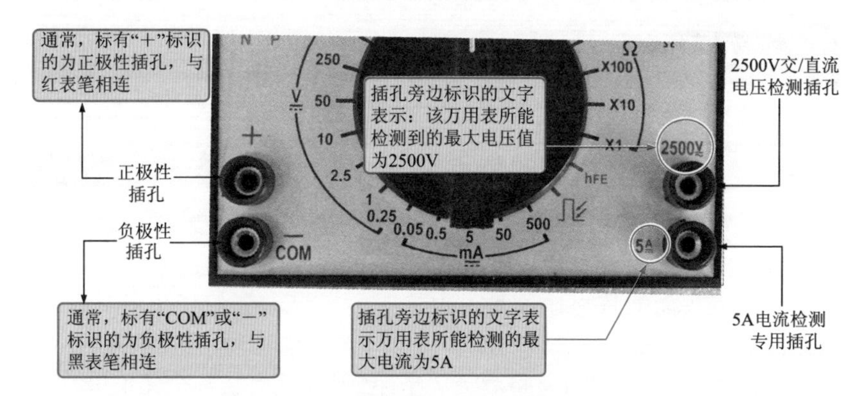
通常，标有“+”标识的为正极性插孔，与红表笔相连
插孔旁边标识的文字表示：该万用表所能检测到的最大电压值为2500V
2500V交/直流电压检测插孔
正极性插孔
负极性插孔
COM
通常，标有“COM”或“-”标识的为负极性插孔，与黑表笔相连
插孔旁边标识的文字表示万用表所能检测的最大电流为5A
5A电流检测专用插孔

图 2-9　指针万用表表笔插孔

使用指针万用表测量不同项目时，两表笔插接的测量插孔与被测元器件（电路）的连接方式会有所区别，如图 2-10 所示。

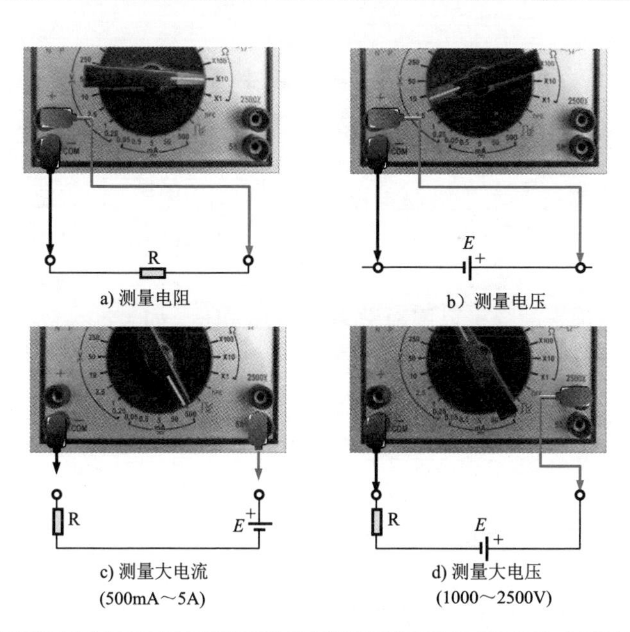
R
a) 测量电阻
E
b）测量电压
R
E
c) 测量大电流
(500mA～5A)
R
E
d) 测量大电压
(1000～2500V)

图 2-10　指针万用表表笔插孔的连接方式

2.2 指针万用表的特点与性能

2.2.1 指针万用表的特点

指针万用表出现较早，且现在仍然是电子测量及维修工作的必备仪表。它最大的显示特点就是由表头指针指示测量的数值，指针万用表的表头能够直观地检测出电流、电压等参数的变化过程和变化方向。

指针万用表一般情况下可测量从几百毫伏至几百伏甚至几千伏的直流和交流电压，其测量准确度直流为±2.5%，交流为±4.0%。

指针万用表各电压档的输入阻抗是不一样的，其阻值等于相应档的电压满度值 V_0（即量程）和万用表灵敏度 S（Ω/V）值的乘积，即

$$R_i = V_0 S$$

因此，万用表的低量程输入阻抗较小，而高量程输入阻抗较大。因为测量电压时万用表的输入端是与被测电路并联的，其输入阻抗会起着分流作用，为了尽量减少测量的误差，通常要求万用表相应电压档级的输入阻抗应大于被测电路的阻值10倍以上，所以必须选用灵敏度值较大的万用表来测试电压。一般要求万用表的内阻不应小于2kΩ/V。

指针万用表的频率范围通常为40～1000Hz，如果准确度要求不高，还可以测试高达10kHz的正弦波和非正弦波信号。

由于指针万用表的交流刻度是根据正弦波的有效值来定值的，因此，对方波电压的指示值偏大些，而对锯齿波、脉冲波的指示值偏小些。

2.2.2 指针万用表的性能参数

1. 最大刻度值和允许误差

通常以万用表的最大刻度值和允许误差来表示万用表的性能。万用表的最大刻度值见表2-1，万用表的允许误差见表2-2。

表 2-1　万用表的最大刻度值

测量项目	最大刻度值
直流电压/V	0.25、1、2.5、10、50、250、1000（灵敏度 20kΩ/V）
交流电压/V	1.5、10、50、250、1000（灵敏度 20kΩ/V）
直流电流/mA	3000、30000、300000
低频电压/dB	0~+22（AC 10V 范围）

表 2-2　万用表的允许误差

测量项目	允许误差值
直流的电压、电流	最大刻度值的±3%
交流电压	最大刻度值的±4%
电阻	刻度盘长度的±3%

2. 准确度和基本误差

准确度一般称为精度，表示测量结果的准确程度，即万用表的指示值与实际值之差。基本误差的表示方法是以刻度尺上量程的百分数表示，刻度尺特性不均匀的应以刻度尺长度的百分数表示。万用表的准确度等级是用基本误差来表示的。万用表的准确度越高其基本误差就越小。准确度和基本误差见表 2-3。

表 2-3　准确度和基本误差

万用表的准确度等级	1.0	1.5	2.5	5.0
基本误差（%）	±1.0	±1.5	±2.5	±5.0

3. 升降变差

指示值的升降变差，是当万用表在工作时，通过万用表的被测量由零平稳地增加到上量程，然后平稳地减小到零时，对应于同一条分度线的向上（增加）向下（减少）两次读数与被测量的实际值之差称为“示值的升降变差”，简称变差，即

$$\Delta A = |A'_0 - A''_0|$$

式中　ΔA——万用表指示值变差；

A'_0——被测量平稳增加（或减小）时测得的实际值；

A''_0——被测量平稳减小（或增加）时测得的实际值。

万用表的升降变差与表头的摩擦力矩有关，摩擦力矩越大，则万用表的升降变差就越大，反之则越小。当表头摩擦力矩很小时，$A'_0 \approx A''_0$，

则升降变差 $\Delta A\approx 0$ 可忽略不计。

万用表的指示值升降变差不应超过基本误差。

4. 指针不回零位

万用表指针不回零位也与表头的摩擦力矩有关，摩擦力矩越小，则指针不回零位也越显著，反之则越不显著，万用表指针不回零位可与万用表升降变差同时测出。当被测量从刻度尺上量程平稳地减少到零位时，万用表指针不回零位不应超过下式中的 r(mm)：

对于1.0级、1.5级万用表：$r=\dfrac{0.01KL}{2}$

对于2.5级、5.0级万用表：$r=\dfrac{0.01KL}{3}$

式中　r——指针不回零位的距离（mm）；

K——万用表各量程中最高准确度等级的数值；

L——刻度尺弧长（mm）。

下面以三种不同型号的指针万用表为例，计算它们的指针不回零位的距离。

［例1］　MF28-A型指针万用表技术条件与结构：最高准确度 $K=2.5$ 级；标尺弧长 $L=75\text{mm}$。

将上面数字代入上式中计算 r 得：

$$r=\frac{0.01\times 2.5\times 75}{3}\text{mm}=\frac{1.875}{3}\text{mm}=0.625\text{mm}$$

指针不回零位的距离（r）不应超过0.625mm。

［例2］　MF52型指针万用表技术条件与结构：最高准确度 $K=2.5$ 级；标尺弧长 $L=65\text{mm}$。

将上面数字代入式中计算 r 得：

$$r=\frac{0.01\times 2.5\times 65}{3}\text{mm}=\frac{1.625}{3}\text{mm}=0.541\text{mm}$$

指针不回零位的距离（r）不应超过0.541mm。上两种万用表准确度等级相同，标尺长度不同，求出 r 值的距离后者要小于前者。

［例3］　J0411型指针万用表技术条件与结构：最高准确度 $K=5.0$ 级；标尺弧长 $L=75\text{mm}$。

$$r=\frac{0.01\times 5.0\times 75}{3}\text{mm}=\frac{3.75}{3}\text{mm}=1.25\text{mm}$$

从以上三个实例可知，当指针万用表的准确度相同而弧长不同时，指针不回零位距离不一样。弧长相同而准确度不同时指针不回零位的距离也不一样。这说明万用表指针不回零位的距离，是随着万用表的不同精度和不同弧长而异。精度越高和弧长越短则指针不回零的距离越小，反之则越大。

5. 倾斜误差

万用表在使用过程中，从规定的使用部位向任意方向倾斜时，所带来的误差，称为倾斜误差。倾斜误差主要是由于表头转动部位不平衡造成的，但也与轴尖和轴承之间的间隙大小有关。另外，倾斜误差的大小也与指针长短有关，同样的不平衡与倾斜，小型万用表的倾斜误差较小，大型万用表由于指针长和轴尖与轴间隙大而倾斜误差较大。在万用表技术条件中规定，当万用表自规定的工作位置向一方倾斜 30°时，指针位置应保持不变。

6. 阻尼时间

万用表动圈的阻尼时间，在技术条件中规定不应超过 4s。

7. 调零

万用表的调零器（表头校正螺钉），是用以将表头指针调节到刻度尺的零点上。技术条件中规定，当旋转调零器时，指针自刻度尺零点向两边偏离应不小于刻度尺弧长的 2%，不大于弧长的 6%。

2.3 指针万用表的使用方法

2.3.1 指针万用表的表头校正

指针万用表的表笔开路时，指针应指在 0 的位置，如果指针没有指到 0 的位置，可用螺丝刀微调校正螺钉使指针处于 0 位，完成对万用表的零位调整，这就是使用指针万用表测量前进行的表头校正，此调整又称零位调整。

指针万用表表头的校正如图 2-11 所示。

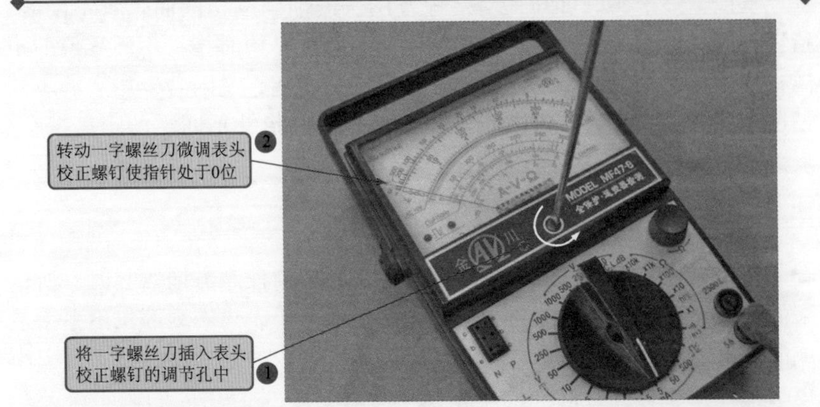

转动一字螺丝刀微调表头校正螺钉使指针处于0位
将一字螺丝刀插入表头校正螺钉的调节孔中
MODEL MF47-8

图 2-11　表头校正

2. 3. 2　指针万用表的表笔连接

指针万用表有两支表笔，分别有红色和黑色标识，测量时将其中红色的表笔插到正极性插孔中，黑色的表笔插到负极性插孔中。

指针万用表测量表笔的连接如图 2-12 所示。

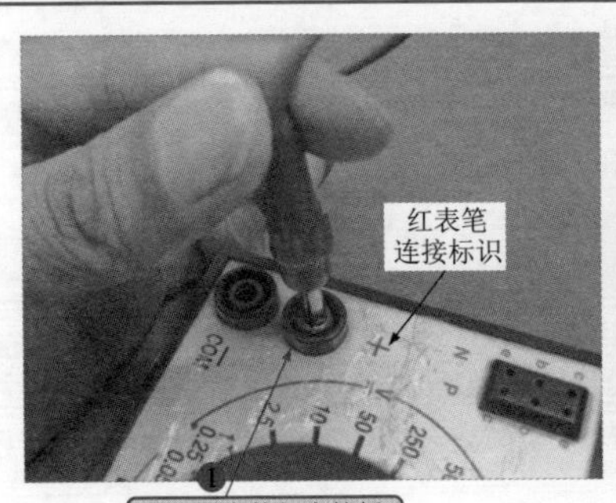

红表笔连接标识
将万用表的红表笔插到正极性“+”插孔中

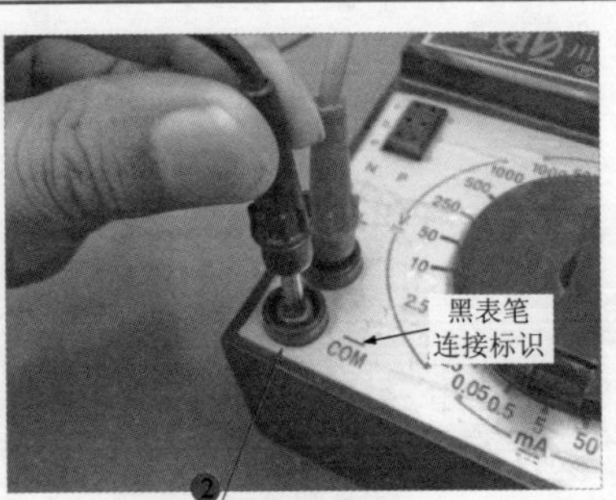

黑表笔连接标识
COM
将万用表的黑表笔插到负极性“-”插孔中

图 2-12　连接测量表笔

要点说明

指针万用表上除了“+”插孔，有些指针万用表上还带有高电压和大电流的检测插孔，在检测这些高电压或大电流时，则需将红表笔插入相应的插孔内，如图 2-13 所示。

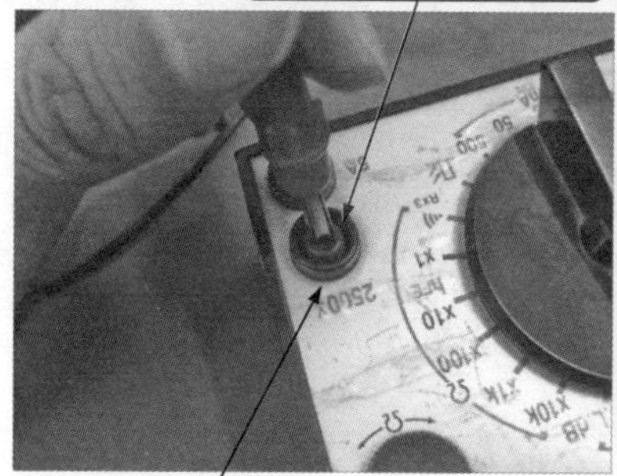
检测500～2500V的高电压时将红表笔插入该孔中
2500V
高电压插孔标识

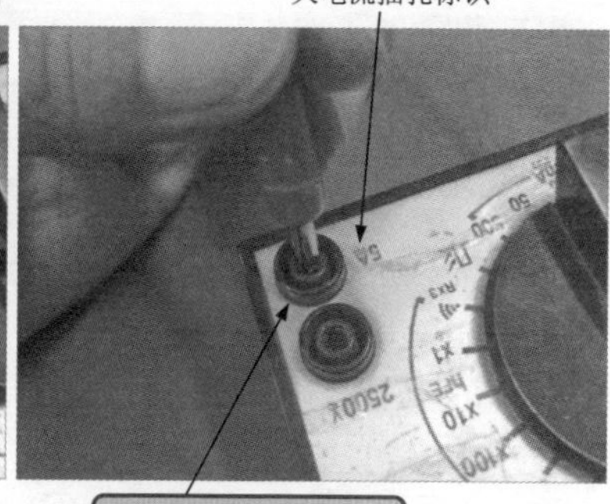
大电流插孔标识
5A
2500V
检测0.5～5A大电流时将红表笔插入该孔中

图 2-13　检测高电压和大电流时表笔的插接

2.3.3　指针万用表的零欧姆校正

在使用指针万用表测量电阻值前需要进行零欧姆校正，以保证其准确度。

指针万用表的零欧姆校正如图 2-14 所示。

扫一扫看视频

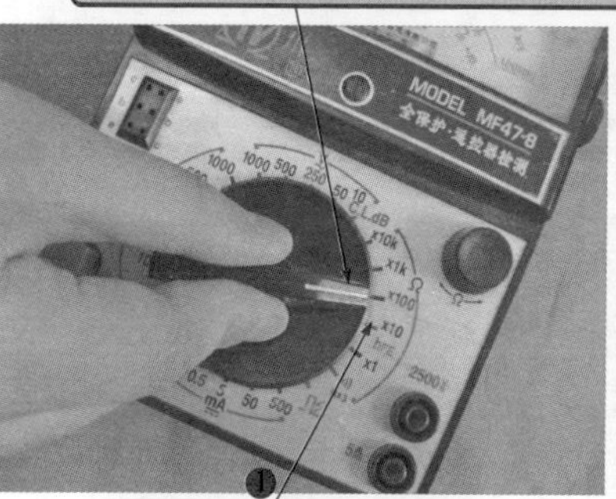
在测量电阻值时，每变换一次档位或量程，就需要重新通过零欧姆校正钮进行零欧姆调整。这样才能确保测量电阻值的准确。测量其他量时则不需要进行零欧姆校正
MODEL MF47-8
①
将功能旋钮拨至待测电阻值的量程（“×100”欧姆档）

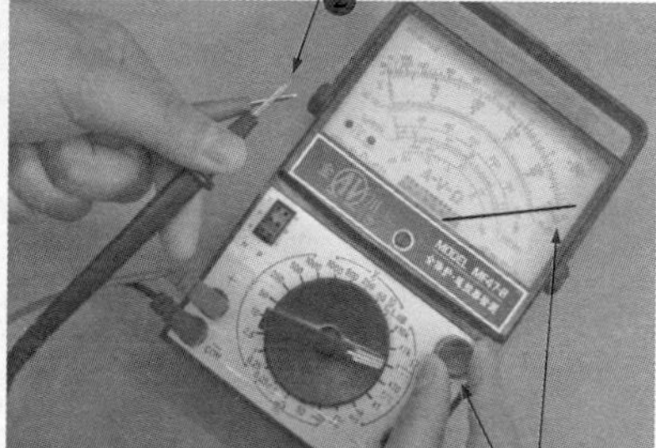
将万用表表笔互相短接
②
③
调整零欧姆校正钮，使指针指示“0”位置

图 2-14　零欧姆校正

2.3.4 指针万用表档位量程的设定

根据测量的需要，扳动指针万用表的功能旋钮，将万用表调整到相应测量状态，这样无论是测量电流、电压还是电阻都可以通过功能旋钮轻松切换。

指针万用表测量范围的设置如图 2-15 所示。

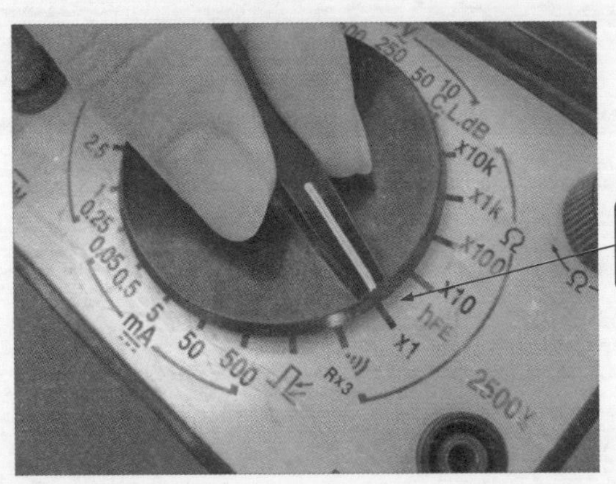
调整功能旋钮至需要的测量量程（“×1”欧姆档）
x10k
x1k
x100
x10
x1
hFE
Ω
C.L.dB
mA
50
500
2500

图 2-15 设置测量范围

相关资料

若是双旋钮指针万用表，需要两个旋钮配合使用，分别调整测量档位和测量量程，如图2-16 所示，调整左侧的功能旋钮至需要的测量档位（欧姆档）；调整右侧的功能旋钮至需要的测量量程“×10”。

5A
+
*

图 2-16 双旋钮指针万用表两个旋钮的调整

要点说明

被测电路或元器件的参数不能预测时，必须将万用表调到最大量程，先测量大约的值，然后根据初测的数值再切换到相应的测量范围进行准确测量。这样既能避免损坏指针万用表，又可减少测量误差。

使用万用表测量之前，必须明确要测量的项目是什么以及具体的测量方法，然后选择相应的测量模式和适合的量程。每次测量时务必要对测量的各项设置进行仔细核查，以避免因错误设置而造成仪表损坏。

另外，对于高电压或大电流的测量十分危险，在使用指针万用表进行检测时要注意以下事项：

1）在测量高电压时要注意安全，当被测电压超过几百伏时应选择单手操作测量，即先将黑表笔固定在被测电路的公共端，再用一只手持红表笔去接触测试点。

2）当被测电压在2500V以上时，必须使用高电压探头，对有触电危险的高电压场应使用高压仪表，并按安全规程操作。

3）禁止在测量高电压或大电流（0.5A以上）时拨动量程开关，以免产生电弧将转换开关的触点烧毁。

2.3.5 指针万用表的结果读取

指针万用表测量前的准备工作完成后就可以进行具体的测量了，而对于指针万用表来说每一种测量结果的读取都不大相同。

1. 指针万用表测量电阻的数据读取实例

使用指针万用表检测电阻值时，需要使用欧姆档进行测量，且检测时需要在断电的情况下进行。

如图2-17所示为指针万用表测量电阻数据时的读数方法。

图2-18为指针万用表测量电阻值读数实例。图中，选择“×1k”欧姆档，指针指向表盘最上面的电阻刻度为4.5Ω，由倍数关系可知读数为4.5Ω×1k=4.5kΩ。

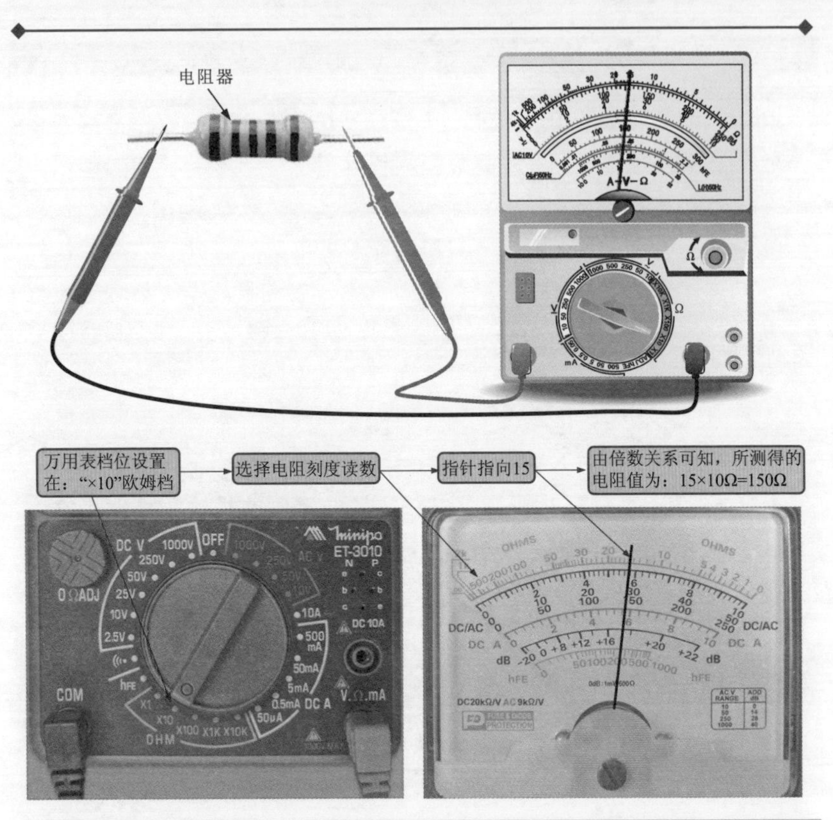
电阻器
万用表档位设置在：“×10”欧姆档
选择电阻刻度读数
指针指向15
由倍数关系可知，所测得的电阻值为：15×10Ω=150Ω
DC V
1000V
OFF
250V
50V
25V
10V
2.5V
0ΩADJ
COM
hFE
X1
X10
X100
X1K
X10K
OHM
10A
500 mA
50mA
5mA
0.5mA
DC A
50μA
DC 10A
V.Ω.mA
ET-3010
OHMS
DC/AC
DC A
dB
hFE
DC20kΩ/V AC 9kΩ/V

图 2-17　指针万用表测量电阻数据时的读数方法

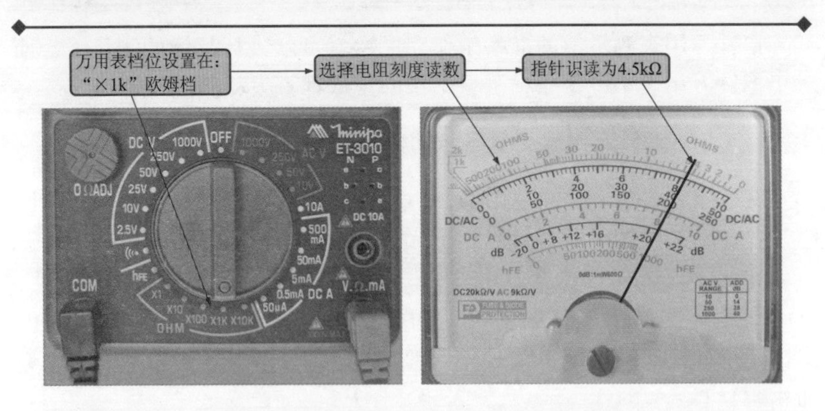
万用表档位设置在：“×1k”欧姆档
选择电阻刻度读数
指针识读为4.5kΩ
DC V
1000V
OFF
250V
50V
25V
10V
2.5V
0ΩADJ
COM
hFE
X1
X10
X100
X1K
X10K
OHM
10A
500 mA
50mA
5mA
0.5mA
DC A
50μA
DC 10A
V.Ω.mA
ET-3010
OHMS
DC/AC
DC A
dB
hFE
DC20kΩ/V AC 9kΩ/V

图 2-18　指针万用表测量电阻值读数实例

2. 指针万用表测量直流电压的数据读取实例

使用指针万用表检测直流电压值时，需要使用直流电压档，且检测时需要在通电情况下进行。

如图 2-19 所示为指针万用表测量直流电压数据时直接读取数值的方法。

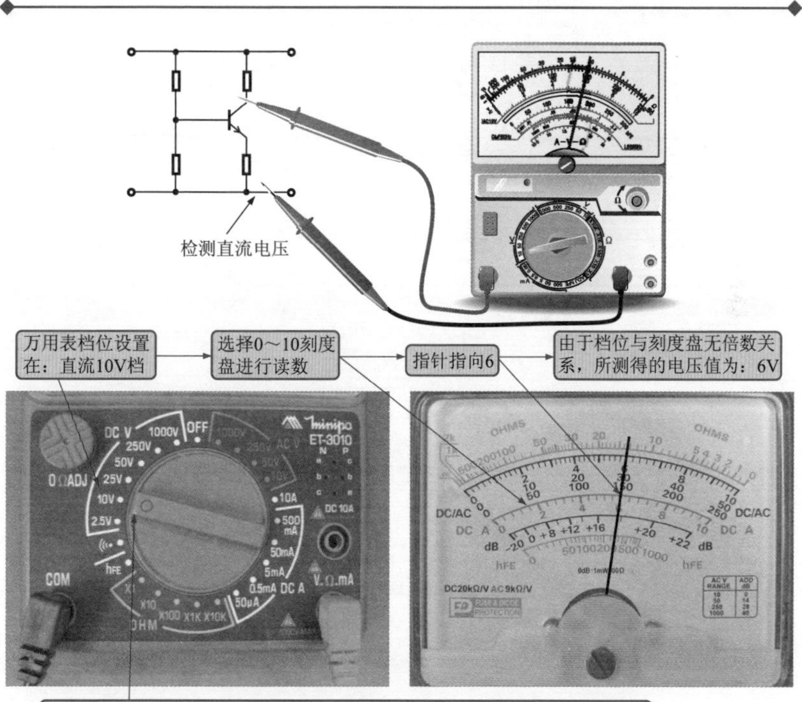
检测直流电压
万用表档位设置在：直流10V档
选择0～10刻度盘进行读数
指针指向6
由于档位与刻度盘无倍数关系，所测得的电压值为：6V
选择“直流10V”电压档、“直流50V”电压档、“直流250V”电压档进行检测时，均可以通过指针和相应的刻度盘位置直接进行读数，并不需要进行换算

图 2-19　指针万用表测量直流电压数据时直接读取数值的方法

图 2-20 为指针万用表测量直流电压数据时换算读取数值的方法（选择 2. 5V 直流电压测量档）。

图 2-21 为选择 25V 直流电压测量档检测的数值读取实例。

图中，选择直流 25V 电压档，选择 0~250 刻度盘进行读数，指针指向 125，由于档位与刻度盘的倍数关系，所测得的电压值为 125×(25/250) V=12. 5V。

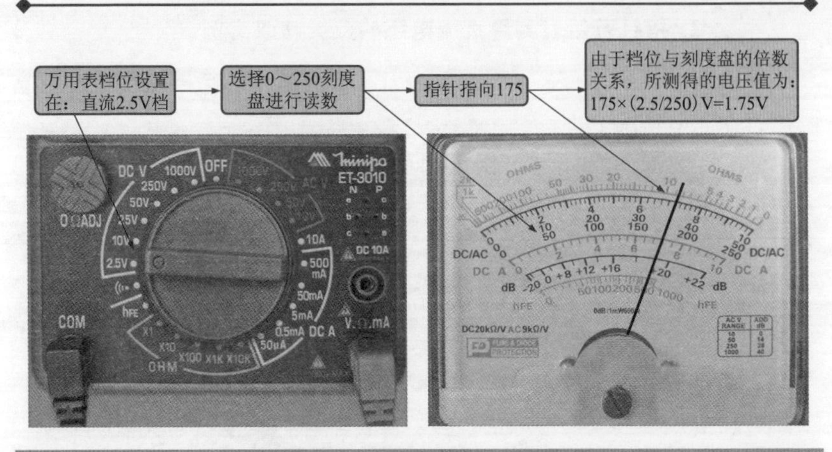
万用表档位设置在：直流2.5V档
选择0～250刻度盘进行读数
指针指向175
由于档位与刻度盘的倍数关系，所测得的电压值为：175×(2.5/250) V=1.75V

图 2-20　指针万用表测量直流电压数据时换算读取数值的方法

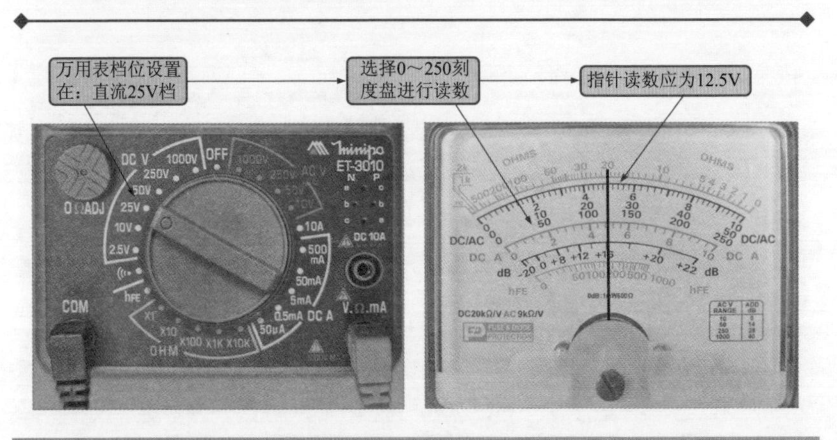
万用表档位设置在：直流25V档
选择0～250刻度盘进行读数
指针读数应为12.5V

图 2-21　选择 25V 直流电压测量档检测的数值读取实例

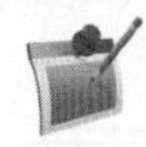

3. 指针万用表测量交流电压的数据读取实例

使用指针万用表检测交流电压值时，需要使用指针万用表的交流电压档，且检测时需要在通电情况下进行。

如图 2-22 所示为指针万用表测量交流电压数据时的读数方法。

图 2-23 为指针万用表测量交流电压读数实例。

图中，选择交流 50V 电压档，选择 0~50 刻度盘进行读数，指针指向 15，由于档位与刻度盘无倍数关系，所测得的电压值为 15V。

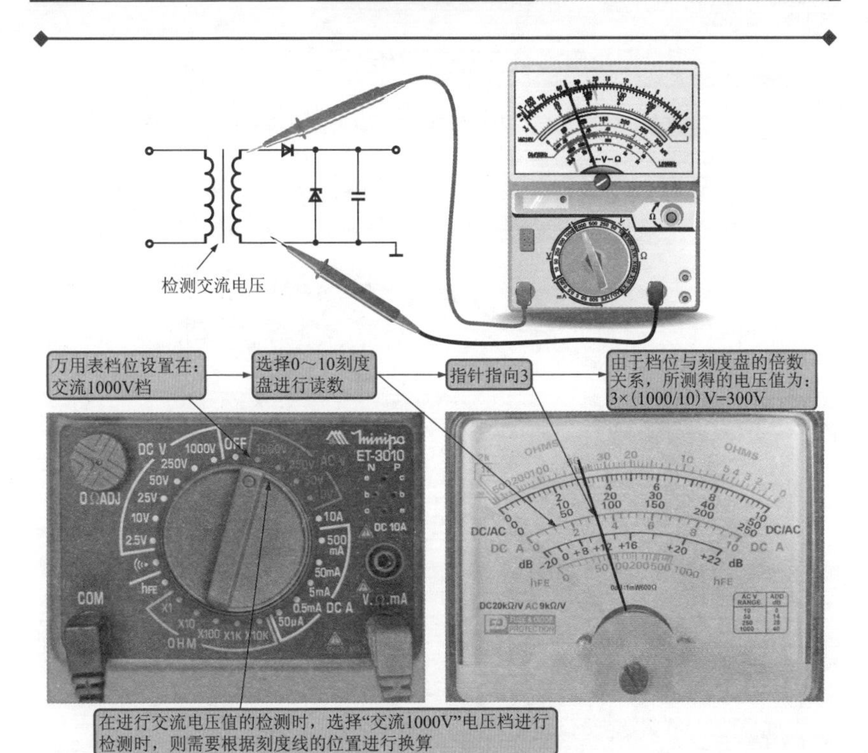
检测交流电压
万用表档位设置在：交流1000V档
选择0～10刻度盘进行读数
指针指向3
由于档位与刻度盘的倍数关系，所测得的电压值为：3×(1000/10) V=300V
在进行交流电压值的检测时，选择“交流1000V”电压档进行检测时，则需要根据刻度线的位置进行换算

图 2-22 指针万用表测量交流电压数据时的读数方法

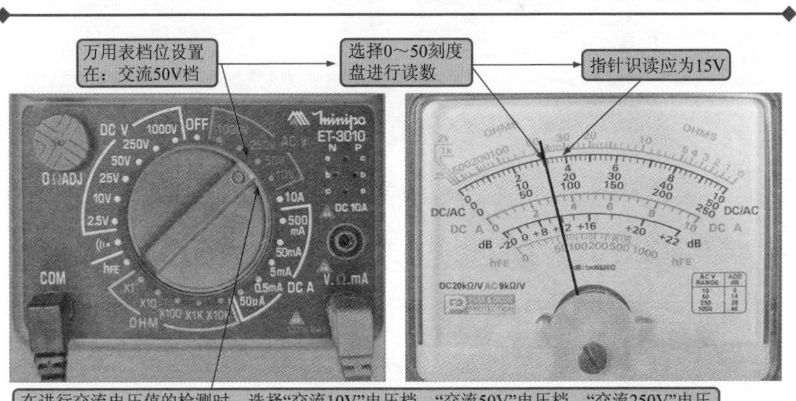
万用表档位设置在：交流50V档
选择0～50刻度盘进行读数
指针识读应为15V
在进行交流电压值的检测时，选择“交流10V”电压档、“交流50V”电压档、“交流250V”电压档进行检测时，均可以通过指针和相应的刻度盘位置直接进行读数，不需要进行换算

图 2-23 指针万用表测量交流电压读数实例

4. 指针万用表测量直流电流的数据读取实例

使用指针万用表检测直流电流值时，需要使用指针万用表的直流电流档，且检测时需要在通电情况下进行。

如图 2-24 所示为指针万用表测量直流电流数据时的读数方法。

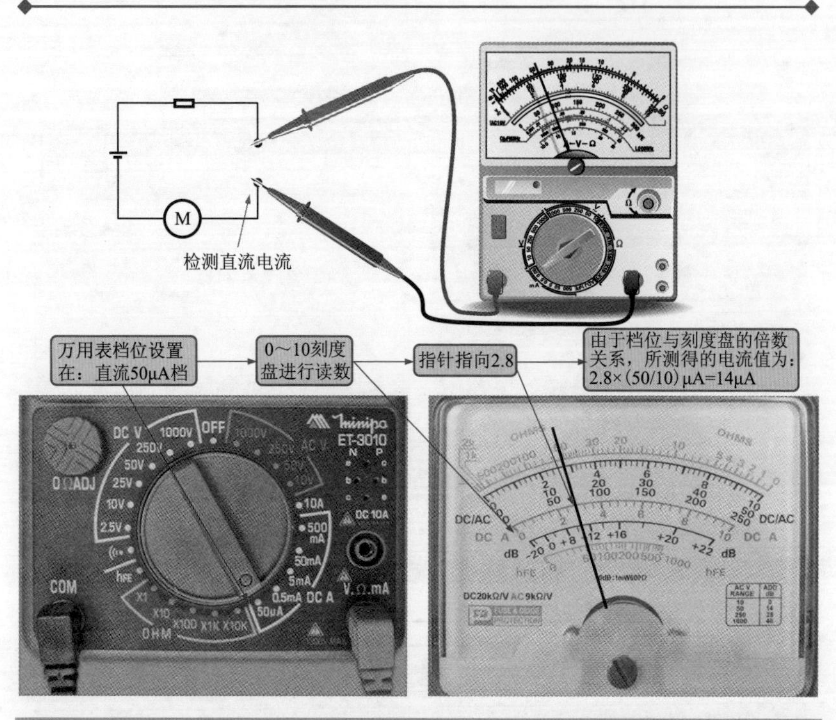
M
检测直流电流
万用表档位设置在：直流50μA档
0～10刻度盘进行读数
指针指向2.8
由于档位与刻度盘的倍数关系，所测得的电流值为：2.8×(50/10) μA=14μA

图 2-24 指针万用表测量直流电流数据时的读数方法

要点说明

在使用指针万用表进行直流电流的检测时，由于电流的刻度盘只有一列“0～10”，因此无论是使用“直流 50μA”电流档、“直流 0.5mA”电流档、“直流 5mA”电流档、“直流 50mA”电流档还是“直流 500mA”电流档，检测时都应进行换算，即使用指针的位置×(量程的位置/10)。

图 2-25 为指针万用表测量直流电流读数实例。

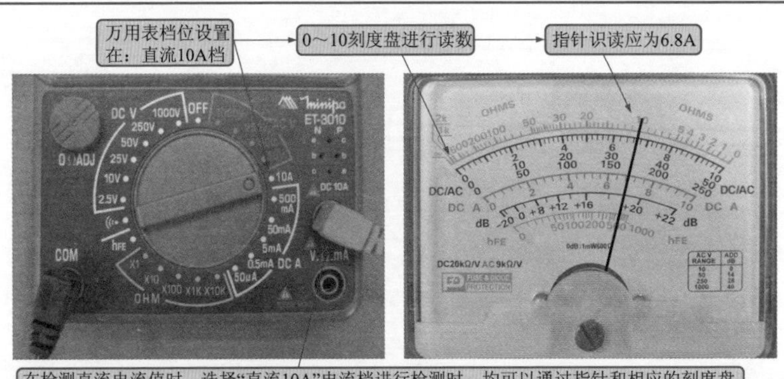
万用表档位设置在：直流10A档
0～10刻度盘进行读数
指针识读应为6.8A
在检测直流电流值时，选择"直流10A"电流档进行检测时，均可以通过指针和相应的刻度盘位置直接进行读数，并不需要进行换算，且万用表的红表笔应插在10A电流检测插孔中

图 2-25 指针万用表测量直流电流读数实例

参考提示

图中，选择直流 10A 电流档，选择 0~10 刻度盘进行读数，指针指向 6.8，由于档位与刻度盘无倍数关系，所测得的直流电流值为 6.8A。

5. 指针万用表测量晶体管放大倍数的数据读取实例

使用指针万用表检测晶体管放大倍数时，需要使用指针万用表的晶体管放大倍数档。

如图 2-26 所示为指针万用表测量晶体管放大倍数的读数方法。

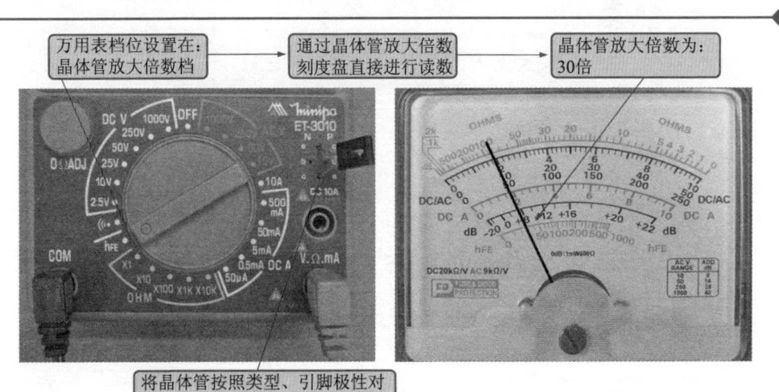
万用表档位设置在：晶体管放大倍数档
通过晶体管放大倍数刻度盘直接进行读数
晶体管放大倍数为：30倍
将晶体管按照类型、引脚极性对应标识插入晶体管检测插孔中

图 2-26 晶体管放大倍数的读数方法

第3章 学用数字万用表

3.1 数字万用表的结构

3.1.1 数字万用表的键钮分布

扫一扫看视频

数字万用表与指针万用表相比，其灵敏度更高、准确度更高、显示清晰、过载能力强、便于携带、操作简单，广泛用于各类电路的检测中。图3-1为典型数字万用表的键钮分布。

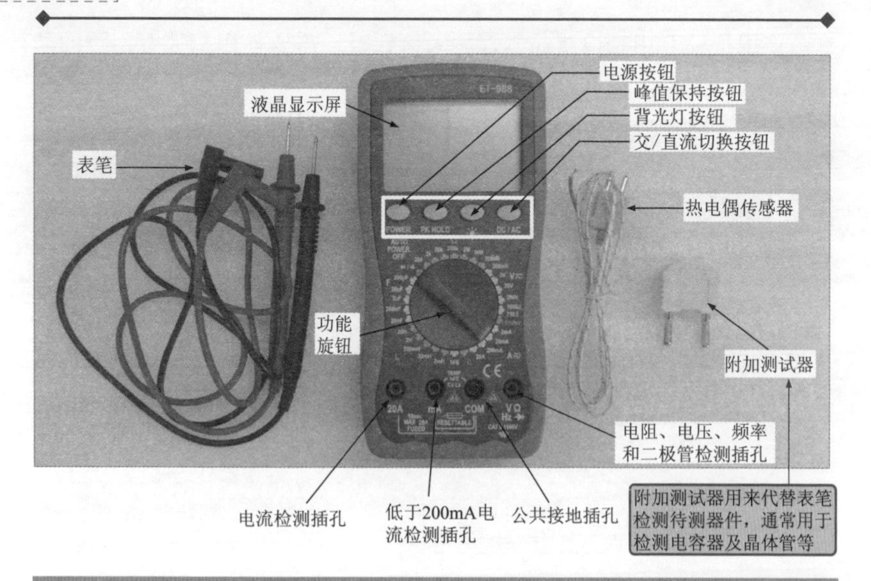

液晶显示屏
表笔
电源按钮
峰值保持按钮
背光灯按钮
交/直流切换按钮
热电偶传感器
功能
旋钮
附加测试器
电阻、电压、频率
和二极管检测插孔
电流检测插孔
低于200mA电
流检测插孔
公共接地插孔
附加测试器用来代替表笔
检测待测器件，通常用于
检测电容器及晶体管等
POWER
PK HOLD
DC/AC
20A
mA
COM

图3-1 典型数字万用表的键钮分布

数字万用表主要是由液晶显示屏、功能旋钮、电源按钮、峰值保持按钮、背光灯按钮、交/直流切换按钮、表笔插孔（电流检测插孔，低于200mA电流检测插孔，公共接地插孔，电阻、电压、频率和二极管检测插孔。）、表笔、附加测试器、热电偶传感器等构成的。

3.1.2 数字万用表的液晶显示屏

液晶显示屏用于显示当前测量状态和最终测量数值。

如图3-2所示。由于数字万用表的功能很多，因此在液晶显示屏上会有许多标识，可根据使用者选择的不同测量功能显示不同的测量状态。

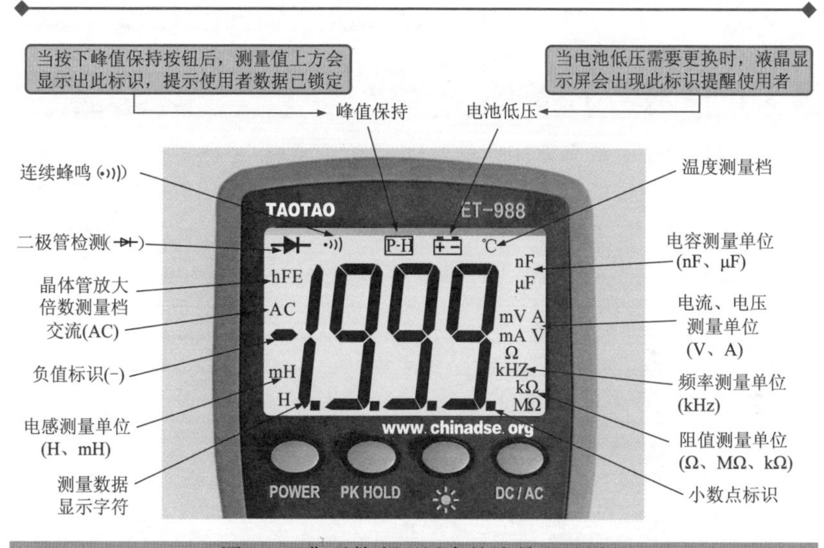
当按下峰值保持按钮后，测量值上方会显示出此标识，提示使用者数据已锁定
当电池低压需要更换时，液晶显示屏会出现此标识提醒使用者
峰值保持
电池低压
连续蜂鸣
温度测量档
二极管检测
电容测量单位 (nF、μF)
晶体管放大倍数测量档
电流、电压测量单位 (V、A)
交流(AC)
负值标识(−)
频率测量单位 (kHz)
电感测量单位 (H、mH)
阻值测量单位 (Ω、MΩ、kΩ)
测量数据显示字符
小数点标识
TAOTAO
ET-988
P-H
℃
hFE
AC
nF
μF
mV A
mA V
Ω
kHZ
kΩ
MΩ
mH
H
1999
www.chinadse.org
POWER
PK HOLD
DC / AC

图3-2 典型数字万用表的液晶显示屏

相关资料

有些数字万用表中的液晶显示屏还可以显示出表笔连接的插孔信息，当数字万用表的表笔插入表笔插孔后，会在液晶显示屏的下端显示出相应的连接标识，如图3-3所示。

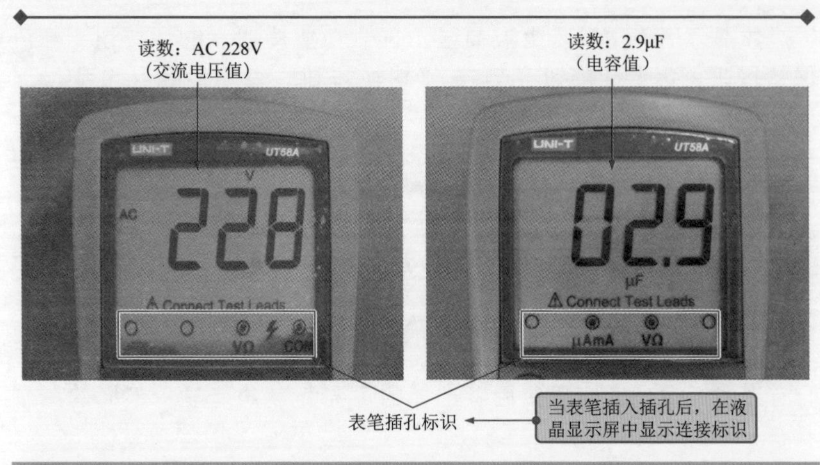
读数：AC 228V
（交流电压值）
读数：2.9μF
（电容值）
UNI-T
UT58A
AC
V
228
02.9
μF
Connect Test Leads
VΩ
COM
μAmA
表笔插孔标识
当表笔插入插孔后，在液晶显示屏中显示连接标识

图 3-3 数字万用表液晶显示屏显示连接标识

3.1.3 数字万用表的功能旋钮

功能旋钮位于数字万用表的主体位置（面板），通过旋转功能旋钮可选择不同的测量项目及测量档位。在功能旋钮的四周有多种测量功能标识，测量时，仅需要旋动中间的功能旋钮，使其指示到相应的档位，即可进入相应的测量状态。图 3-4 为典型数字万用表的功能旋钮。

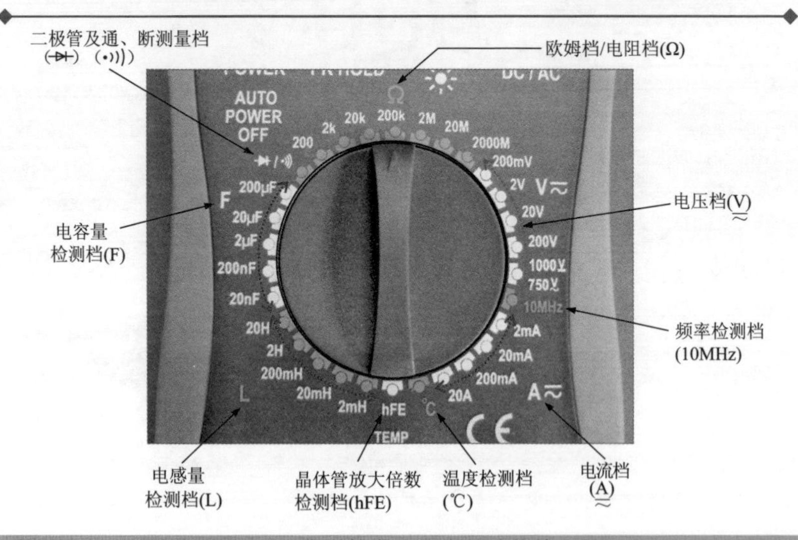
二极管及通、断测量档
欧姆档/电阻档(Ω)
AUTO
POWER
OFF
200
2k
20k
200k
2M
20M
2000M
200mV
2V
20V
200V
1000V
750V
10MHz
2mA
20mA
200mA
20A
hFE
TEMP
2mH
20mH
200mH
2H
20H
20nF
200nF
2μF
20μF
200μF
F
L
A
电压档(V)
电容量
检测档(F)
频率检测档
(10MHz)
电感量
检测档(L)
晶体管放大倍数
检测档(hFE)
温度检测档
(℃)
电流档
(A)

图 3-4 典型数字万用表的功能旋钮

图 3-5 为手动量程数字万用表功能旋钮所对应的各档位功能。

一般来说，数字万用表都具有欧姆测量、电压测量、频率测量、电流测量、温度测量、晶体管放大倍数测量、电感量测量、电容量测量、二极管及通、断测量 9 大功能。

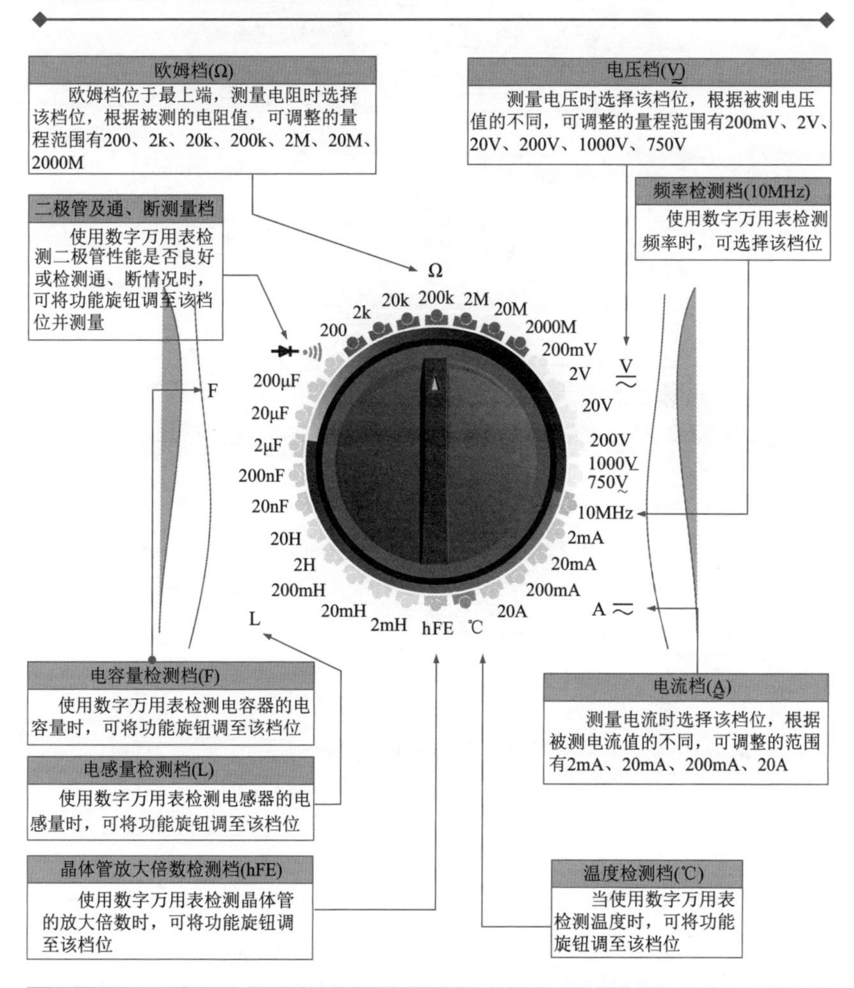
欧姆档(Ω)
欧姆档位于最上端，测量电阻时选择该档位，根据被测的电阻值，可调整的量程范围有200、2k、20k、200k、2M、20M、2000M
电压档(V)
测量电压时选择该档位，根据被测电压值的不同，可调整的量程范围有200mV、2V、20V、200V、1000V、750V
频率检测档(10MHz)
使用数字万用表检测频率时，可选择该档位
二极管及通、断测量档
使用数字万用表检测二极管性能是否良好或检测通、断情况时，可将功能旋钮调至该档位并测量
Ω
200 2k 20k 200k 2M 20M 2000M 200mV 2V V
F 200μF 20μF 2μF 200nF 20nF
20V 200V 1000V 750V 10MHz 2mA 20mA 200mA 20A A
20H 2H 200mH 20mH 2mH hFE ℃ L
电容量检测档(F)
使用数字万用表检测电容器的电容量时，可将功能旋钮调至该档位
电感量检测档(L)
使用数字万用表检测电感器的电感量时，可将功能旋钮调至该档位
晶体管放大倍数检测档(hFE)
使用数字万用表检测晶体管的放大倍数时，可将功能旋钮调至该档位
电流档(A)
测量电流时选择该档位，根据被测电流值的不同，可调整的范围有2mA、20mA、200mA、20A
温度检测档(℃)
当使用数字万用表检测温度时，可将功能旋钮调至该档位

图 3-5　手动量程数字万用表功能旋钮所对应的各档位功能

图 3-6 为自动量程数字万用表的功能旋钮。具有自动量程选择功能的数字万用表，其功能旋钮的四周只有功能档位。测量时，只需要设置相应的功能档位，这类万用表内部电路可以根据测量的状态自动调整量

程范围，显示出最佳的测量结果。

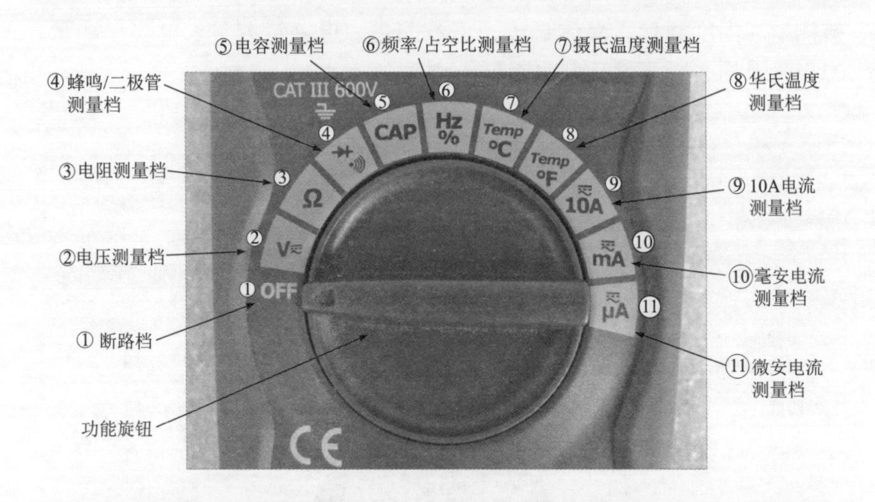
⑤电容测量档
⑥频率/占空比测量档
⑦摄氏温度测量档
④蜂鸣/二极管测量档
⑧华氏温度测量档
CAT III 600V
CAP
Hz %
Temp ℃
Temp ℉
10A
mA
μA
OFF
③电阻测量档
⑨10A电流测量档
②电压测量档
⑩毫安电流测量档
① 断路档
⑪微安电流测量档
功能旋钮
CE

图 3-6　自动量程数字万用表的功能旋钮

① 断路档（OFF）：断路档是指自动量程数字万用表的内部电路处在断路状态，当不使用万用表时，将功能旋钮旋至该档。

② 电压测量档（V）：测量电压时选择该档。根据被测的电压类型可通过“模式按钮”在交流电压或直流电压两者之间切换。

③ 电阻测量档（Ω）：测量电阻时选择该档。

④ 蜂鸣/二极管测量档：检测二极管或判断线路等通断时选择该档。

⑤ 电容测量档：检测电容量时选择该档。

⑥ 频率/占空比测量档：检测频率、占空比时选择该档。

⑦、⑧ 摄氏/华氏温度测量档：测量物体或环境温度时选择该档。根据测量需要可在“℃”或者“℉”之间进行选择。

⑨ 10A 电流测量档（10A）：测量 10A 电流时选择该档。根据被测的电流类型可通过“模式按钮”在交流电流或直流电流两者之间切换。

⑩ 毫安电流测量档（mA）：测量毫安电流时选择该档。根据被测的电流类型可通过“模式按钮”在交流电流或直流电流两者之间切换。

⑪ 微安电流测量档（μA）：测量微安电流时选择该档。根据被测的电流类型可通过“模式按钮”在交流电流或直流电流两者之间切换。

3.1.4 数字万用表的功能按钮

扫一扫看视频

数字万用表的功能按钮位于数字万用表液晶显示屏与功能旋钮之间。测量时，只需按动功能按钮，即可完成相关测量功能的切换及控制，如图 3-7所示。数字万用表的功能按钮主要包括电源按钮、峰值保持按钮、背光灯按钮及交/直流切换按钮。每个按钮可以完成不同的功能。

电源按钮

电源按钮周围通常标识有“POWER”，用来启动或关断数字万用表的供电电源。很多数字万用表都具有自动断电功能，长时间不使用时，万用表会自动切断电源

峰值保持按钮

峰值保持按钮周围通常标识有“HOLD”，用来锁定某一瞬间的测量结果，方便使用者记录数据

背光灯按钮

按下背光灯按钮后，液晶显示屏会点亮5s，然后自动熄灭，方便使用者在黑暗的环境下观察测量数据

交/直流切换按钮

在交/直流切换按钮未被按下的情况下，数字万用表测量直流电；按下按钮后，数字万用表测量交流电

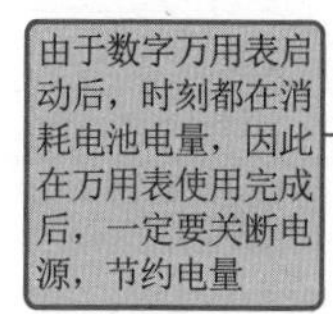
由于数字万用表启动后，时刻都在消耗电池电量，因此在万用表使用完成后，一定要关断电源，节约电量

POWER
PK HOLD
DC / AC
AUTO POWER OFF
Ω
200
2k
20k
200k
2M
20M
2000M
200mV
2V

图 3-7 数字万用表功能按钮

图 3-8 为自动量程数字万用表的功能按钮。

1）模式按钮（MODE）：在按钮上方标识有“MODE”字符。用于直流/交流之间、二极管/蜂鸣之间以及频率/占空比之间的切换。

2）量程按钮（RANGE）：在按钮上方标识有“RANGE”字符。打开万用表时，万用表自动进入自动量程，液晶显示屏左上角显示标识“Auto”字符；按下此按钮，“Auto”字符消失，万用表进入手动量程选择，继续按下此按钮，直至选择到所需要的测量量程。

3）数据保持按钮（HOLD）：在按钮上方标识有“HOLD”字符。

按下此按钮，万用表当前所测数值就会保持在液晶显示屏上，并显示“HOLD”字符，直到再次按下，“HOLD”字符消失，退出保持状态。数据保持按钮的操作如图3-9所示。

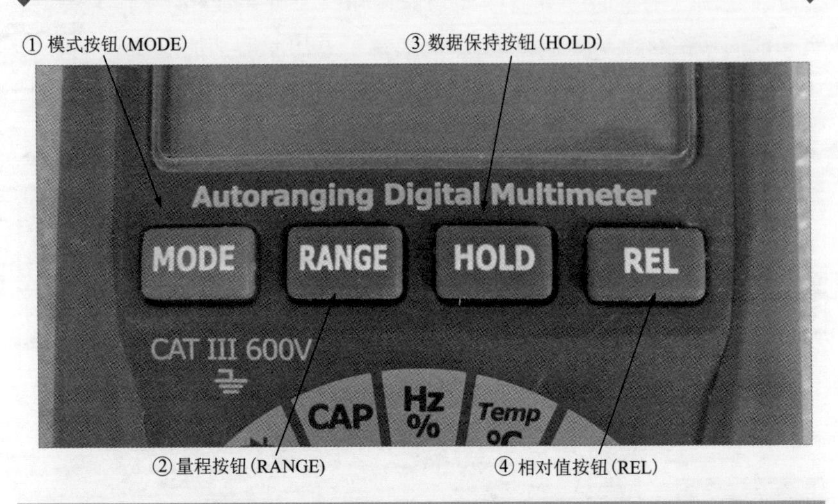
① 模式按钮（MODE）
③ 数据保持按钮（HOLD）
Autoranging Digital Multimeter
MODE
RANGE
HOLD
REL
CAT III 600V
CAP
Hz
%
Temp
② 量程按钮（RANGE）
④ 相对值按钮（REL）

图3-8 自动量程数字万用表的功能按钮

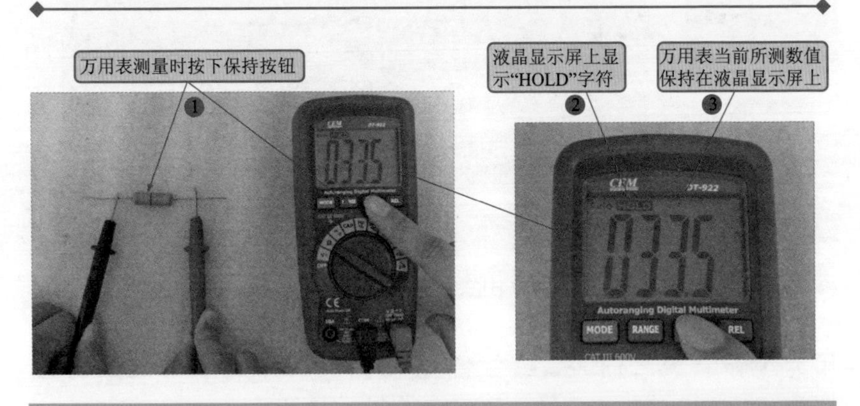
万用表测量时按下保持按钮
液晶显示屏上显示“HOLD”字符
万用表当前所测数值保持在液晶显示屏上
1
2
3
DT-922
Autoranging Digital Multimeter
MODE
RANGE
REL

图3-9 数据保持按钮的操作

4）相对值按钮（REL）：在按钮上方显示标识“REL”字符。按下此按钮时，液晶显示屏的上方显示“REL”字符，并对当前测量的参考数值进行存储。再次测量时，万用表对参考数值与测量数值进行比较，然后由液晶显示屏显示两者之间的差数。再次按下此按钮时，万用表退回到普通模式。相对值按钮在两个电阻器差数测量中的操作如图 3-10 所示。

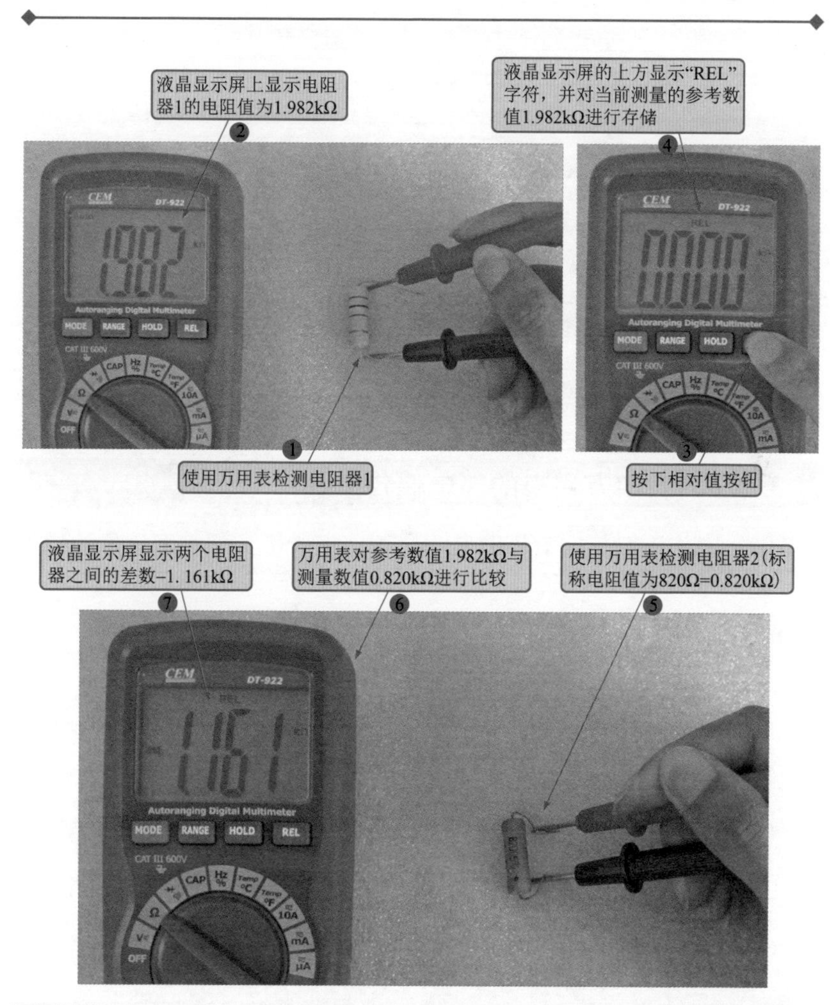
液晶显示屏上显示电阻器1的电阻值为1.982kΩ
液晶显示屏的上方显示“REL”字符，并对当前测量的参考数值1.982kΩ进行存储
使用万用表检测电阻器1
按下相对值按钮
液晶显示屏显示两个电阻器之间的差数-1. 161kΩ
万用表对参考数值1.982kΩ与测量数值0.820kΩ进行比较
使用万用表检测电阻器2(标称电阻值为820Ω=0.820kΩ)
CEM
DT-922
Autoranging Digital Multimeter
MODE
RANGE
HOLD
REL
REL

图 3-10 相对值按钮在两个电阻器差数测量中的操作

3.1.5 数字万用表的附加测试器

如图 3-11 所示，数字万用表都配有一个附加测试器，其上设有插接元器件的插孔，主要用来代替表笔检测待测器件。

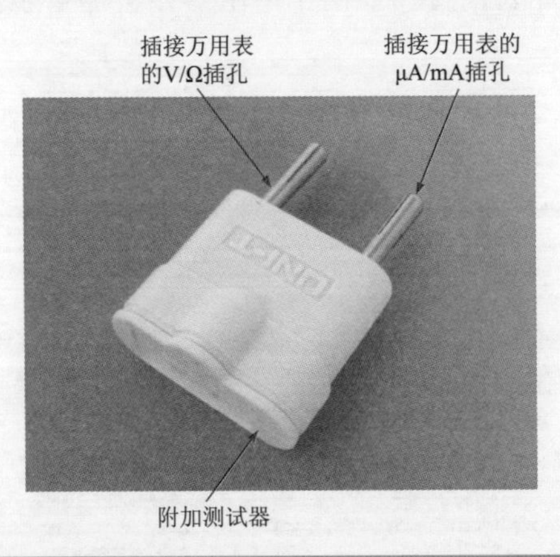
插接万用表
的V/Ω插孔
插接万用表的
μA/mA插孔
附加测试器

图 3-11 数字万用表的附加测试器

3.1.6 数字万用表的热电偶传感器

数字万用表配有一个热电偶传感器，主要用来测量物体或环境温度。检测时通过万用表表笔或附加测试器进行连接，实现万用表对温度的测量。图 3-12 为典型热电偶传感器的实物外形。

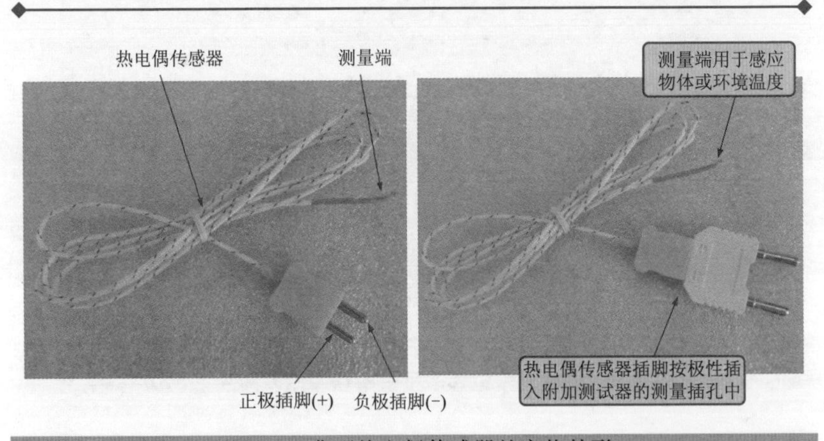
热电偶传感器
测量端
测量端用于感应
物体或环境温度
正极插脚(+)
负极插脚(-)
热电偶传感器插脚按极性插
入附加测试器的测量插孔中

图 3-12 典型热电偶传感器的实物外形

3.1.7 数字万用表的表笔插孔

数字万用表的表笔插孔位于数字万用表下方，如图 3-13 所示。其主要用于连接表笔。其中，标有“20A”的表笔插孔用于测量大电流（200mA~20A）；标有“mA”的表笔插孔为低于200mA的电流检测插孔，也是附加测试器和热电偶传感器的负极输入端；标有“COM”的表笔插孔为公共接地插孔，主要用来连接黑表笔，也是附加测试器和热电偶传感器的正极输入端；标有“VΩHz”的表笔插孔为电阻、电压、频率和二极管检测插孔，主要用来连接红表笔。

扫一扫看视频

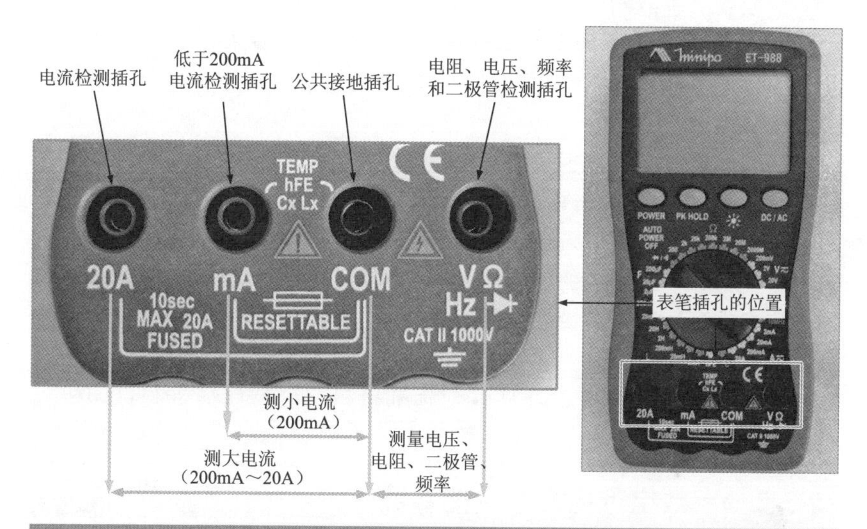
电流检测插孔
低于200mA
电流检测插孔
公共接地插孔
电阻、电压、频率
和二极管检测插孔
TEMP
hFE
Cx Lx
20A
mA
COM
VΩ
Hz
10sec
MAX 20A
FUSED
RESETTABLE
CAT II 1000V
表笔插孔的位置
测小电流
（200mA）
测大电流
（200mA～20A）
测量电压、
电阻、二极管、
频率
POWER
PK HOLD
DC / AC
ET-988

图3-13 数字万用表的表笔插孔的应用

3.2 数字万用表的特点与性能

3.2.1 数字万用表的特点

数字万用表因其使用简单、操作方便、显示直观的特点，在测量和维修、调试等领域应用广泛。许多数字万用表除了基本的测量功能外，还能测量电容、电感、晶体管放大倍数等，是一种多功能测试仪表。

现在，许多数字万用表还添加了标志符显示功能：

（1）单位符号

例如，nV、μV、mV、V、A、μA、mA、A、mΩ、Ω、kΩ、MΩ、Hz、kHz、MHz、pF、nF、μF、μH、mH、H。

（2）测量项目符号

例如，AC（交流）、DC（直流）、LOΩ（低阻）、LOGIC（逻辑电平）、MEM（记忆）。

（3）特殊符号

例如，电压控制符号、读数保持符号 HOLD 或 H、自动量程符号 AUTO、10 倍乘符号×10 等。有些数字万用表在 LCD 液晶显示屏的小数点下面设置了量程标志符，再如，小数点下边显示为 200 时，表明所对应的量程为 200 的数值。

为了解决数字显示方式以便于反映被测电量连续变化的过程和变化的趋势的问题，近年来许多数字万用表设置了带模拟图形的双显示或多重显示模式。这类万用表更好地结合了数字万用表和模拟万用表的显示优点，使得数字万用表的使用测量更加方便，并具有显示清晰直观、读数准确、准确度高、测试功能强、测量范围宽、测量速率快、输入阻抗高、微功耗等特点。

智能数字万用表带微处理器与标准接口，可与计算机和打印机连接，进行数据处理或自动打印，构成完整的测试系统。

3.2.2 数字万用表的性能参数

1. 数字万用表的显示位数

数字万用表的显示位数有 $3\frac{1}{2}$位、$3\frac{2}{3}$位、$3\frac{3}{4}$位、$4\frac{1}{2}$位、$5\frac{1}{2}$位、$6\frac{1}{2}$位、$7\frac{1}{2}$位和 $8\frac{1}{2}$位共 8 种。它确定了数字万用表的最大显示量程，是数字万用表非常重要的一种参数。

数字万用表的显示位数都是由 1 个整数和 1 个分数组合而成的。其中，分数中的分子表示该数字万用表最高位所能显示的数字；分母则是最大极限量程时最高的数字。而分数前面的整数则表示最高位后的数位。

例如，$3\frac{1}{2}$位（读作“三又二分之一位”），其中整数“3”表示数字万用表最高位后有3个整数位；“$\frac{1}{2}$”中的分子“1”表示该数字万用表最高位数只能显示“1”，故$3\frac{1}{2}$位表示最大显示值为±1999；分母“2”表示该数字万用表的最大极限量程数值为2000，故最大极限量程为2000。

$3\frac{2}{3}$位（读作“三又三分之二位”），其中“$\frac{2}{3}$”中的分子“2”表示该数字万用表位只能显示从0~2的数字，因为整数是“3”所以可以确定在最高位后有3个整数位，故最大显示值为±2999；分母“3”则表示该数字万用表的最大极限量程数值为3000。

$3\frac{3}{4}$位（读作“三又四分之三位”），其中“$\frac{3}{4}$”中的分子“3”表示该数字万用表位只能显示从0~3的数字，因此最大显示值为±3999；最大极限量程数值为4000。

$4\frac{1}{2}$位（读作“四又二分之一位”），表示该数字万用表最大显示值为±19999；最大极限量程数值为20000。其他的显示位数都可以根据计算得出。

通常，普及型的手持式数字万用表多为$3\frac{1}{2}$位，但$3\frac{2}{3}$位、$3\frac{3}{4}$位、$4\frac{1}{2}$位、$5\frac{1}{2}$位及$5\frac{1}{2}$以上的大多为台式数字万用表。

2. 数字万用表的分辨率

分辨率是反映数字万用表灵敏度高低的性能参数。它随显示位数的增加而提高。不同位数的数字万用表所能达到的最高分辨率分别为100V($3\frac{1}{2}$)、10V($4\frac{1}{2}$)、1V($5\frac{1}{2}$)、100nV($6\frac{1}{2}$)、10nV($7\frac{1}{2}$)、1nV($8\frac{1}{2}$)。

数字万用表的分辨力指标可以用分辨率来表示，即数字万用表所能显示的最小数字（除0外）与最大数字的百分比。例如，$3\frac{1}{2}$位的分辨率为1/1999，从而可以得出$3\frac{1}{2}$位数字万用表的分辨率约为0.05%。同理可以计算出$3\frac{2}{3}$的分辨率为0.033%；$3\frac{3}{4}$的分辨率为0.025%；$4\frac{1}{2}$的分辨率为0.005%；$4\frac{3}{4}$的分辨率为0.0025%；$5\frac{1}{2}$的分辨率为0.0005%；$6\frac{1}{2}$的分辨率为0.00005%；$7\frac{1}{2}$的分辨率为0.000005%；$8\frac{1}{2}$的分辨率为0.0000005%。

3. 数字万用表的基本参数

显示方式：液晶显示。

最大显示：1999（$3\frac{1}{2}$）位自动极性显示。

测量方式：双积分式A/D转换。

采样速率：每秒钟3次。

超量程显示：最高位显示“1”或“OL”、“-1”或“-OL”，这种情况应改变量程后再测。

低电压显示：“+ -”符号出现。

工作环境：0~40℃，相对湿度小于80%。

存储环境：-10~50℃，相对湿度小于80%。

电源：一只9V电池（6F22或同等型号）。

4. 数字万用表的技术参数

1）测量项目主要包括：直流电压DCV；交流电压ACV；直流电流DCA；交流电流ACA；电阻Ω；二极管/通断；晶体管hFE；电容C；温度T；频率f；电感L。

2）测量直流电压（DCV）。测量直流电压的量程所对应的分辨率为

量程	200mV	2V	20V	200V	1000V
分辨率	100μV	1mV	10mV	100mV	1V

输入阻抗：所有量程为10MΩ；

过载保护：200mV量程为250V直流或交流峰值，其余为1000V直流或交流峰值。

3）测量交流电压（ACV）。测量交流电压的量程所对应的分辨率为

量程	200mV	2V	20V	200V	700V
分辨率	100μV	1mV	10mV	100mV	1V

输入阻抗：输入量程200mV、2V为1MΩ，其余量程为10MΩ；

过载保护：200mV量程为250V直流或交流峰值，其余量程为1000V直流或交流峰值；

显示：正弦波有效值，即平均值响应。

4）测量直流电流（DCA）。测量直流电流的量程所对应的分辨率为

量程	2mA	20mA	200mA	20A
分辨率	1μA	10μA	100μA	10mA

最大测量电压降：200mV；

最大输入电流：20A（不超过10s）；

过载保护：0.2A/250V速熔保护。

5）测量交流电流（ACA）。测量交流电流的量程所对应的分辨率为

量程	2mA	20mA	200mA	20A
分辨率	1μA	10μA	100μA	10mA

最大测量电压降：200mV；

最大输入电流20A（不超过10s）；

过载保护：0.2A/250V速熔保护；

频率响应：40~200Hz；

显示：正弦波有效值，即平均值响应。

6）测量电阻（Ω）。测量电阻的量程所对应的分辨率为：

量程	200Ω	2kΩ	20kΩ	200kΩ	2MΩ	20MΩ	2000MΩ
分辨率	0.1Ω	1Ω	10Ω	100Ω	1kΩ	10kΩ	1MΩ

开路电压：小于3V；

过载保护：250V直流或交流峰值。

注意事项：

① 在使用200Ω 量程时，应先将表笔短路，测量出引线电阻，然后在实测中减去这个值。

② 在使用2000MΩ 量程时，将表笔短路，仪表将显示 10MΩ，这是正常现象，不影响测量准确度，实测时应减去。例如，被测电阻为1000MΩ，读数应为 1010MΩ，则正确值应从显示读数减去 10，即(1010-10)MΩ=1000MΩ；

③ 测 1MΩ 以上时，读数反应缓慢属于正常现象，应待显示值稳定之后再读数。

7）测量电容（*C*）。测量电容的量程所对应的分辨率为

量程	20nF	200nF	2μF	20μF	200μF
分辨率	10pF	100pF	1nF	10nF	100nF

测试频率：100Hz；

过载保护：36V 直流或交流峰值。

8）测量电感（*L*）。测量电感的量程所对应的分辨率为

量程	2mH	20mH	200mH	2H	20H
分辨率	1μH	10μH	100μH	1mH	10mH

测量频率：100Hz；

过载保护：36V 直流或交流峰值。

9）测量温度（*T*）。测量温度的量程所对应的分辨率为

量程	-40~1000℃	0~1832 ℉
分辨率	1℃	1 ℉

10）测量频率（*f*）。测量频率的量程所对应的分辨率为

量程	2kHz	20kHz	200kHz	2000kHz	10MHz
分辨率	1Hz	10Hz	100Hz	1kHz	10kHz

输入灵敏度：1V 有效值；

过载保护：250V 直流或交流峰值（不超过 10s）。

11）二极管及通/断测试。测量二极管通断时的显示值及测试条件为

量程	显示值	测试条件
—▶|—·)))	二极管正向电压降	正向直流电流约 1mA，反向电压约 3V
	蜂鸣器发声长响，测试两点阻值小于（70±20）Ω	开路电压约为 3V

过载保护：250V 直流或交流峰值；

警告：为了安全，在此量程禁止输入电压值。

12）晶体管 hFE 参数测试。晶体管 hFE 参数测试显示值的测试条件为

量程	晶体管类	显示值	测试条件
hFE	NPN 或 PNP	0～1000	基极电流约为 10μA，V_{ce} 约为 2V

3.3 数字万用表的使用方法

3.3.1 数字万用表的表笔连接

使用数字万用表之前，先应了解所用万用表的接口及功能，黑表笔可作为公共端插到“COM”插孔中，其余三个插孔对应不同的功能，如图 3-14 所示。

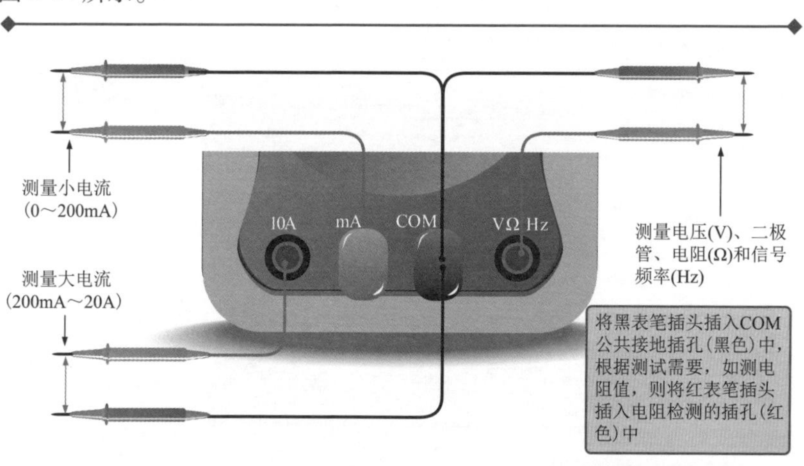
测量小电流
(0～200mA)
测量大电流
(200mA～20A)
10A
mA
COM
VΩ Hz
测量电压(V)、二极管、电阻(Ω)和信号频率(Hz)
将黑表笔插头插入COM公共接地插孔(黑色)中，根据测试需要，如测电阻值，则将红表笔插头插入电阻检测的插孔(红色)中

图 3-14 连接测量表笔

不同数字万用表的表笔插孔的数量和位置不尽相同，通常情况下，习惯上将红色的表笔插到正极性插孔中，黑色的表笔插到负极性插孔中，如图 3-15 所示。

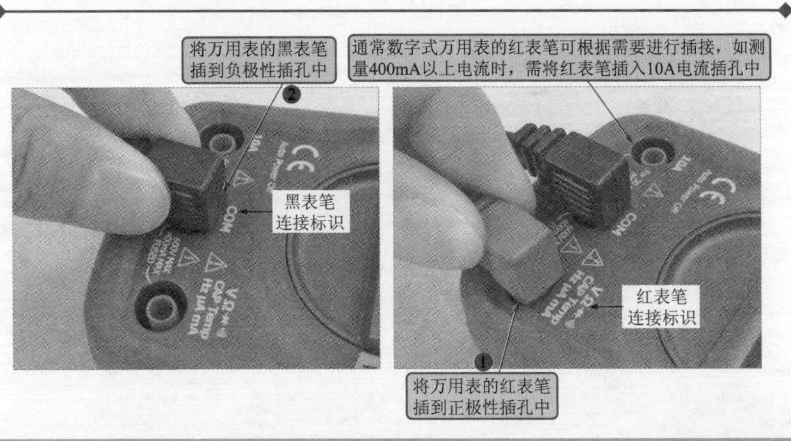
将万用表的黑表笔插到负极性插孔中
通常数字式万用表的红表笔可根据需要进行插接，如测量400mA以上电流时，需将红表笔插入10A电流插孔中
黑表笔连接标识
红表笔连接标识
将万用表的红表笔插到正极性插孔中
COM
10A

图 3-15　测量表笔的连接操作

3. 3. 2　数字万用表的量程设定

如图 3-16 所示，数字万用表使用前不用像指针万用表那样需要表头校正和零欧姆调整，只需要根据测量的需要，调整万用表的功能旋钮，将万用表调整到相应测量状态，这样无论是测量电流、电压还是电阻都可以通过功能旋钮轻松地切换。

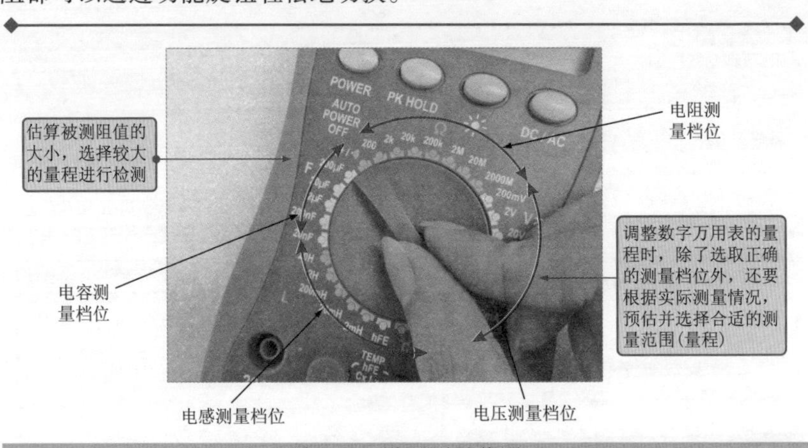
估算被测阻值的大小，选择较大的量程进行检测
电阻测量档位
调整数字万用表的量程时，除了选取正确的测量档位外，还要根据实际测量情况，预估并选择合适的测量范围(量程)
电容测量档位
电感测量档位
电压测量档位
POWER
PK HOLD
AUTO POWER OFF
DC / AC

图 3-16　设置测量范围

在使用具有自动选择量程功能的数字万用表检测之前，只需要根据被测的数值类型选择测量的档位即可，不用调整量程的范围，如图 3-17 所示。

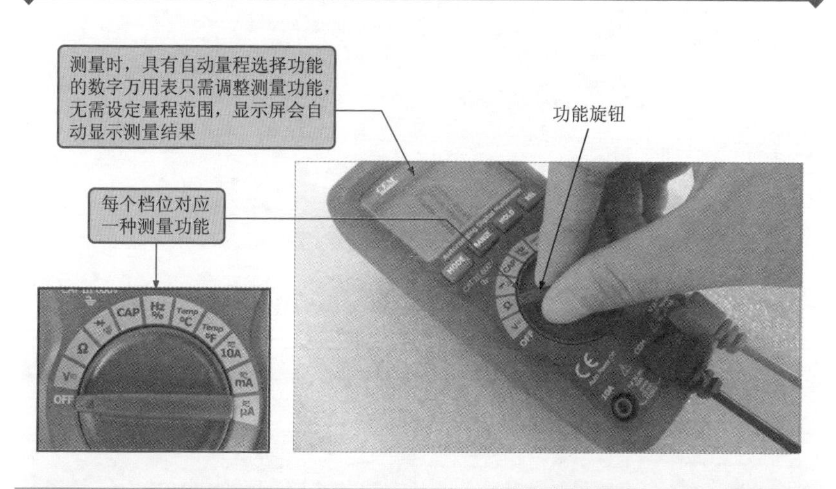
测量时，具有自动量程选择功能的数字万用表只需调整测量功能，无需设定量程范围，显示屏会自动显示测量结果
功能旋钮
每个档位对应一种测量功能
CAP
Hz %
Temp °C
Temp °F
10A
mA
μA
OFF
V
Ω
MODE
RANGE
HOLD
REL

图 3-17　自动量程数字万用表的档位设定

要点说明

对于手动量程调整设定的数字万用表而言，在设置量程时，应尽量选择大于待测参数的范围，并且最接近的测量档位。若选择的量程范围小于待测参数，则数字万用表液晶屏显示“1L”或“0L”，表示已超范围；若选择的量程范围远大于待测参数，则可能造成测量数据读数不准确。

3.3.3　数字万用表附加测试器的安装

数字万用表的附加测试器可用于检测电容量、电感量、温度及晶体管放大倍数。若需要测量上述数据，除了需要调整功能旋钮外，还需要将附加测试器插接到特定的表笔插孔中，如图 3-18 所示。

扫一扫看视频

图 3-19 为数字万用表附加测试器的检测应用。

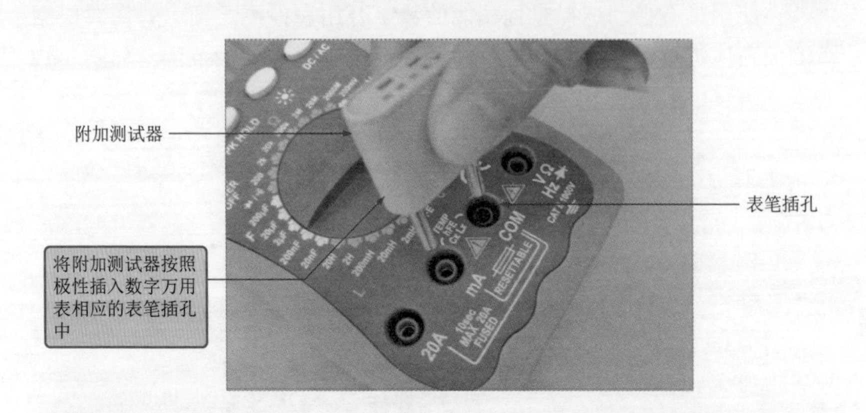
附加测试器
表笔插孔
将附加测试器按照极性插入数字万用表相应的表笔插孔中

图 3-18 安装连接附加测试器

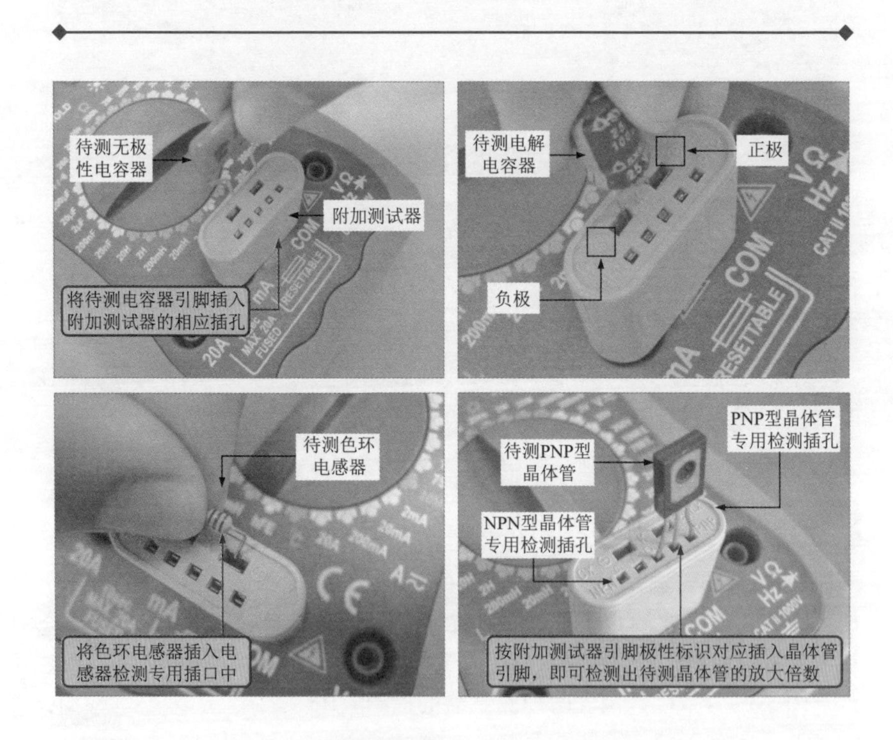
待测无极性电容器
附加测试器
将待测电容器引脚插入附加测试器的相应插孔
待测电解电容器
正极
负极
待测色环电感器
将色环电感器插入电感器检测专用插口中
PNP型晶体管专用检测插孔
待测PNP型晶体管
NPN型晶体管专用检测插孔
按附加测试器引脚极性标识对应插入晶体管引脚，即可检测出待测晶体管的放大倍数

图 3-19 数字万用表附加测试器的检测应用

3.3.4 数字万用表的结果读取

1. 数字万用表测量电阻的数据读取实例

使用数字万用表检测电阻值时，需要将万用表的档位调整至“电阻测量档”，然后根据液晶显示屏上显示的测量数值和测量单位进行数据的读取。

如图 3-20 所示，这是数字万用表测量电阻时数据的读数方法。

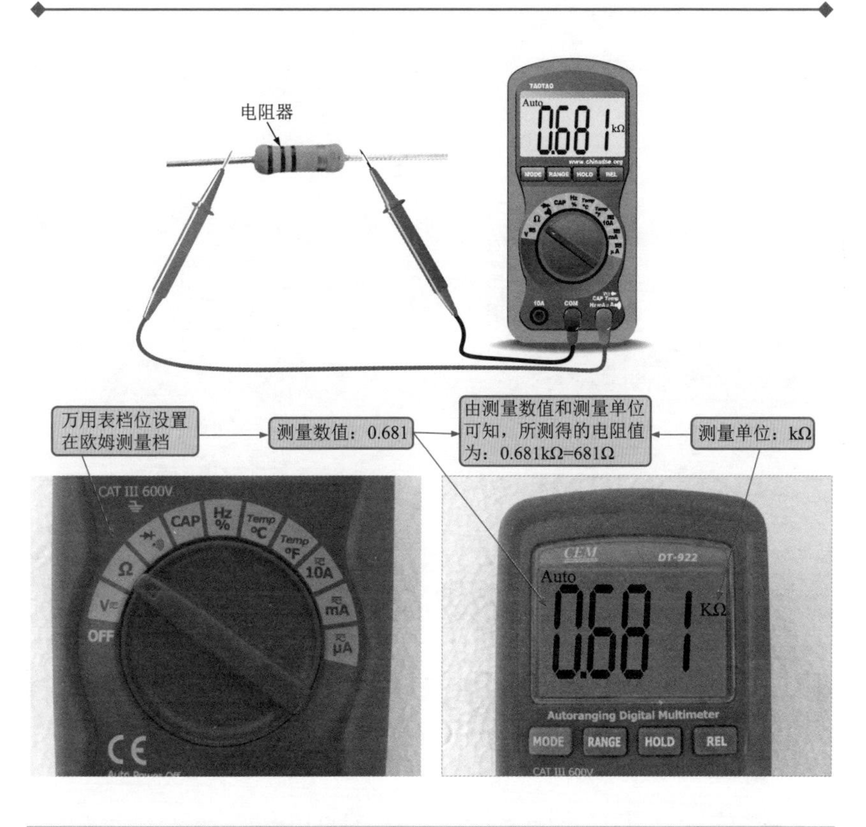
电阻器
Auto
0.681 kΩ
万用表档位设置
在欧姆测量档
测量数值：0.681
由测量数值和测量单位
可知，所测得的电阻值
为：0.681kΩ=681Ω
测量单位：kΩ
CAT III 600V
CAP
Hz
%
Ω
OFF
10A
mA
μA
CEM
DT-922
Auto
0.681 KΩ
Autoranging Digital Multimeter
MODE
RANGE
HOLD
REL

图 3-20　数字万用表测量电阻时数据的读数方法

2. 数字万用表测量电压的数据读取实例

使用数字万用表检测电压主要包括直流电压和交流电压的检测。检测时，需要将万用表的档位调整至“电压测量档”，然后根据液晶显示屏上显示的测量类型、数值、单位信息进行数据的读取。

如图 3-21 所示，这是数字万用表测量电压时数据的读数方法。

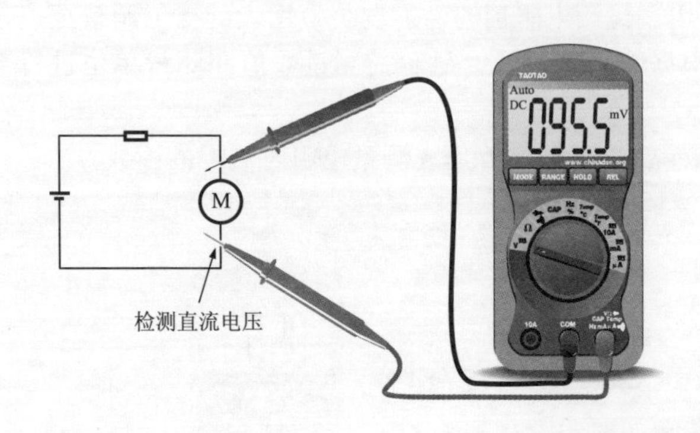
M
检测直流电压
Auto
DC
095.5
mV
RANGE
HOLD
REL
COM

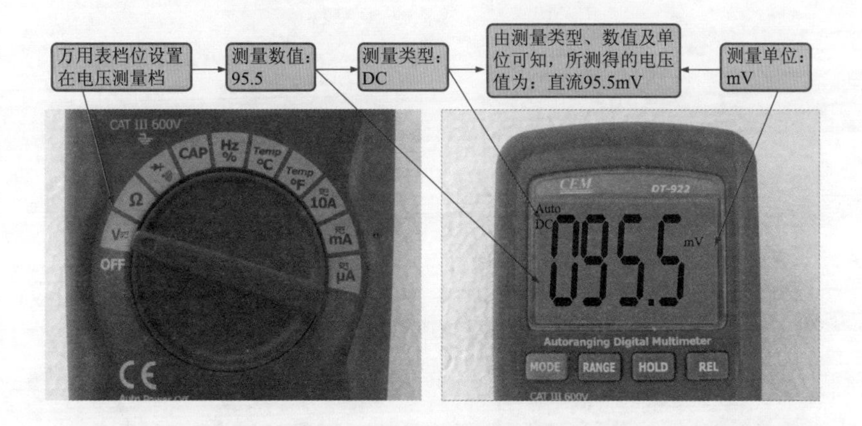
万用表档位设置在电压测量档
测量数值：95.5
测量类型：DC
由测量类型、数值及单位可知，所测得的电压值为：直流95.5mV
测量单位：mV
CAT III 600V
CAP
Hz %
Temp ℃
Temp ℉
10A
mA
μA
Ω
OFF
CEM
DT-922
Auto
DC
095.5
mV
Autoranging Digital Multimeter
MODE
RANGE
HOLD
REL
CAT III 600V

图 3-21　数字万用表测量电压时数据的读数方法

3. 数字万用表测量电容量的数据读取实例

使用数字万用表检测电容量时，需要将万用表的档位调整至“电容测量档”，然后根据液晶显示屏上显示的测量数值和测量单位进行数据的读取。

如图 3-22 所示，这是数字万用表测量电容量时数据的读数方法。

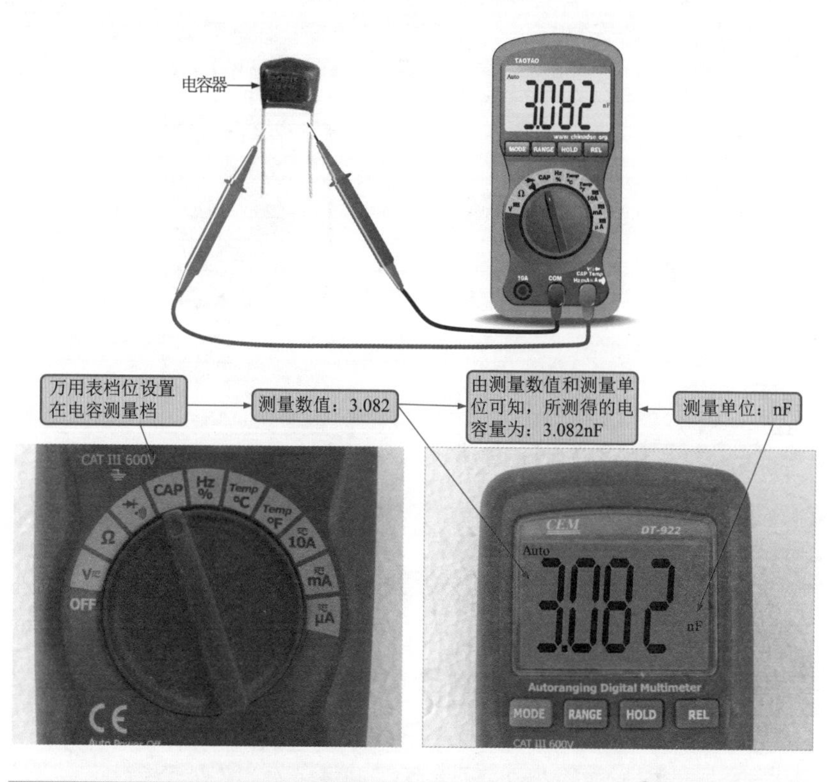
电容器
万用表档位设置在电容测量档
测量数值：3.082
由测量数值和测量单位可知，所测得的电容量为：3.082nF
测量单位：nF
Auto
3.082
nF
MODE
RANGE
HOLD
REL
CAP
Hz %
Temp ℃
Temp ℉
10A
mA
μA
Ω
V
OFF
CAT III 600V
CEM
DT-922
Autoranging Digital Multimeter

图 3-22 数字万用表测量电容量时数据的读数方法

4. 数字万用表测量电流的数据读取实例

使用数字万用表检测电流主要包括直流电流和交流电流的检测。检测时，需要根据待测参数将万用表的档位调整至需要的“电流测量档”，然后根据液晶显示屏上显示的测量类型、数值、单位信息进行数据的读取。

如图 3-23 所示，这是数字万用表测量电流时数据的读数方法。

5. 数字万用表测量二极管及导通状态的实例

使用数字万用表检测二极管及器件导通状态时，需要将万用表的档位调整至“蜂鸣/二极管测量档”，然后根据液晶显示屏上显示的测量数值、类型及单位进行数据的读取。

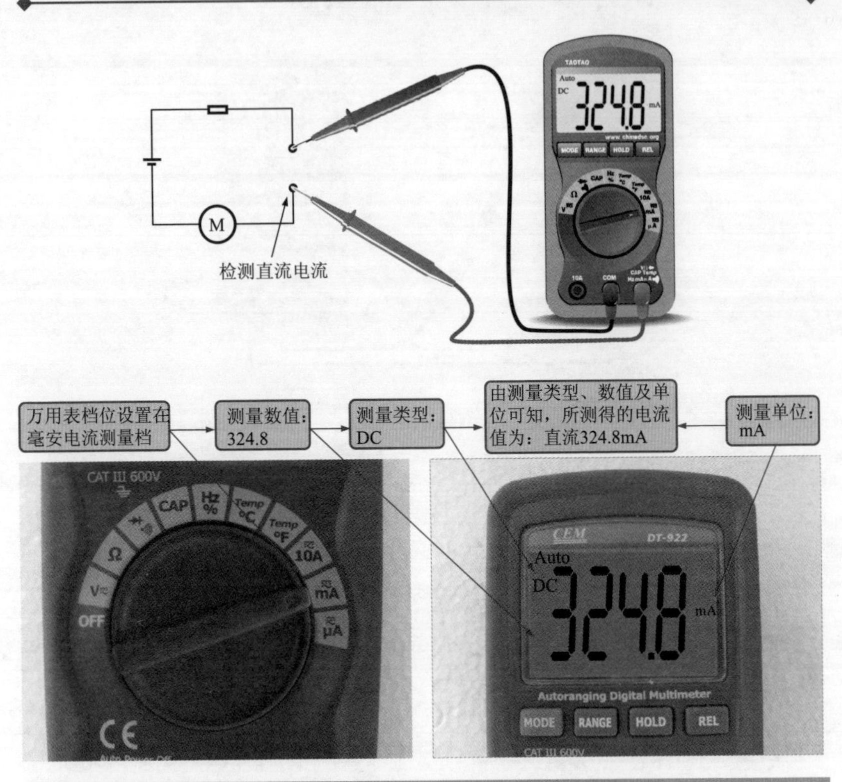
检测直流电流
万用表档位设置在毫安电流测量档
测量数值：324.8
测量类型：DC
由测量类型、数值及单位可知，所测得的电流值为：直流324.8mA
测量单位：mA
Auto
DC
324.8
mA
Autoranging Digital Multimeter
MODE
RANGE
HOLD
REL
CAT III 600V

图 3-23　数字万用表测量电流时数据的读数方法

如图 3-24 所示，这是数字万用表测量二极管时数据的读数方法。

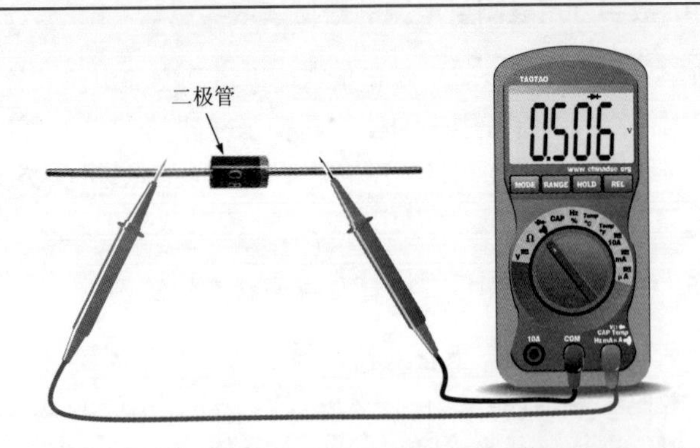
二极管
0.506

图 3-24　数字万用表测量二极管时数据的读数方法

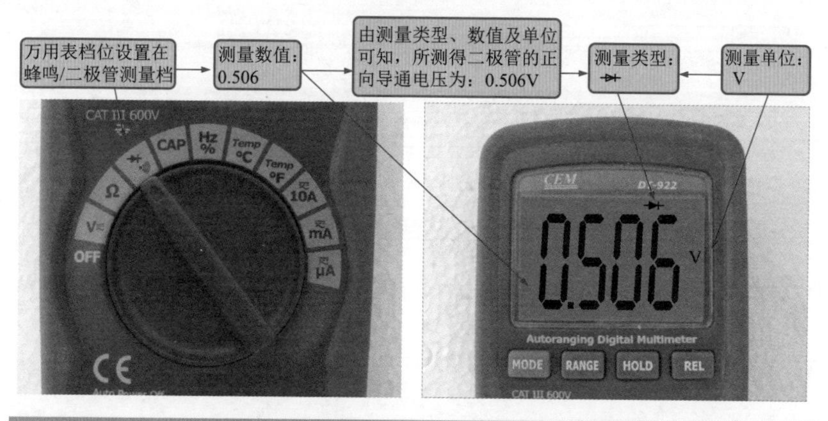
万用表档位设置在蜂鸣/二极管测量档
测量数值：0.506
由测量类型、数值及单位可知，所测得二极管的正向导通电压为：0.506V
测量类型：
测量单位：V
CAT III 600V
CAP
Hz %
Temp °C
Temp °F
10A
mA
μA
Ω
OFF
CE
CEM
DT-922
0.506
V
Autoranging Digital Multimeter
MODE
RANGE
HOLD
REL
CAT III 600V

图 3-24 数字万用表测量二极管时数据的读数方法（续）

6. 数字万用表测量温度的数据读取实例

使用数字万用表检测温度时，需要根据需要将万用表的档位调整至“摄氏温度测量档”或“华氏温度测量档”，然后根据液晶显示屏上显示的测量数值和测量单位进行数据的读取。

如图 3-25 所示，这是数字万用表测量温度时数据的读数方法。

7. 数字万用表测量频率及占空比的数据读取实例

使用数字万用表检测频率及占空比时，需要将万用表的档位调整至“频率/占空比测量档”，然后根据液晶显示屏上显示的测量数值和测量单位进行数据的读取。

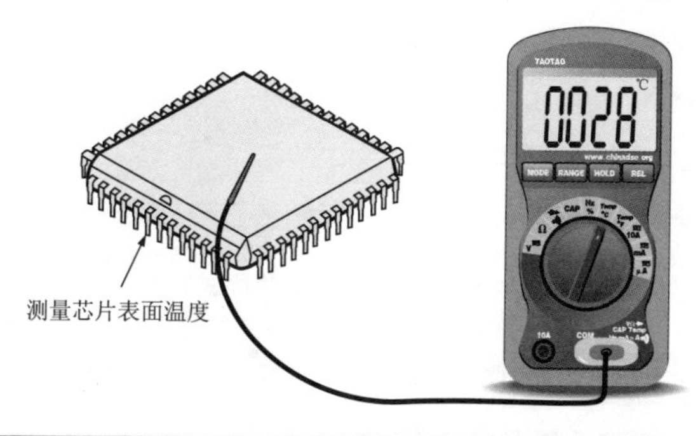
0028
°C
MODE
RANGE
HOLD
REL
测量芯片表面温度

图 3-25 数字万用表测量温度时数据的读数方法

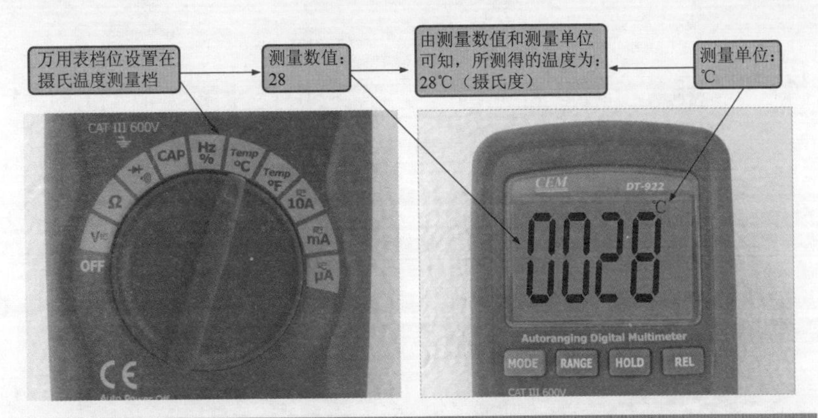
万用表档位设置在
摄氏温度测量档
测量数值:
28
由测量数值和测量单位
可知，所测得的温度为:
28℃（摄氏度）
测量单位:
℃
CAT III 600V
CAP
Hz
%
Temp
°C
Temp
°F
10A
Ω
V
mA
OFF
μA
CE
CEM
DT-922
0028
Autoranging Digital Multimeter
MODE
RANGE
HOLD
REL
CAT III 600V

图 3-25 数字万用表测量温度时数据的读数方法（续）

如图 3-26 所示，这是数字万用表测量频率时数据的读数方法。

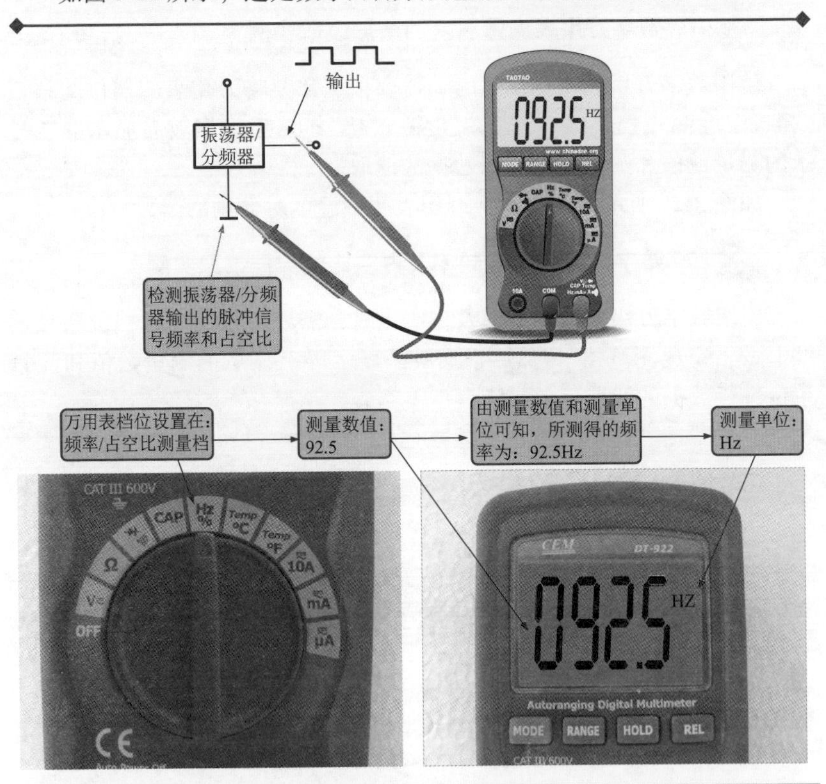
输出
振荡器/
分频器
检测振荡器/分频
器输出的脉冲信
号频率和占空比
TAOTAO
092.5
HZ
MODE
RANGE
HOLD
REL
10A
COM
万用表档位设置在:
频率/占空比测量档
测量数值:
92.5
由测量数值和测量单
位可知，所测得的频
率为：92.5Hz
测量单位:
Hz
CAT III 600V
CAP
Hz
%
Temp
°C
Temp
°F
10A
Ω
V
mA
OFF
μA
CE
CEM
DT-922
092.5
HZ
Autoranging Digital Multimeter
MODE
RANGE
HOLD
REL

图 3-26 数字万用表测量频率时数据的读数方法

图 3-27 为测量振荡器/分频器输出的脉冲信号占空比的数据读取实例。

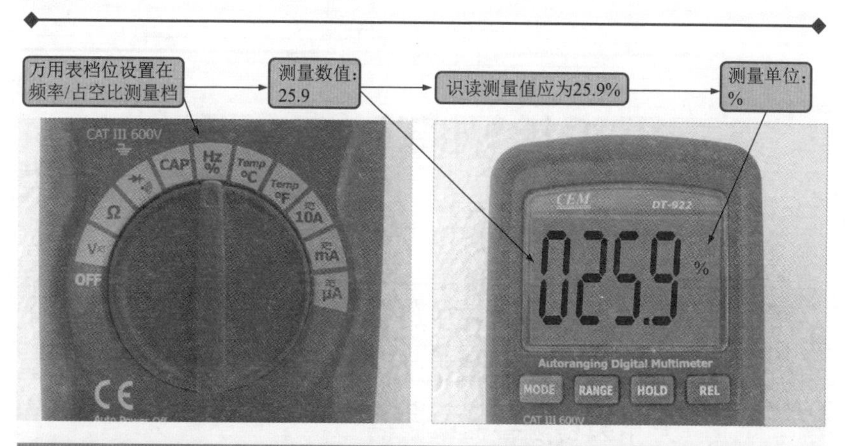
万用表档位设置在频率/占空比测量档
测量数值：25.9
识读测量值应为25.9%
测量单位：%
CAT III 600V
CAP
Hz %
Temp °C
Temp °F
10A
mA
μA
Ω
V
OFF
CE
CEM
DT-922
025.9
%
Autoranging Digital Multimeter
MODE
RANGE
HOLD
REL
CAT III 600V

图 3-27　数字万用表测量占空比的读数实例

图 3-27 中，选择频率/占空比测量档，显示屏显示测量数值为 25.9、测量单位为%，由测量数值和单位可知，所测得的占空比为 25.9%。

第 4 章 万用表检测基础电子元件

4.1 万用表检测电阻器

4.1.1 万用表检测普通电阻器

1. 指针万用表检测普通电阻器

指针万用表检测普通电阻器时，需根据待测电阻器的标称阻值调整相应的量程档位，然后进行零欧姆校正以确保测量结果的准确，最后将两表笔分别接待测电阻器两引脚端，将实测值与标称阻值进行比对便可判别被测电阻器的好坏。

图 4-1 为普通电阻器。该电阻器是采用五环标注法标注的。其表面色环标记颜色分别为红、红、黑、黑、棕。可以识读出该电阻器的标称阻值为 220Ω，允许偏差为±1%。

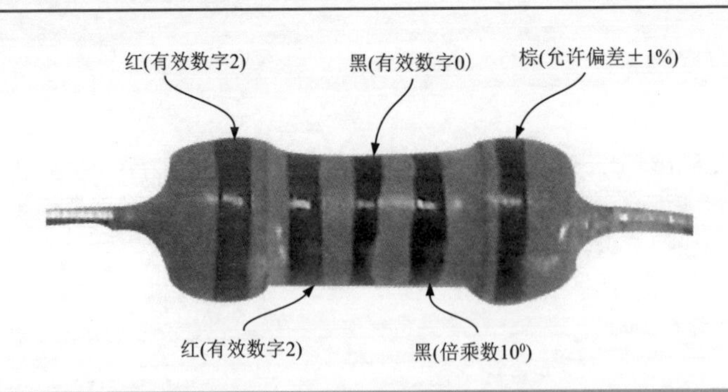
红(有效数字2)
黑(有效数字0)
棕(允许偏差±1%)
红(有效数字2)
黑(倍乘数10^0)

图 4-1　五环标注法电阻器示例

要点说明

电阻器的标称阻值通常以两种方式标注在电阻器上：一是直接标注法，二是色环标注法。色环标注法是将电阻器的参数用不同颜色的色环标注在电阻表面，常见的有四环标注法和五环标注法两种，如图4-2所示。

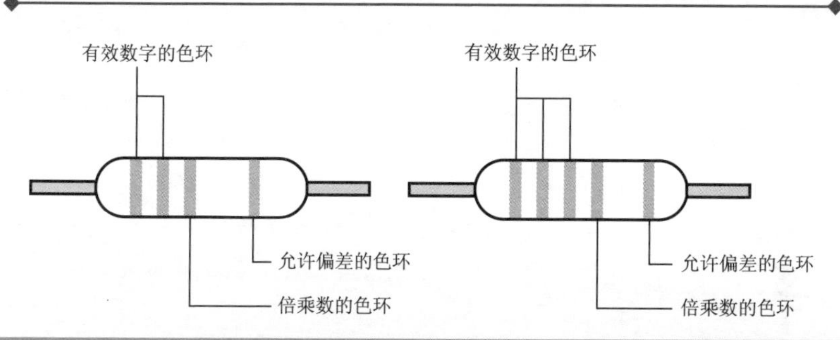
有效数字的色环
允许偏差的色环
倍乘数的色环
有效数字的色环
允许偏差的色环
倍乘数的色环

图4-2　四环标注法和五环标注法的电阻器

表4-1为电阻器色环标识的含义对照表。

表4-1　电阻器色环标识的含义对照表

色环颜色	色环所处的排列位		
	有效数字	倍乘数	允许偏差（%）
银色	—	10^{-2}	±10
金色	—	10^{-1}	±5
黑色	0	10^{0}	—
棕色	1	10^{1}	±1
红色	2	10^{2}	±2
橙色	3	10^{3}	—
黄色	4	10^{4}	—
绿色	5	10^{5}	±0. 5
蓝色	6	10^{6}	±0. 25
紫色	7	10^{7}	±0. 1
灰色	8	10^{8}	—
白色	9	10^{9}	—
无色	—	—	±20

相关资料

在识读色环电阻器时，可以遵循四个原则：

1）通过允许偏差色环识别。色环电阻器常见的允许偏差色环有金色和银色，而有效数字不能为金色或银色，因此色环电阻器的一端出现金色或银色环，一定是表示允许偏差。读取有效数字应当从另一端读取。

2）通过色环位置识别。通常，色环电阻器有效数字端的第一环与电阻器导线间的距离较近，允许偏差端的第一环与电阻器导线间的距离较远。

3）通过色环间距识别。当色环电阻器两端的第一环距离导线距离相似时，需要通过色环间距来判断。通常代表有效数字的色环间距较窄，有效数字与倍乘数、倍乘数与允许偏差之间的色环间距较宽。

4）通过电阻值与允许偏差的常识识别。目前市场上大多数电阻器的允许偏差在5%或10%，允许偏差过大或过小的电阻器很少。

使用指针万用表对其进行检测时，首先将指针万用表设置在欧姆测量档位。

根据色环标识可知，该电阻器的阻值220Ω，将指针万用表调到“×10”欧姆档，如图4-3所示。

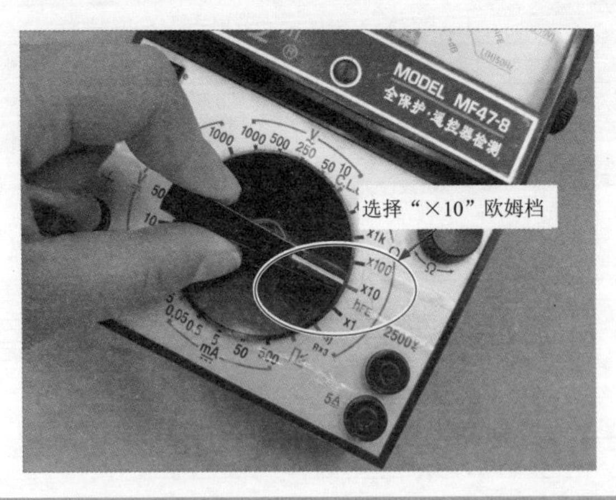
MODEL MF47-8
全保护·遥控器检测
选择“×10”欧姆档
x1k
x100
x10
hFE
x1
2500
5A
mA

图4-3 设置指针万用表欧姆检测档位

为了确保测量准确，指针万用表调整好档位量程后，需要进行零欧姆校正，如图 4-4 所示。

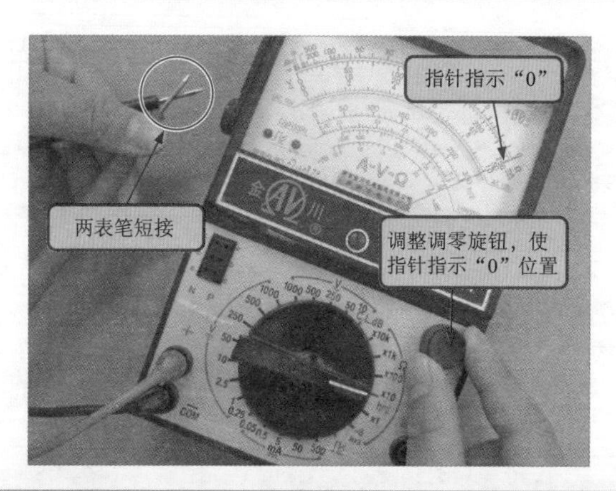
指针指示“0”
两表笔短接
调整调零旋钮，使指针指示“0”位置

图 4-4 调整指针万用表欧姆调零校正

将万用表的两表笔分别搭在电阻器两端的引脚上，观察指针万用表指针指示的电阻值变化，图 4-5 所示检测电阻器实际阻值为 220Ω。

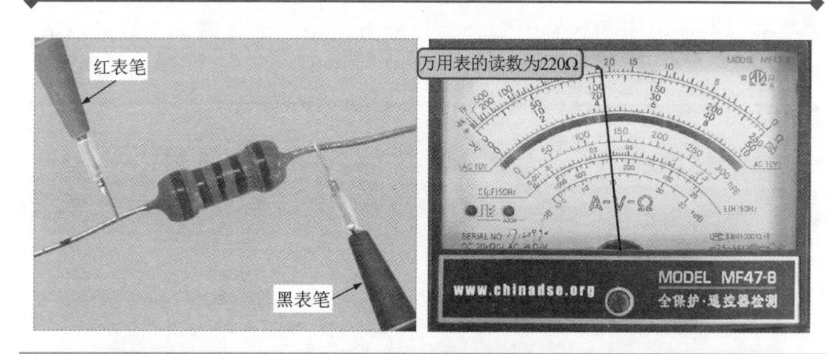
红表笔
黑表笔
万用表的读数为220Ω
MODEL MF47-8
www.chinadse.org
全保护·遥控器检测

图 4-5 检测电阻器实际阻值

若电阻器自身的标称阻值与万用表阻值相等或十分接近，则该电阻器正常；若两者之间的差值超过允许偏差，则该电阻器不良。

2. 数字万用表检测普通电阻器

使用数字万用表检测电阻器时，也需要先对待测电阻器的阻值进行识读。如图 4-6 所示，待测电阻器“R88”是采用四环标注法标注的普通电阻器。通过标识，得知该电阻器的标称阻值为“62Ω”，允许偏差为“±5%”。

蓝
红
黑
金

图 4-6　当前的待测电阻

根据标称值，调整万用表的量程至“200”欧姆档。将万用表的两表笔分别搭在电阻器两端引脚处，观察万用表，记录第 1 次测量值 R_1，如图 4-7 所示。

红表笔
黑表笔

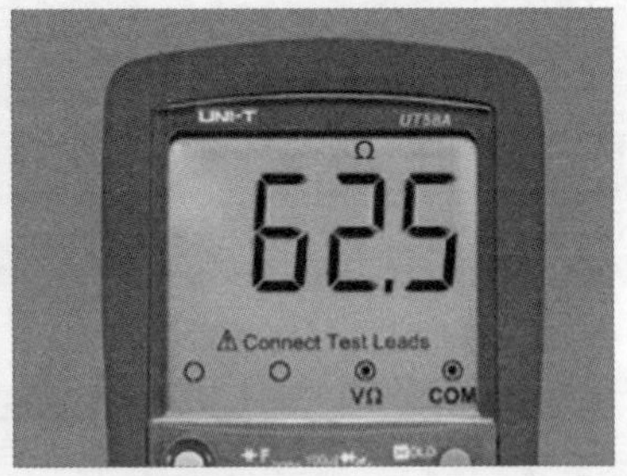
UNI-T
Ω
62.5
Connect Test Leads
VΩ
COM

图 4-7　电路板上电阻的第 1 次测量

将两表笔互换位置，再次测量，记录第 2 次测量值 R_2。这样做的目的是排除外电路板中晶体管 PN 结正向电阻对被测电阻器阻值的影响，如图 4-8 所示。

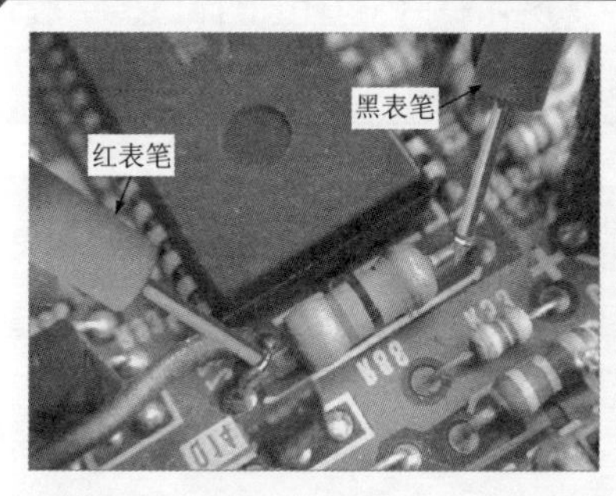
黑表笔
红表笔

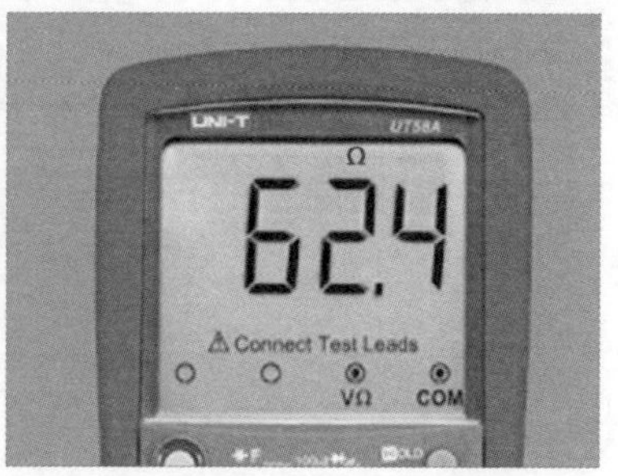
UNI-T
UT58A
Ω
62.4
⚠ Connect Test Leads
VΩ
COM

图 4-8 电路板上电阻的第 2 次测量

比较两次测量的阻值，取较大的作为参考值 R，根据所测得的电阻值判断检测结果。

若电阻器自身的标称阻值与万用表阻值相等或十分接近，则该电阻器正常；若两者之间的差值超过允许偏差，则说明该电阻器不良。

要点说明

无论是使用指针万用表还是数字万用表，在设置量程时要尽量选择与测量值相近的量程以保证测量值的准确性。如果设置范围与待测值之间相差过大，则不容易测出准确值，这时要特别注意。

4.1.2 万用表检测湿敏电阻器

湿敏电阻器的阻值会随环境湿度的变化而变化。因此，在检测湿敏电阻器时，可以先在一般湿度环境下检测其电阻值，再通过增加湿敏电阻器表面或环境湿度条件下检测其电阻值是否有变化，若阻值没有变化则说明该湿敏电阻器损坏。

图 4-9 所示为待测压湿敏电阻器的实物外形。

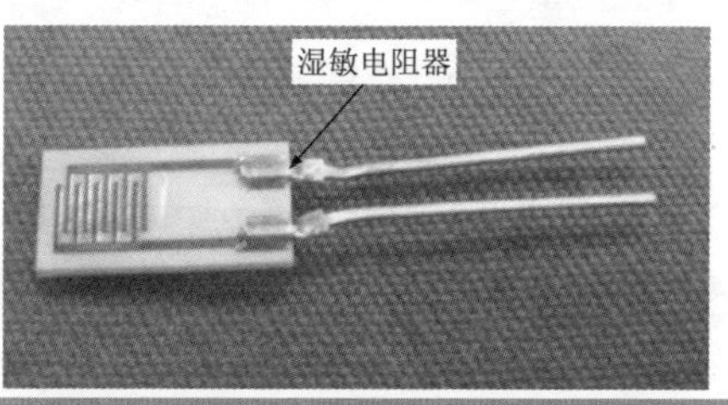
湿敏电阻器

扫一扫看视频

图 4-9 待测压湿电阻器的实物外形

检测时，首先观察湿敏电阻器，发现其表面没有阻值标识，一般将万用表量程调整至“20M”欧姆档，如图 4-10 所示。

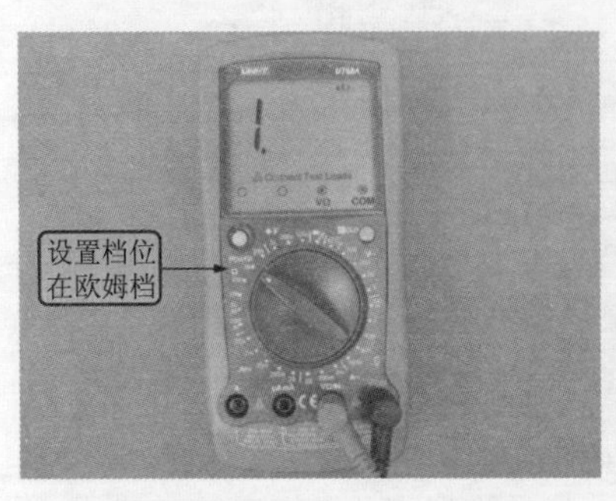
设置档位
在欧姆档

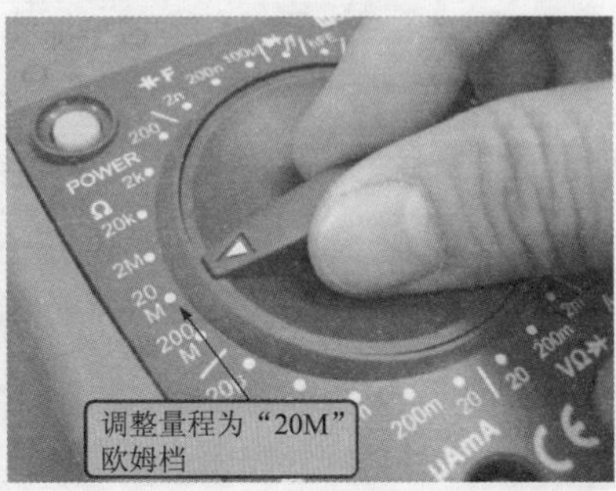
POWER
调整量程为“20M”
欧姆档

图 4-10 调整万用表量程

在正常湿度下，将万用表红表笔和黑表笔分别搭在湿敏电阻器的两个引脚上，观察万用表读数，测得电阻值为 R_1（0.756MΩ），如图 4-11 所示。

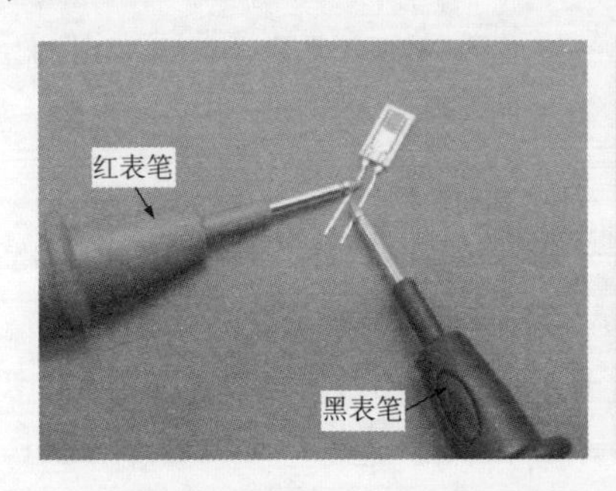
红表笔
黑表笔

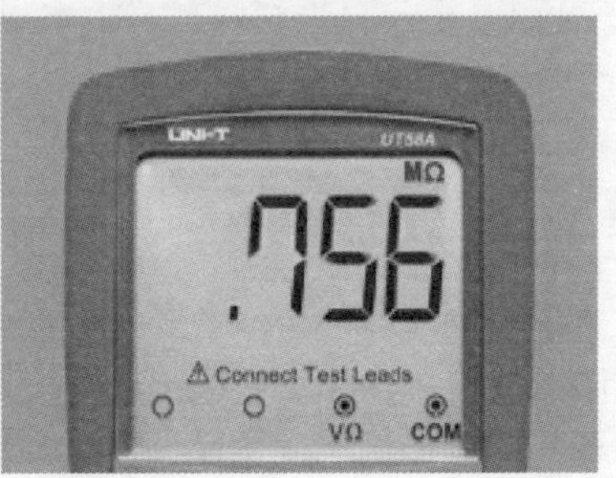
UNI-T
UT58A
MΩ
.756
Connect Test Leads
VΩ
COM

图 4-11 检测湿敏电阻器的阻值

用棉签蘸水涂抹湿敏电阻器的表面，再次检测湿敏电阻器，观察万用表读数，测得电阻值为 R_2（0.344MΩ），如图 4-12 所示。

由结果对比可知，湿敏电阻器表面湿度越大，其阻值越小。若被测电阻值为无穷大或接近于零，则表明湿敏电阻器损坏。

4.1.3 万用表检测光敏电阻器

光敏电阻器是一种对光敏感的元件，由于它是利用半导体的光导电特性制作的电阻器，使电阻器的电阻值随入射光线的强弱发生变化（即当入射光线增强时，它的阻值会明显减小；当入射光线减弱时，它的阻值会显著增大），因此在对该元件进行检测时，可通过该特性对其性能进行判断。图 4-13 所示为待测光敏电阻器的实物外形。

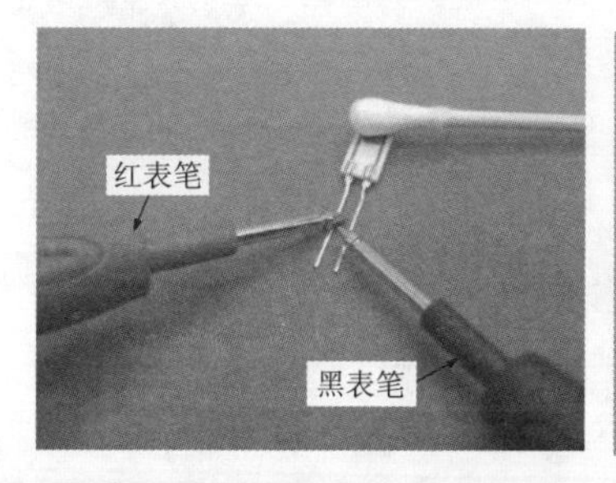
红表笔
黑表笔

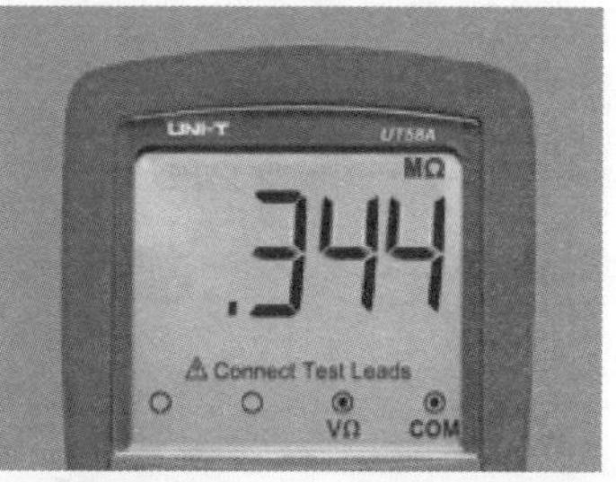
UNI-T
UT58A
MΩ
.344
Connect Test Leads
VΩ
COM

图 4-12　检测湿敏电阻器的阻值

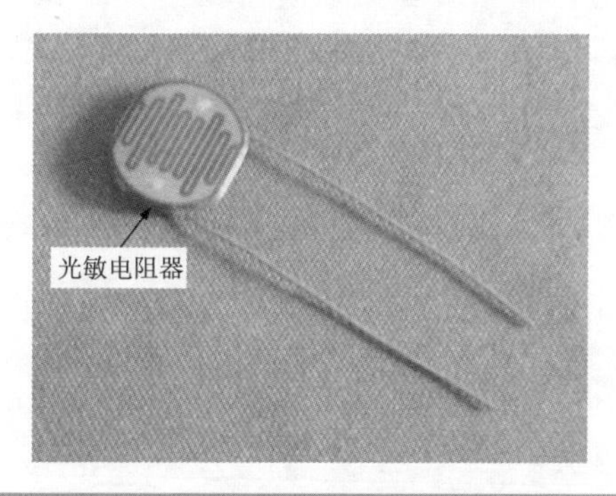
光敏电阻器

图 4-13　待测光敏电阻器的实物外形

扫一扫看视频

检测时，首先观察光敏电阻器，发现其表面没有阻值标识，一般将万用表的量程调整至“20k”欧姆档，如图 4-14 所示。

将光敏电阻器放在室内光照条件下进行检测，测得电阻值为 R_1（2.36kΩ），如图 4-15 所示。

将光敏电阻器放在遮光的位置，再对该光敏电阻器进行检测，测得电阻值为 R_2（18.55kΩ），如图 4-16 所示。

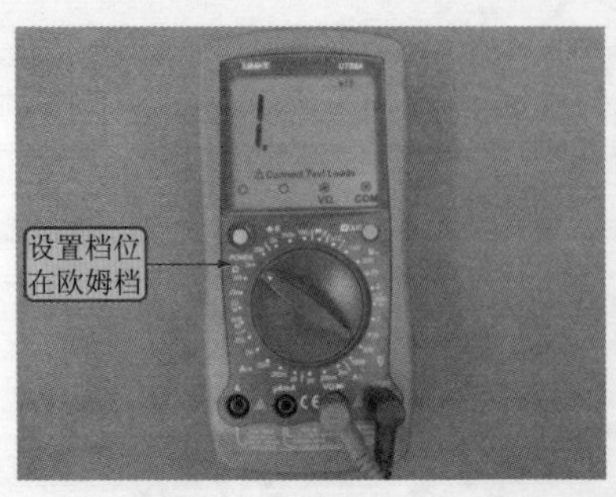
设置档位
在欧姆档

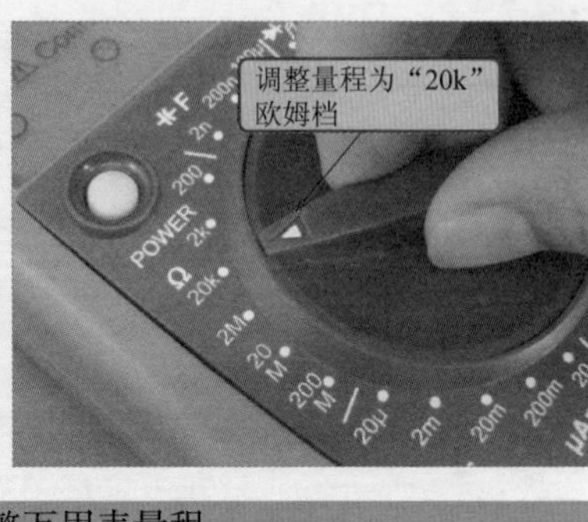
调整量程为“20k”
欧姆档
POWER

图 4-14　调整万用表量程

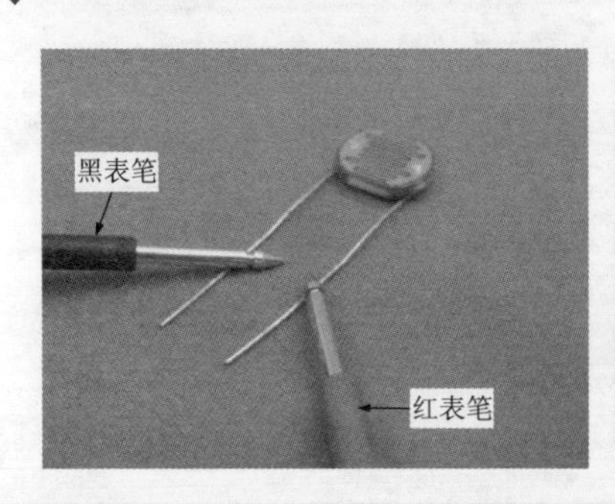
黑表笔
红表笔

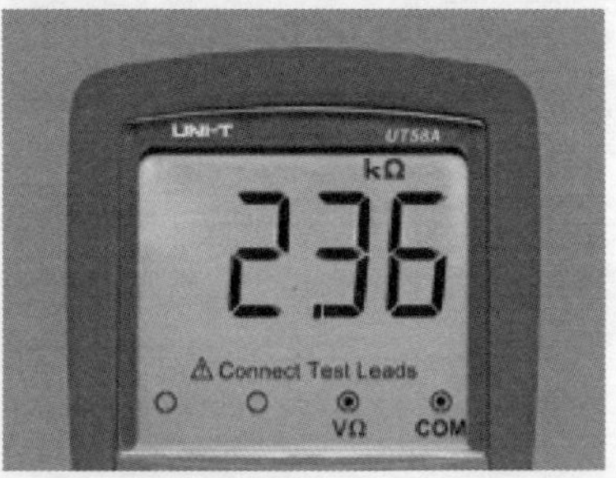
UNI-T
UT58A
kΩ
2.36
Connect Test Leads
VΩ
COM

图 4-15　在室内光照条件下检测光敏电阻器

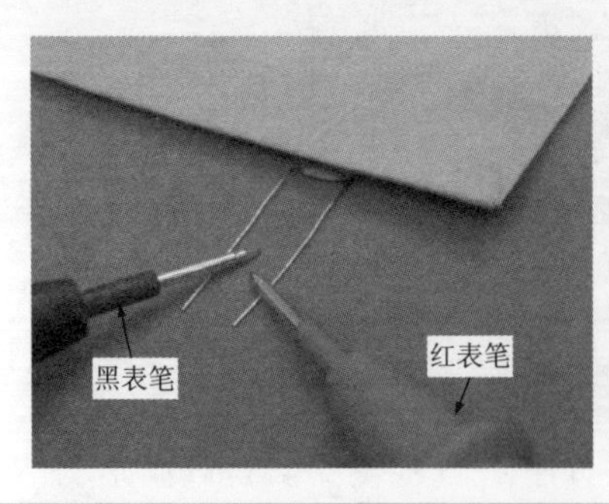
黑表笔
红表笔

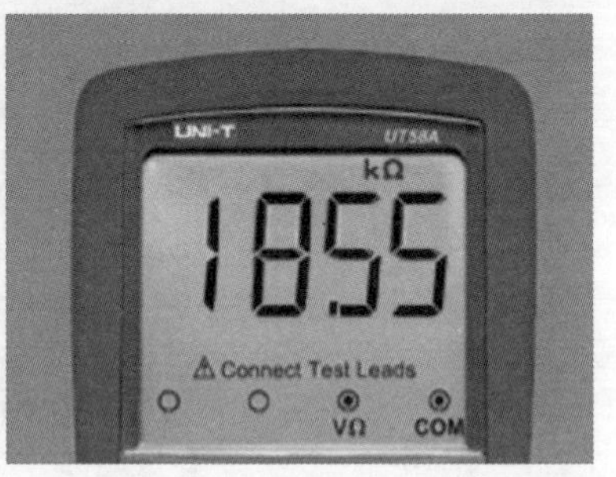
UNI-T
UT58A
kΩ
18.55
Connect Test Leads
VΩ
COM

图 4-16　在遮光条件下检测光敏电阻器

若 R_2 大于 R_1，则表明该电阻器正常，可以使用；若测得的阻值趋于零或与室内光照下的阻值 R_1 相接近，则表明该电阻器性能不良。

4.1.4 万用表检测热敏电阻器

热敏电阻器是一种对温度敏感的电阻器，其电阻值随温度变化而变化，其检测方法与湿敏电阻器的检测方法基本类似，图 4-17 所示为待测热敏电阻器的实物外形，识读其标称值为 330Ω（环境温度为 25℃）。

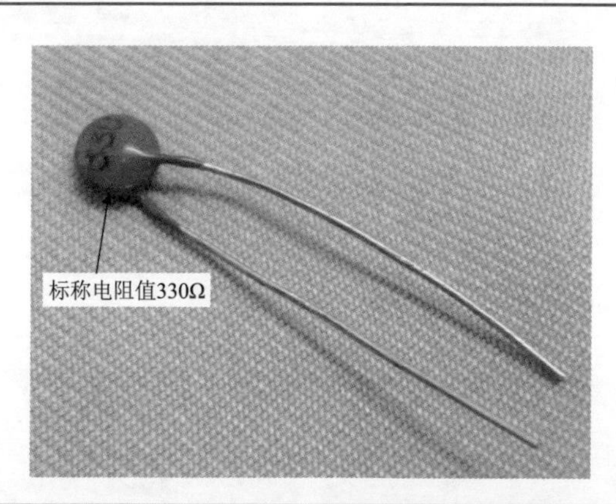
标称电阻值330Ω

扫一扫看视频

图 4-17 待测热敏电阻器的实物外形

检测时，将万用表功能旋钮调至欧姆档，根据该电阻器的标称阻值，可将万用表的量程调至 2kΩ 欧姆档，如图 4-18 所示。

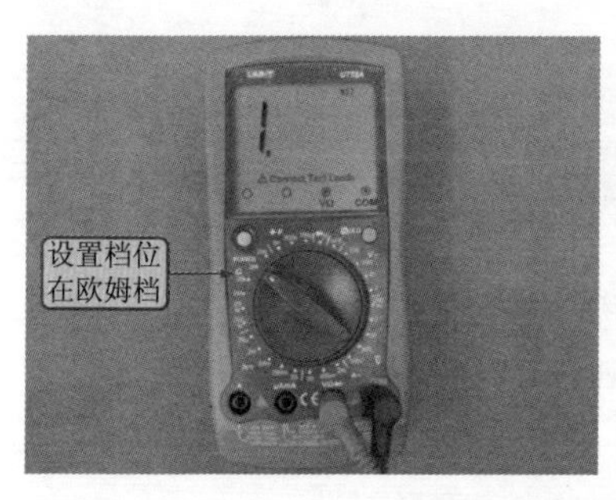
设置档位
在欧姆档

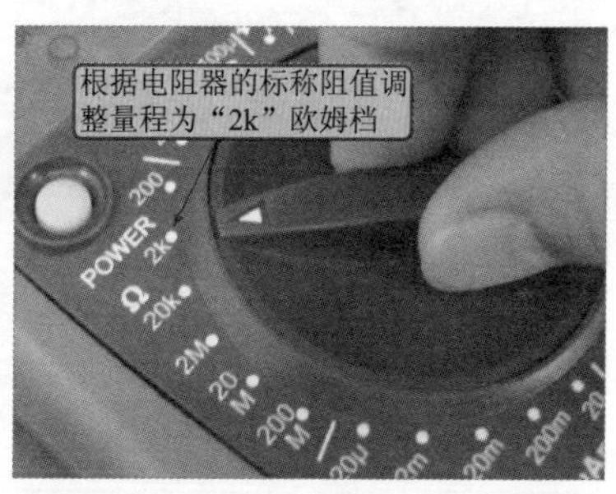
根据电阻器的标称阻值调
整量程为“2k”欧姆档
POWER

图 4-18 调整万用表量程

在常温条件下，将万用表红表笔和黑表笔分别搭在热敏电阻器的两个引脚上。观察万用表读数，测得电阻值为 R_1（308Ω），如图 4-19 所示。

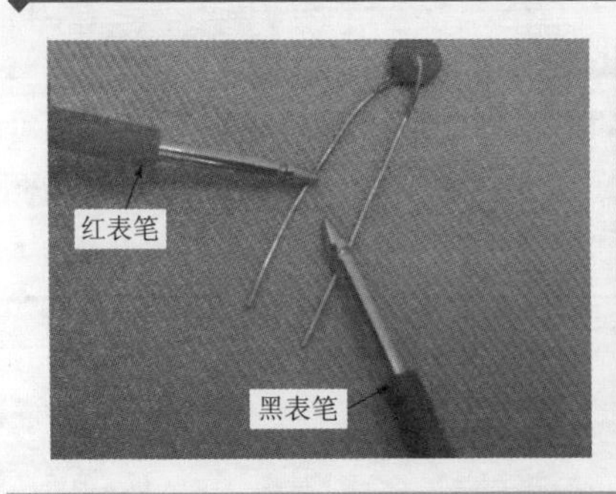
红表笔
黑表笔

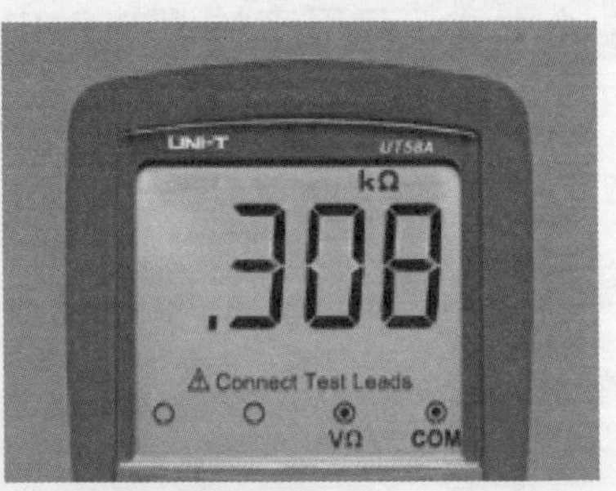
UNI-T
UT58A
kΩ
.308
Connect Test Leads
VΩ
COM

图 4-19　常温条件下检测热敏电阻器的阻值

使用电烙铁或吹风机等电热设备迅速为热敏电阻器加热，再次检测热敏电阻器，观察万用表读数，测得电阻值为 R_2（192Ω），如图 4-20 所示。

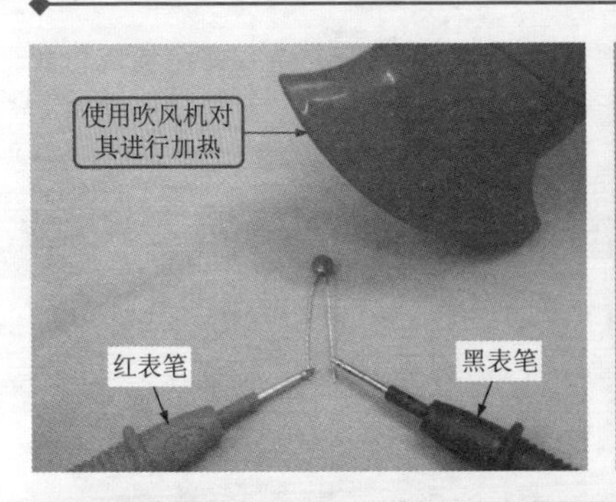
使用吹风机对
其进行加热
红表笔
黑表笔

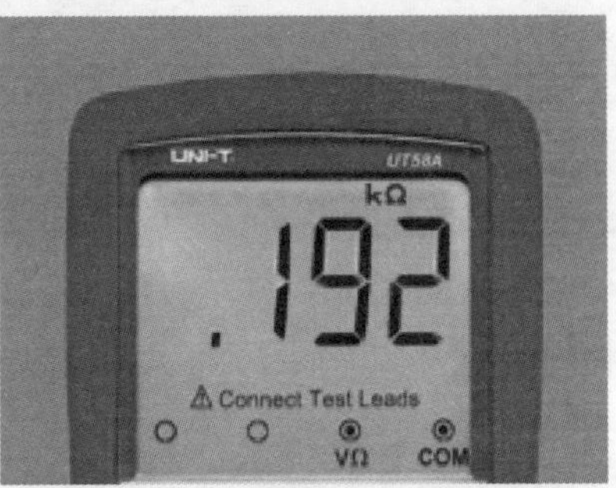
UNI-T
UT58A
kΩ
.192
Connect Test Leads
VΩ
COM

图 4-20　加热条件下检测热敏电阻器的阻值

实测室温下，热敏电阻器的阻值 $R_1 = 308\Omega$，与标称值比较接近，属正常范围。

加热条件下，万用表读数随温度的变化而变化，表明热敏电阻器基本正常；若温度变化，R_2 值不变，则说明该热敏电阻器性能不良。

4.2 万用表检测电容器

4.2.1 指针万用表检测电解电容器

电解电容器属于有极性电容，从电解电容器的外观上即可判断。一般在电解电容器的一侧标记为“-”，表示这一侧的引脚极性即为负极，另一侧引脚则为正极。电解电容器的检测是使用指针万用表对其漏电电阻值检测来判断电解电容器性能的好坏，图 4-21 所示为被测电解电容器的实物外形。

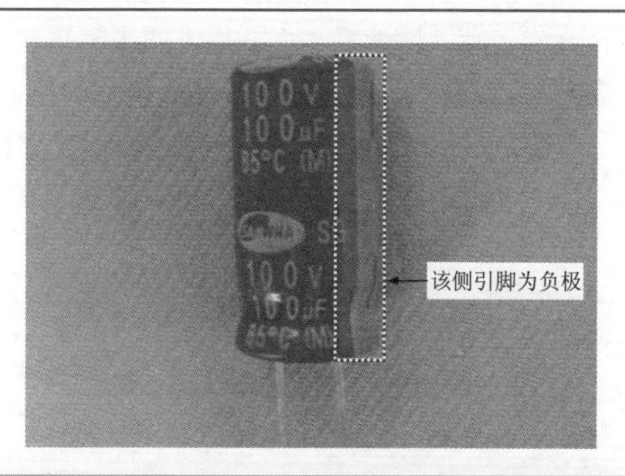
该侧引脚为负极

图 4-21　被测电解电容器的实物外形

要点说明

对于大容量电解电容器，在工作中可能会存储有较多电荷，若两极板短路会产生很大的电流，为防止损坏万用表或引发电击事故，应先用电阻器对其放电，然后再进行检测。对大容量电解电容器放电可选用阻值较小的电阻器，将电阻器的引脚与电容器的引脚相连即可，如图 4-22 所示为电解电容器的放电过程。

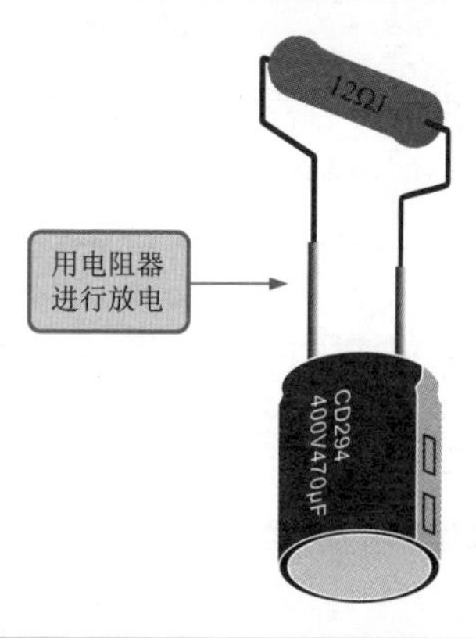
12ΩJ
用电阻器
进行放电
CD294
400V470μF

图 4-22　电解电容器的放电过程

用万用表检测电解电容器的充放电性能时，为了能够直观地看到充放电的过程，我们通常选择指针万用表进行检测。

电解电容器放电完成后，将万用表旋至欧姆档，量程调整为“×10k”档。测量电阻值需先进行欧姆调零，将万用表两表笔短接，调整调零旋钮使指针指示为0。

将万用表红表笔搭在电解电容器的负极引脚上，黑表笔搭在电解电容器的正极引脚上，观测其指针摆动幅度，如图4-23所示。

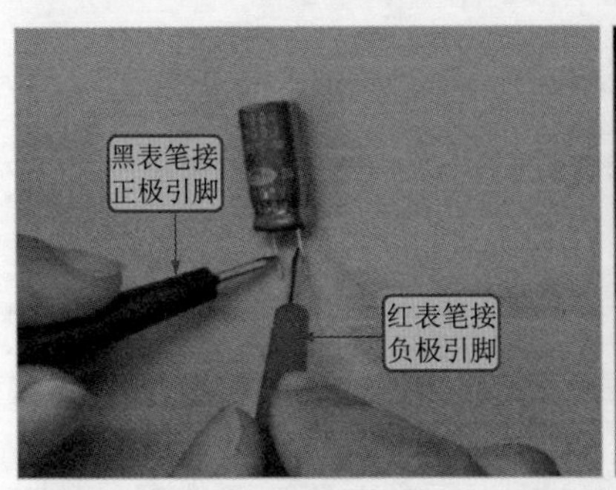
黑表笔接
正极引脚
红表笔接
负极引脚

MODEL MF47-8
金川
全保护·遥控器检测
A-V-Ω

图4-23　万用表指针向左逐渐摆回至某一固定位置

在刚接通的瞬间，万用表的指针会向右（电阻小的方向）摆动一个较大的角度。当指针摆动到最大角度后，接着又会逐渐向左摆回，直至停止在一个固定位置，这说明该电解电容器有明显的充放电过程。所测得的阻值即为该电解电容器的正向漏电电阻，该阻值在正常情况下应比较大。

若表笔接触到电解电容器引脚后，指针摆动到一个角度后随即向反向稍微摆动一点，即并未摆回到较大的阻值，则多为该电解电容器漏电严重，如图4-24所示。

若表笔接触到电解电容器引脚后，指针即向右摆动，并无回摆现象，且指示一个很小的阻值或阻值趋近于0，则说明当前所测电解电容器已被击穿短路（损坏），如图4-25所示。

若表笔接触到电解电容引脚后，指针并未摆动，仍指示阻值很大或趋于无穷大，则说明该电解电容器中的电解质已干涸，失去电容量（损坏），如图4-26所示。

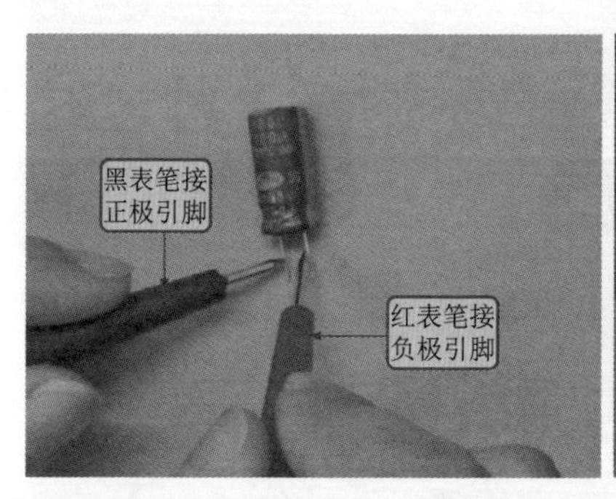
黑表笔接
正极引脚
红表笔接
负极引脚

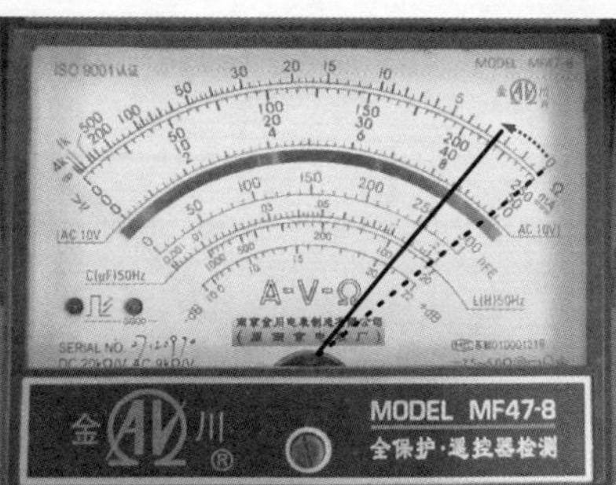
MODEL MF47-8
全保护·遥控器检测
A-V-Ω

图 4-24 万用表指针达到的最大摆动幅度时与最终停止时的角度

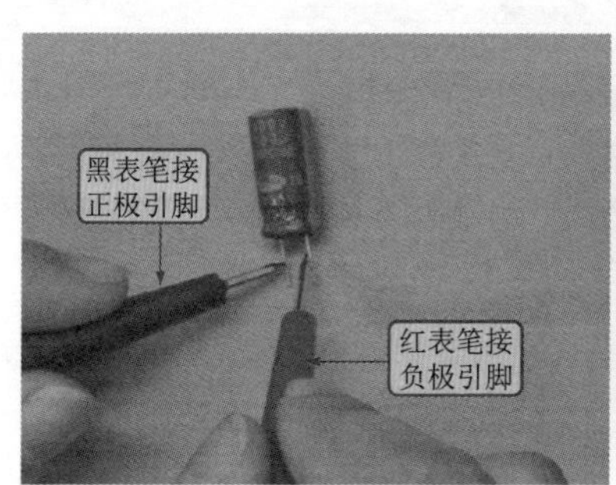
黑表笔接
正极引脚
红表笔接
负极引脚

MODEL MF47-8
全保护·遥控器检测
A-V-Ω

图 4-25 万用表指针向右摆动其阻值趋近于 0

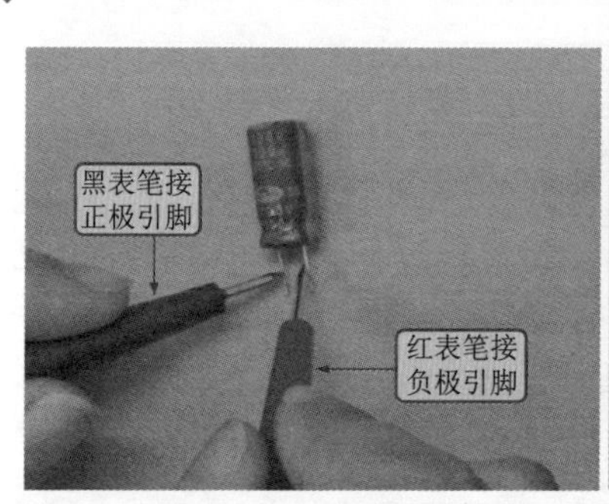
黑表笔接
正极引脚
红表笔接
负极引脚

MODEL MF47-8
全保护·遥控器检测
A-V-Ω

图 4-26 万用表指针无摆动其阻值趋近于无穷大

上述方法可用于判断电容器的好坏或性能，若需要检测其电容量，通常可使用数字万用表的电容量档进行检测（200nF ~ 100μF 范围内）。

4.2.2 数字万用表检测固定电容器

固定电容器是指电容器经制成后，其电容量不能发生改变的电容器。图 4-27 所示为待测固定电容器的实物外形，观察该电容器标识，根据标识可以识读出该电容器的标称容量值为 220nF，即 0.22μF。

扫一扫看视频

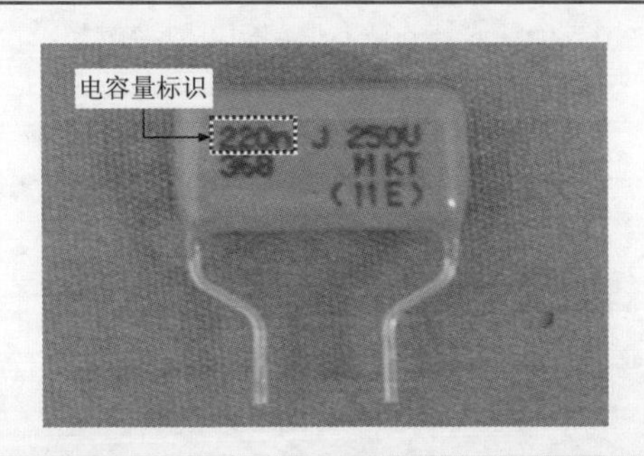
电容量标识
220n J 250U
368 MKT
(11E)

图 4-27 待测固定电容器的实物外形

使用万用表对其进行检测时，一般选择带有电容量测量功能的数字万用表进行。首先将万用表的电源开关打开。将万用表功能旋钮调至电容档，根据电容器的标称值，应当将万用表的量程调至“2μF”，如图 4-28 所示。

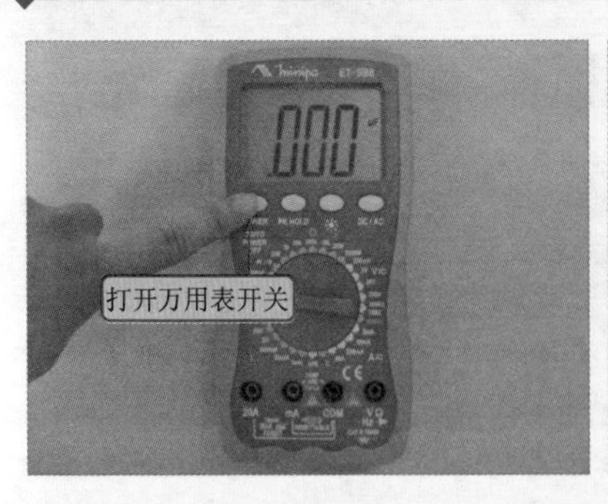
.000
打开万用表开关

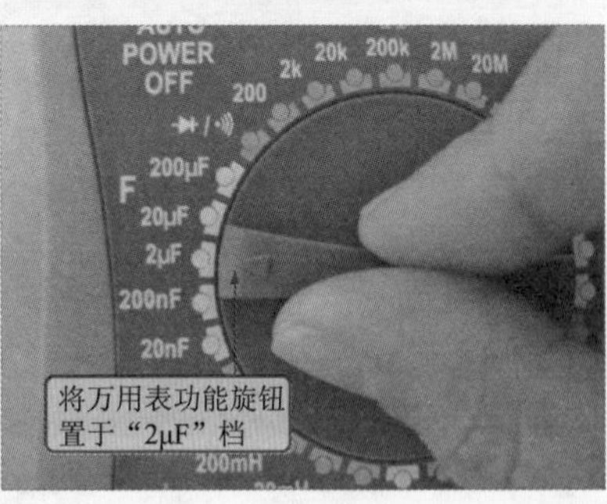
POWER
OFF
200
2k
20k
200k
2M
20M
F
200μF
20μF
2μF
200nF
20nF
200mH
将万用表功能旋钮置于“2μF”档

图 4-28 打开万用表开关，并调整量程

然后，将附加测试器插座插入万用表的表笔插座中，如图 4-29 所示。

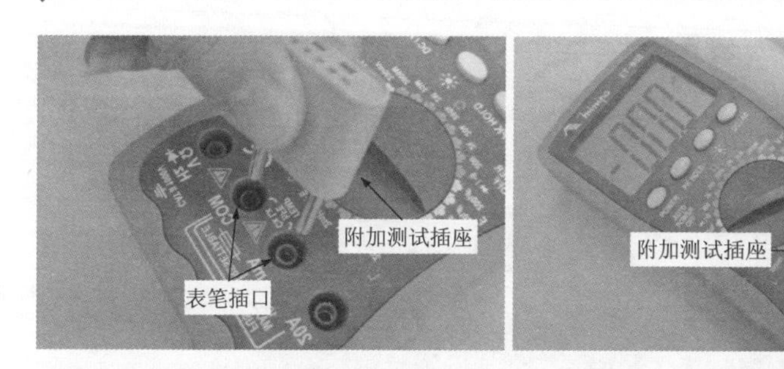
附加测试插座
表笔插口
COM
附加测试插座

图 4-29 将附加测试器插座插入万用表的表笔插座中

将待测电容器的引脚插入测试插座的“Cx”电容输入插孔中，观察万用表显示的读数，测得其电容量为 0.231μF，如图 4-30 所示。根据计算 1μF = 10^3nF，即 0.231μF = 231nF，与电容器标称容量值基本相符。

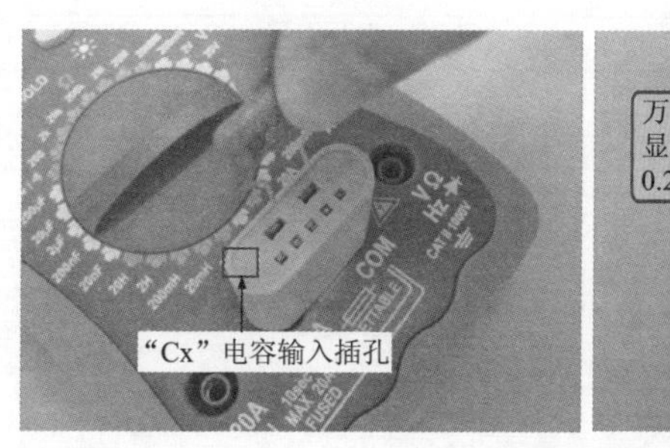
COM
“Cx”电容输入插孔

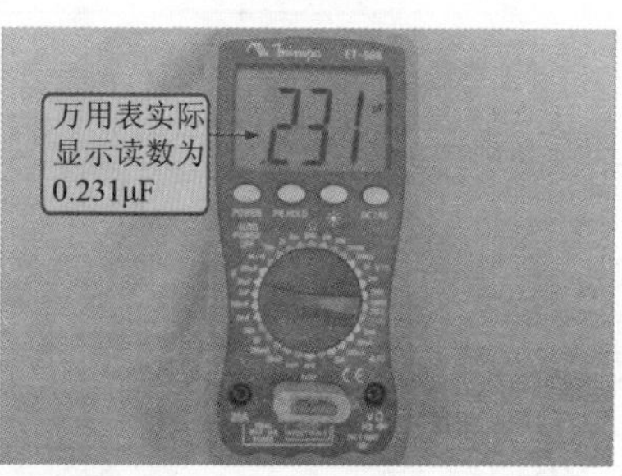
万用表实际
显示读数为
0.231μF

图 4-30 对固定电容器进行检测

4.3 万用表检测电感器

4.3.1 指针万用表检测电感器

图 4-31 所示为待测色环电感器。色环颜色依次为棕、黑、棕、银，

通过色环标识得知，该色环电感器的标称值为 100μH，允许偏差为 ±10%。

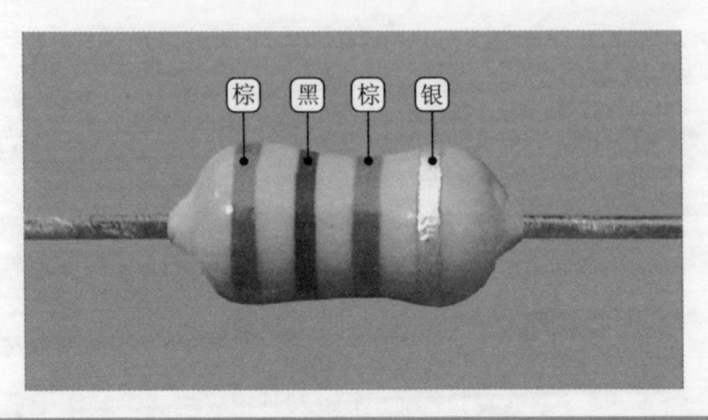
棕
黑
棕
银

图 4-31 待测的色环电感器

将指针万用表的量程调整至“×1”欧姆档，并进行欧姆调零。

然后，将指针万用表的两支表笔分别搭在色环电感器的两个引脚上，如图 4-32 所示。观察指针万用表，即会测得当前电感器的阻值。在正常情况下，应能够测得一个固定的阻值。

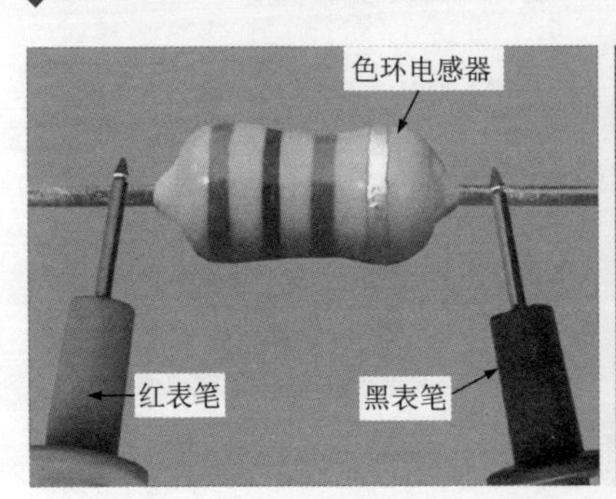
色环电感器
红表笔
黑表笔

A-V-Ω
MODEL MF47-8
www.chinadse.org
全保护·遥控器检测

图 4-32 使用指针万用表测量色环电感器

当被测电感器的阻值为 0 时，则表明该电感内部存在短路的故障；如果被测电感器的阻值趋于无穷大，选择最高阻值量程继续检测，阻值仍趋于无穷大，则表明被测电感器已损坏。

通常，使用指针万用表只能通过对电感器阻值的测量来初步判断其好坏。如果需要对电感量及线圈品质因数 Q 进行测量，则需要使用专门的测量仪器。

要点说明

色环电感器的标注方法和色环电阻器类似，但其所代表的数值不完全相同。色环电感器的最后一环为允许偏差，倒数第二环为倍乘数，其余为有效数字。表4-2为色环电感器的色标法的含义表，通过此表可以读取色环电感器各色环所代表的含义。

表4-2 色环电感器的色标法的含义表

色环颜色	色环所处的排列位		
	有效数字	倍乘数	允许偏差（%）
银色	—	10^{-2}	±10
金色	—	10^{-1}	±5
黑色	0	10^{0}	—
棕色	1	10^{1}	±1
红色	2	10^{2}	±2
橙色	3	10^{3}	—
黄色	4	10^{4}	—
绿色	5	10^{5}	±0. 5
蓝色	6	10^{6}	±0. 25
紫色	7	10^{7}	±0. 1
灰色	8	10^{8}	—
白色	9	10^{9}	±5
			−20
无色	—	—	±20

4. 3. 2 数字万用表检测电感器

使用数字万用表检测电感器，可通过检测电感量来判别电感器性能是否良好。

如图 4-33 所示，首先将万用表的电源开关打开，根据待测电感器的标称电感量将万用表档位旋钮调至 2mH 档。之后将附加测试插座插入万用表的表笔插孔中，如图 4-34 所示。

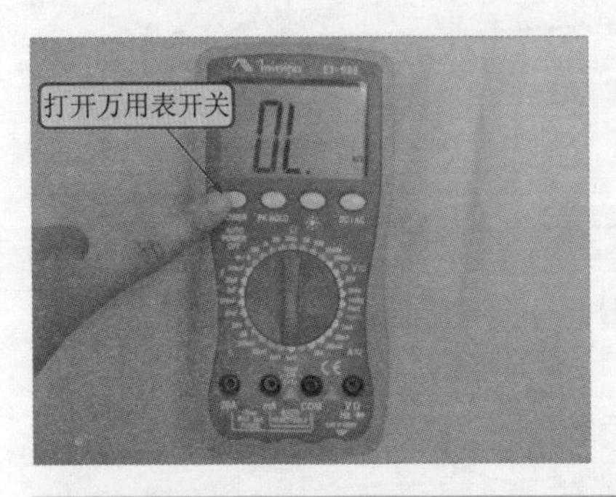
打开万用表开关
0L.

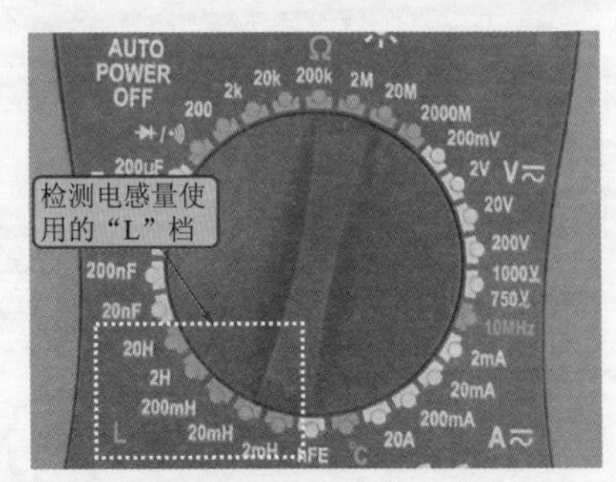
AUTO
POWER
OFF
检测电感量使用的“L”档
200nF
20nF
20H
2H
200mH
20mH
2mH
hFE
20A
200mA
20mA
2mA
10MHz
750V
1000V
200V
20V
2V
200mV
2000M
20M
2M
200k
20k
2k
200
200uF
L

图 4-33　打开万用表开关，并将万用表功能旋钮调至“2mH”档

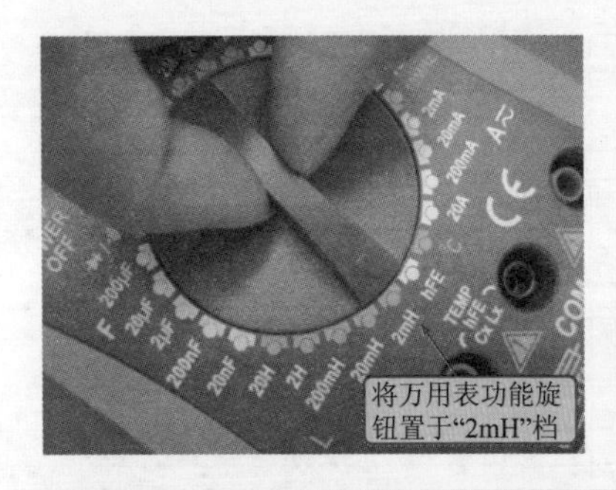
将万用表功能旋钮置于“2mH”档
2mA
20mA
200mA
20A
hFE
2mH
20mH
200mH
2H
20H
20nF
200nF
2μF
20μF
200μF
TEMP
hFE
Cx Lx
COM

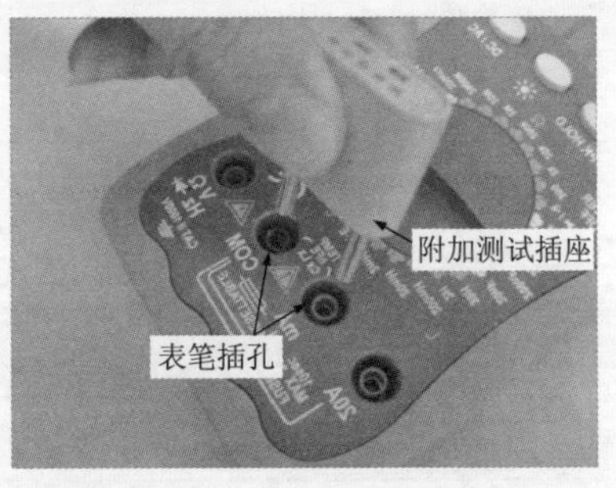
附加测试插座
表笔插孔
COM

图 4-34　调整万用表量程，并将附加测试插座插入万用表的表笔插孔中

将待测四环电感器插入附加测试插座“Lx”电感量输入插孔中，对其进行检测。观察万用表显示的电感读数，测得其电感量为 0. 104mH，如图 4-35 所示。根据计算 $1\text{mH}=1\times10^3\mu\text{H}$，即 $0.104\text{mH}\times10^3=104\mu\text{H}$，与该电感器的标称值基本相符。

若所测电感器的电感量等于标称值或其电感量在允许偏差之内，可以断定该电感器正常。

若所测电感器的电感量远小于标称值，可以断定该电感器已经损坏。

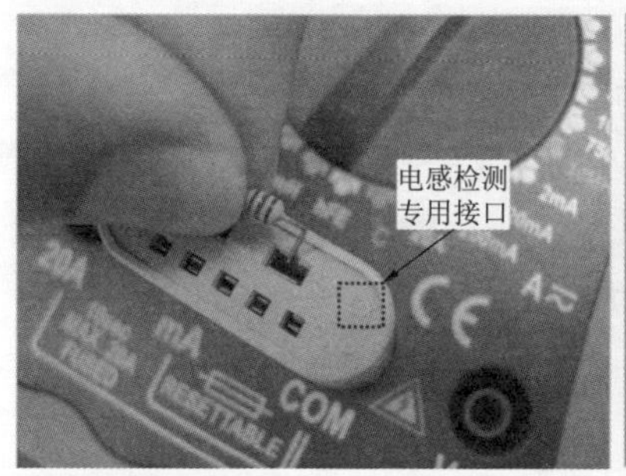
电感检测
专用接口
20A
mA
COM
RESETTABLE
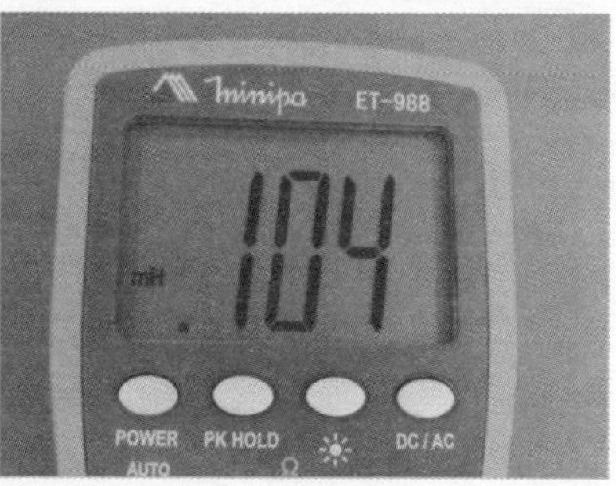
Minipa ET-988
mH
104
POWER
PK HOLD
DC / AC

图 4-35　对固定电感器进行检测

扫一扫看视频

第5章 万用表检测常用半导体器件

5.1 万用表检测二极管

5.1.1 万用表检测普通二极管

对于普通二极管的检测可利用二极管的单向导电性，分别检测正反向阻值。

首先如图5-1所示，根据二极管标识分辨待测二极管引脚的正负极。之后，将指针万用表量程调整至“×1k”欧姆档，并进行零欧姆校正。

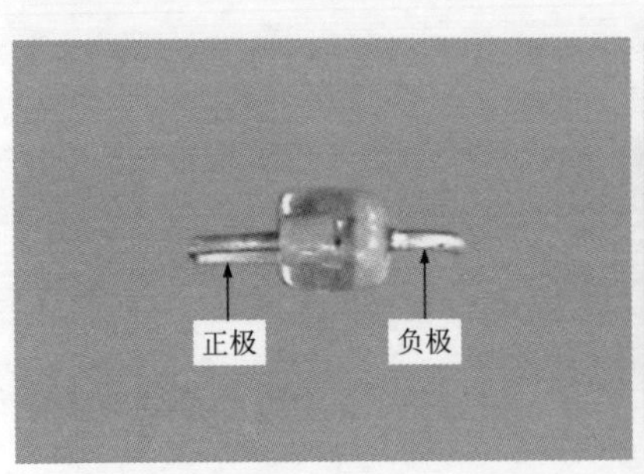

正极
负极

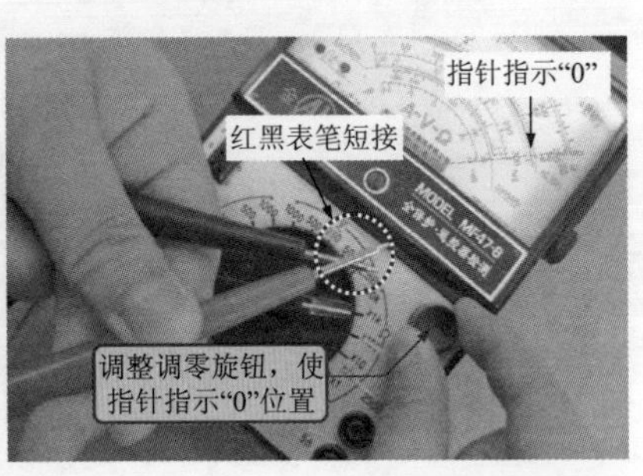

指针指示“0”
红黑表笔短接
调整调零旋钮，使指针指示“0”位置

图5-1 分辨待测二极管引脚的正负极，并对指针万用表进行零欧姆校正

将指针万用表的红表笔搭在二极管负极引脚上，黑表笔搭在二极管正极引脚上，测得二极管的正向阻值并记为 R_1，其电阻值约为5kΩ，如图5-2所示。

调换表笔，将黑表笔搭在二极管负极引脚上，红表笔搭在二极管正极引脚上，此时，测得二极管的反向阻值并记为 R_2，其电阻值接近或为无穷大，如图 5-3 所示。

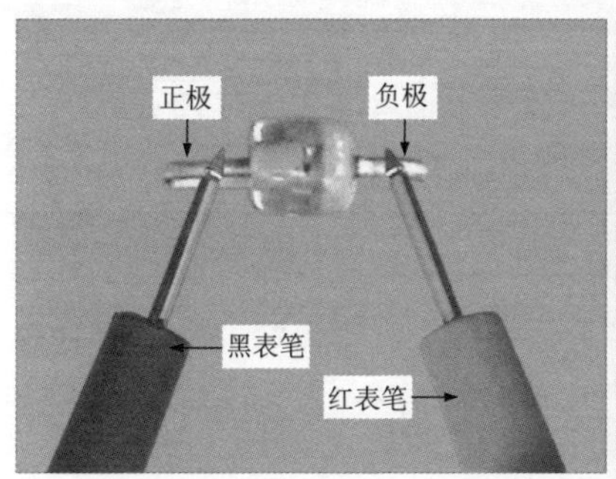
正极
负极
黑表笔
红表笔

ISO 9001认证
A-V-Ω
MODEL MF47-8
金川
全保护·遥控器检测

图 5-2　检测二极管的正向阻值

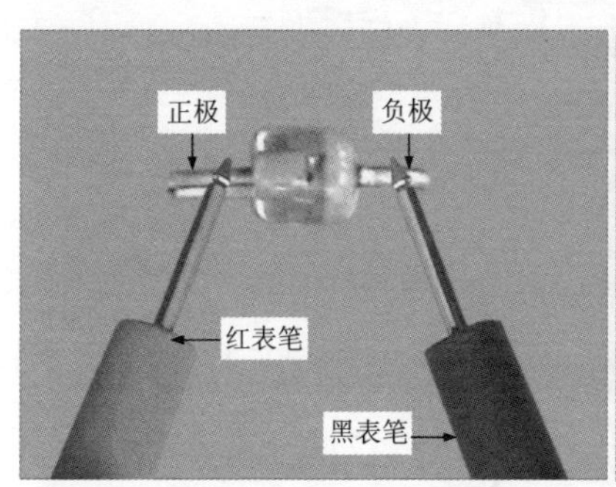
正极
负极
红表笔
黑表笔

ISO 9001认证
A-V-Ω
MODEL MF47-8
金川
全保护·遥控器检测

图 5-3　检测二极管的反向阻值

要点说明

在对二极管进行检测时，可通过其正向导通、反向截止的特性进行判断：

1）若正向阻值 R_1 有一固定电阻值，而反向阻值 R_2 趋于无穷大，即可判定二极管良好。

2）若正向阻值 R_1 和反向阻值 R_2 均趋于无穷大，则二极管存在开路故障。

3）若正向阻值 R_1 和反向阻值 R_2 电阻值均很小，则二极管已被击穿短路。

4）若正向阻值 R_1 和反向阻值 R_2 电阻值相近，则说明二极管失去单向导电性或单向导电性不良。

若使用数字万用表进行检测，则当红表笔搭在二极管正极、黑表笔搭在负极，所测阻值为正向阻值，调换表笔后测得的阻值为反向阻值。

5.1.2 万用表检测发光二极管

图 5-4 所示为待测发光二极管的实物外形。在对待测发光二极管进行检测时，通常需要先辨认发光二极管的正极和负极，通常引脚长的为正极，引脚短的为负极。

扫一扫看视频

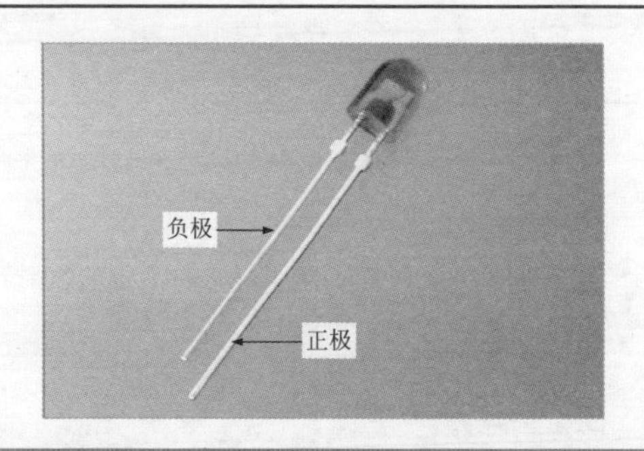
负极
正极

图 5-4 待测发光二极管的实物外形

如图 5-5 所示，检测时，首先将万用表功能旋钮旋至欧姆档，量程调整为“×1k”欧姆档。之后，再将万用表两表笔短接，调整调零旋钮使指针指示为 0。

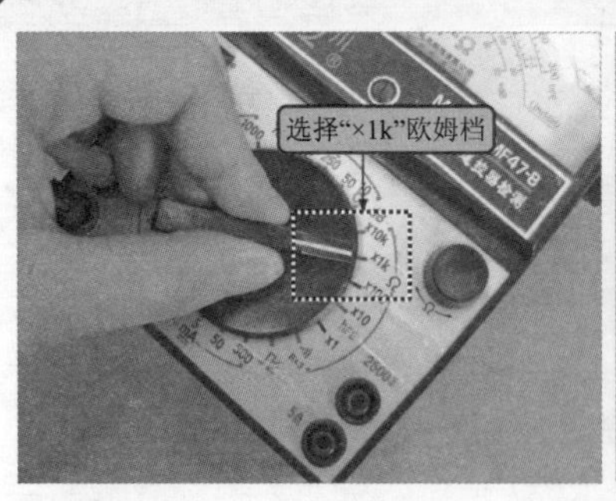
选择“×1k”欧姆档

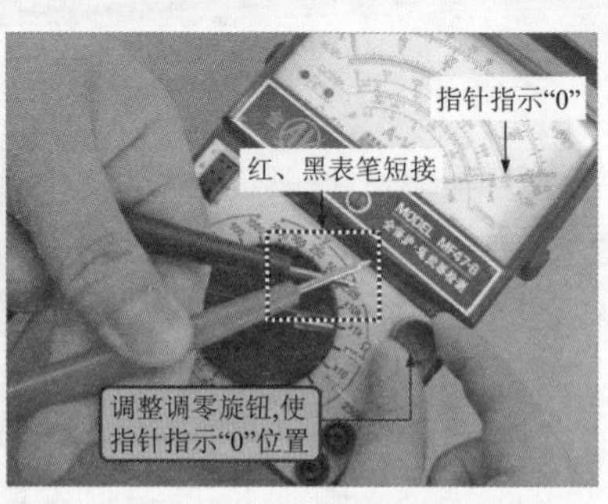
指针指示“0”
红、黑表笔短接
调整调零旋钮,使
指针指示“0”位置

图 5-5 将万用表进行欧姆调零

将万用表黑表笔搭在发光二极管正极引脚，红表笔搭在负极引脚，检测时二极管会发光。观测万用表显示读数，将所测得的正向阻值记为 R_1，其电阻值通常为 20kΩ 左右，如图 5-6 所示。

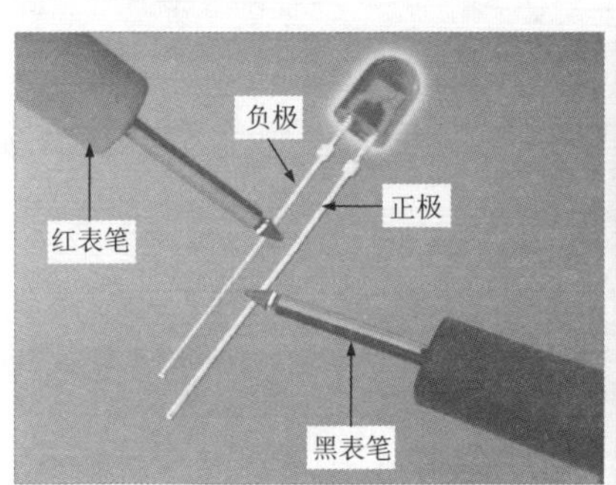
负极
正极
红表笔
黑表笔

MODEL MF47-8
全保护·遥控器检测
A-V-Ω

图 5-6 检测发光二极管的正向阻值

调换表笔，将黑表笔搭在发光二极管负极引脚，红表笔搭在正极引脚。观测万用表显示读数，将所测得的反向阻值记为 R_2，通常接近或为无穷大，如图 5-7 所示。

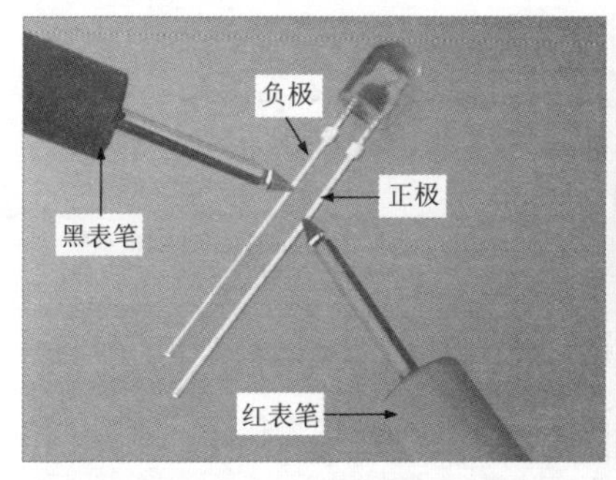
负极
正极
黑表笔
红表笔

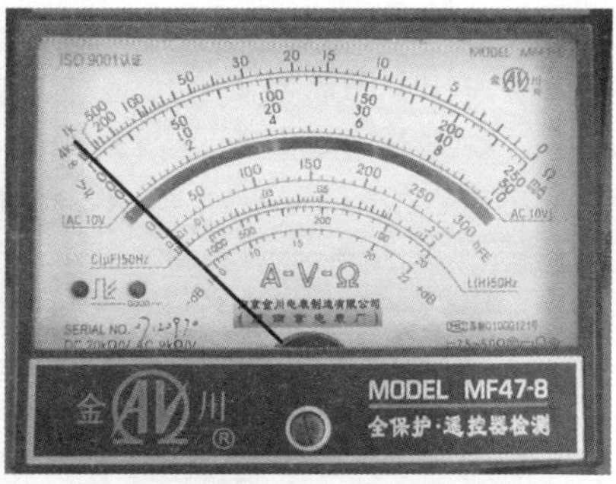
MODEL MF47-8
全保护·遥控器检测
A-V-Ω

图 5-7 检测发光二极管的反向阻值

要点说明

若正向阻值 R_1 有一固定电阻值（20kΩ 左右），而反向阻值 R_2 趋于无穷大，即可判定发光二极管良好。

若正向阻值 R_1 和反向阻值 R_2 都趋于无穷大，则二极管存在开路故障。

若 R_1 和 R_2 数值都很小或趋于 0，可以断定该二极管已被击穿。

5.2 万用表检测晶体管

5.2.1 万用表检测晶体管的阻值

以 NPN 型晶体管为例，使用指针万用表阻值测量功能进行检测。万用表黑表笔搭在 NPN 型晶体管的基极，红表笔分别搭在集电极和发射极时，测得的阻值分别为基极与集电极、基极与发射极之间的正向阻值，通常只有这两组电阻值有固定数值，其他两两引脚间的阻值均接近或为无穷大。

首先，将万用表功能旋钮旋至欧姆档，量程调整为“×10k”。测量阻值需先进行欧姆调零，将万用表两表笔短接，调整调零旋钮使指针指示为 0。

将万用表的黑表笔搭在晶体管的基极引脚上，红表笔搭在集电极引脚上。观测万用表显示读数，测得基极与集电极之间的正向阻值记为 R_1，实测阻值为 4.5kΩ，如图 5-8 所示。

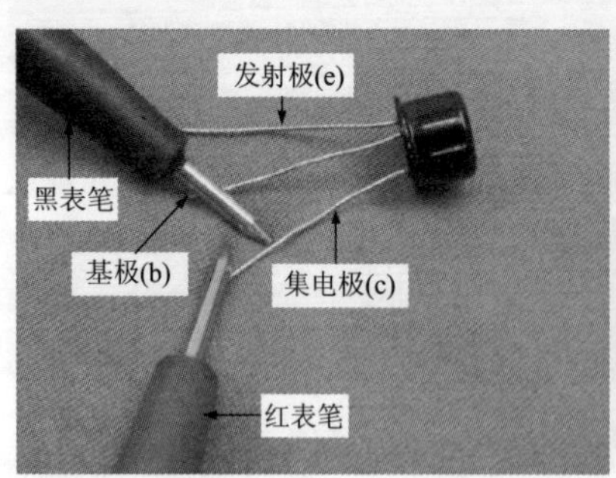
发射极(e)
黑表笔
基极(b)
集电极(c)
红表笔

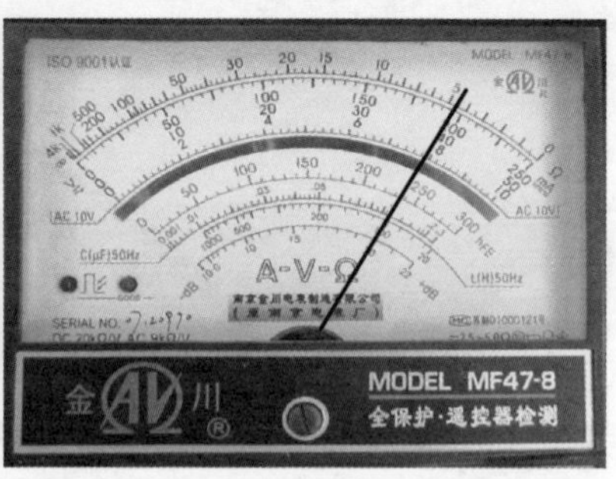
A-V-Ω
MODEL MF47-8
全保护·遥控器检测
金 川

图 5-8 检查晶体管基极与集电极之间的正向阻值

调换表笔，将万用表的红表笔搭在晶体管的基极引脚上，黑表笔搭在集电极引脚上。观测万用表显示读数，测得基极与集电极之间的反向阻值记为 R_2，其阻值趋于无穷大，如图 5-9 所示。

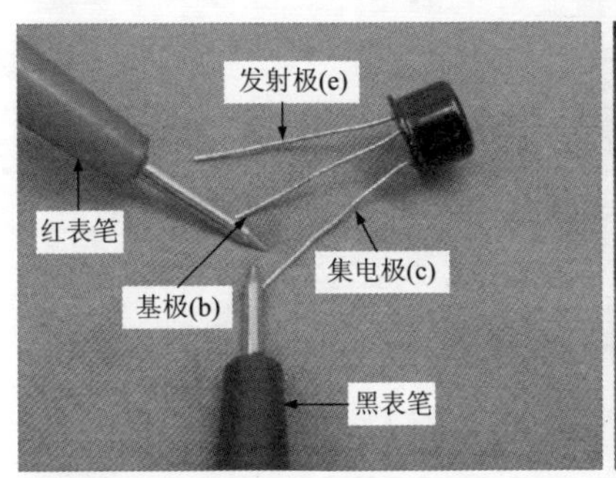
发射极(e)
红表笔
集电极(c)
基极(b)
黑表笔

MODEL MF47-8
全保护·遥控器检测
A-V-Ω

图 5-9 检查晶体管基极与集电极之间的反向阻值

将万用表的黑表笔搭在晶体管的基极引脚上，红表笔搭在发射极引脚上。观测万用表显示读数，测得基极与发射极之间的正向阻值记为 R_3，实测阻值约为 8kΩ，如图 5-10 所示。

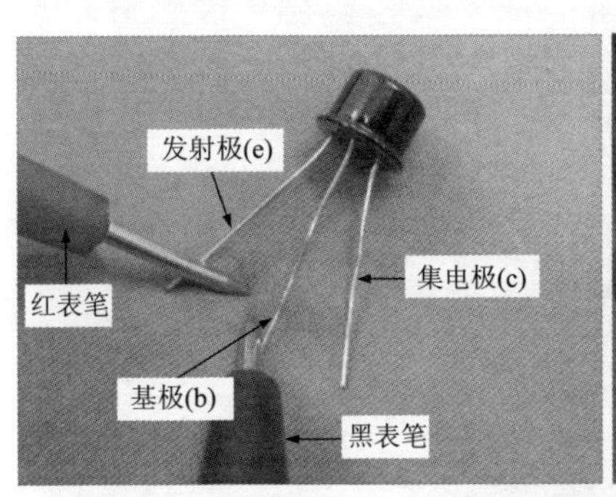
发射极(e)
红表笔
集电极(c)
基极(b)
黑表笔

MODEL MF47-8
全保护·遥控器检测
A-V-Ω

图 5-10 检查晶体管基极与发射极之间的正向阻值

调换表笔，即万用表的红表笔搭在晶体管的基极引脚上，黑表笔搭在发射极引脚上。观测万用表显示读数，测得基极与发射极之间的反向阻值记为 R_4，其阻值趋于无穷大，如图 5-11 所示。

若 $R_2 >> R_1$、$R_4 >> R_3$、$R_1 \approx R_3$，可以断定该 NPN 型晶体管正常。若以上条件有任何一个不符合，则说明该 NPN 型晶体管异常。

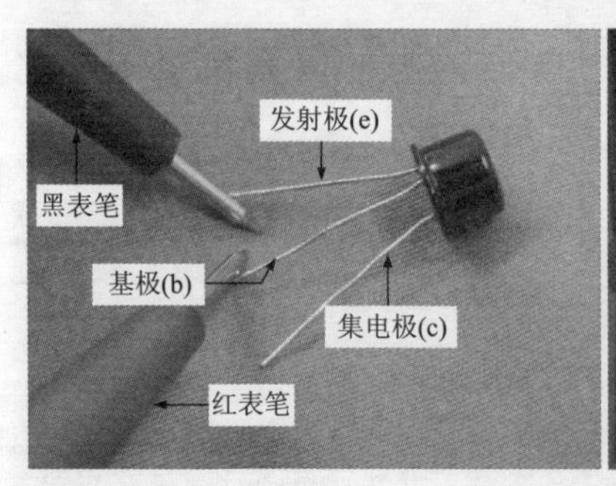
发射极(e)
黑表笔
基极(b)
集电极(c)
红表笔

MODEL MF47-8
全保护·遥控器检测
A-V-Ω

图 5-11 检查晶体管基极与发射极之间的反向阻值

要点说明

PNP 型晶体管的阻值检测方法与 NPN 型晶体管基本相同，不同的是测量 PNP 型晶体管时，需使用红表笔接基极，此时检测的为基极与集电极、基极与发射极之间的正向阻值，且一般只有这两个值有一固定数值，其他两两引脚间的阻值均接近或为无穷大。使用数字万用表判断时，红黑表笔所连接引脚极性与指针万用表相反。

5.2.2 万用表检测晶体管的放大倍数

晶体管的主要功能就是具有电流放大的作用，其放大倍数可通过万用表的晶体管放大倍数检测插孔进行检测。图 5-12 所示分别为指针万用表和数字万用表晶体管放大倍数检测插孔的外形。

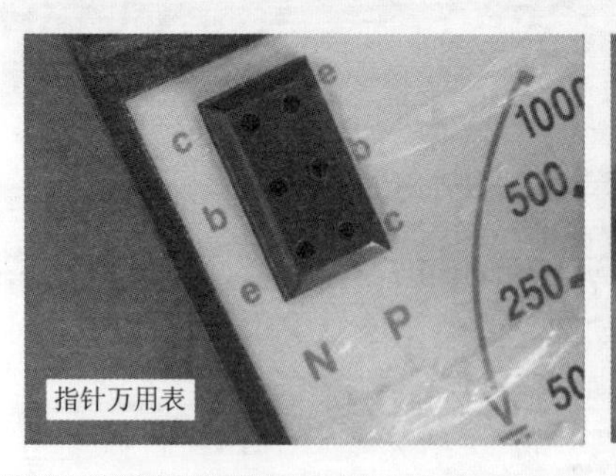
指针万用表
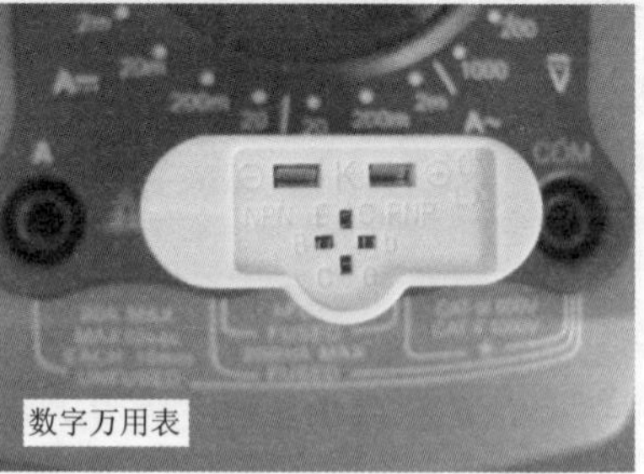
数字万用表
COM

图 5-12 指针万用表和数字万用表晶体管放大倍数检测插孔的外形

使用数字万用表进行测量时，首先打开万用表的电源开关。将万用表的量程调整至专用于检测晶体管放大倍数的“hFE”档。将测试插座插入表笔的插孔中，如图 5-13 所示。

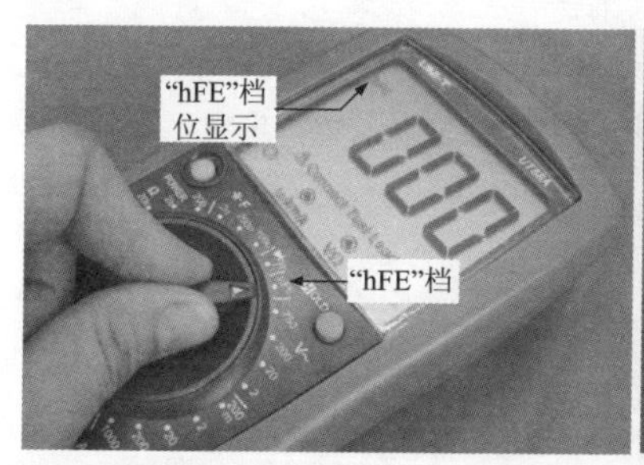
“hFE”档
位显示
“hFE”档

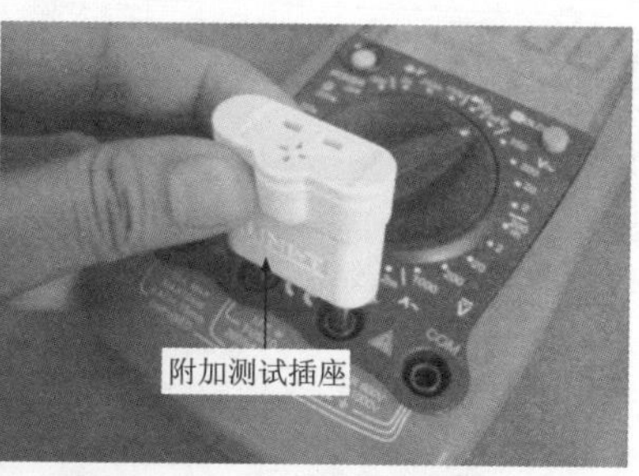
附加测试插座

图 5-13　调整万用表量程，并将附加测试插座插入表笔的插孔中

将待测 NPN 型晶体管插入“NPN”插孔中，插入时应注意引脚的插入方向。观察万用表的显示屏，测得晶体管的放大倍数为 354 倍，如图 5-14 所示。

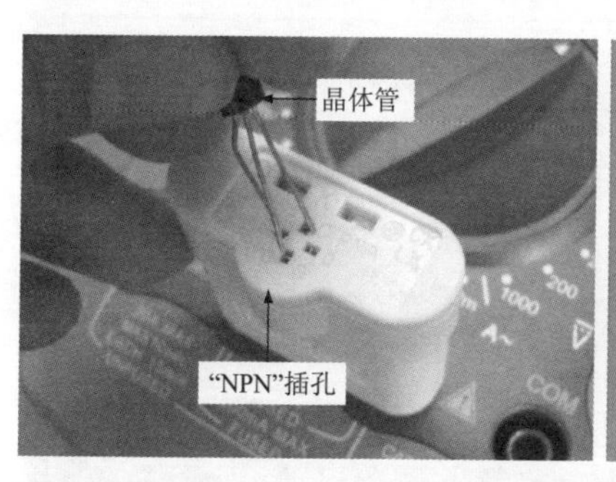
晶体管
“NPN”插孔

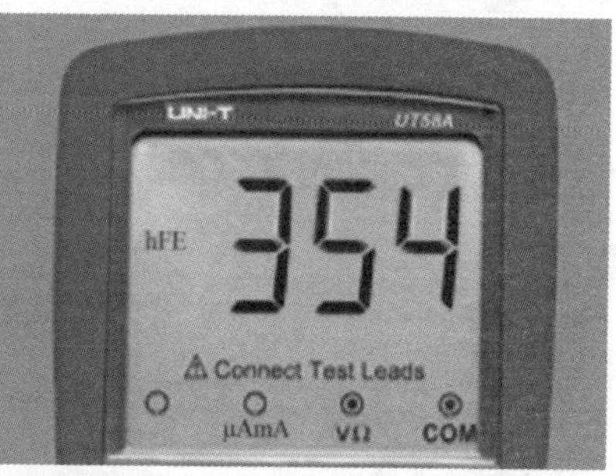
UNI-T
UT58A
hFE
354
Connect Test Leads
μAmA
VΩ
COM

图 5-14　检测晶体管的放大倍数

5.3 万用表检测场效应晶体管

5.3.1 万用表检测结型场效应晶体管

图 5-15 所示为待测结型场效应晶体管的实物外形。

首先，将万用表功能旋钮旋至欧姆档，量程调整为“×10”，将万用表两表笔短接，调整调零旋钮使指针指示为0。

扫一扫看视频

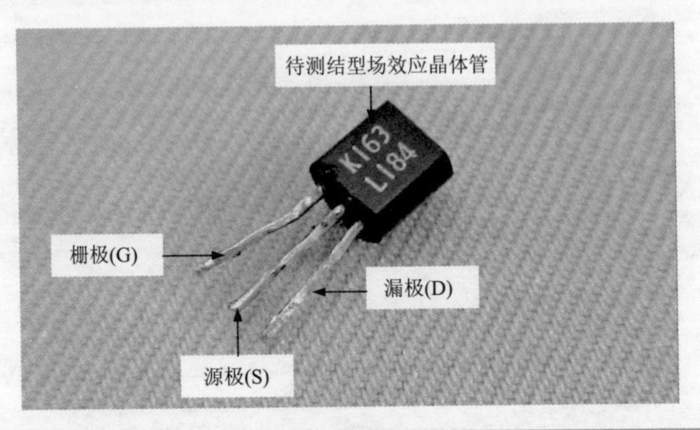
待测结型场效应晶体管
K163
L184
栅极(G)
漏极(D)
源极(S)

图 5-15　待测结型场效应晶体管的实物外形

其次，按图5-16所示，将万用表的黑表笔搭在结型场效应晶体管的栅极引脚上，红表笔搭在源极引脚上。观测万用表显示读数，将测得电阻值记为 R_1，实测阻值为170Ω。

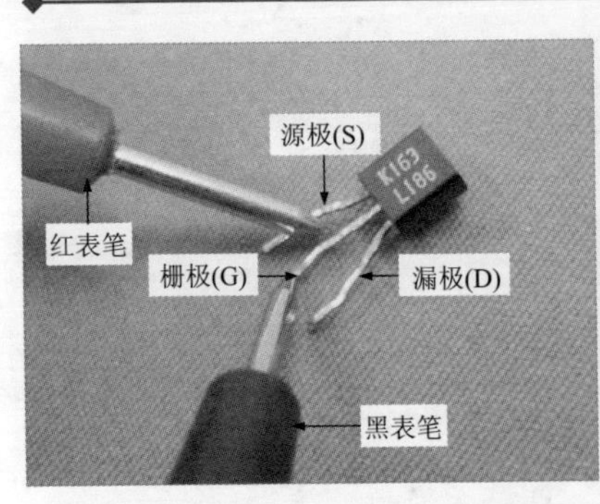
源极(S)
K163
L186
红表笔
栅极(G)
漏极(D)
黑表笔

MODEL MF47-8
A-V-Ω
全保护·遥控器检测

图 5-16　检测结型场效应晶体管的源极与栅极之间的阻值

将万用表的黑表笔搭在结型场效应晶体管的栅极引脚上，红表笔搭在漏极引脚上。观测万用表显示读数，将测得阻值记为 R_2，实测阻值为170Ω，如图5-17所示。

将万用表功能旋钮旋至欧姆档，量程调整为“×1k”，先进行欧姆调零，再将万用表的黑表笔搭在结型场效应晶体管的漏极引脚上，红表笔搭在源极引脚上。将测得电阻值记为 R_3，实测阻值为5kΩ，如图5-18所示。

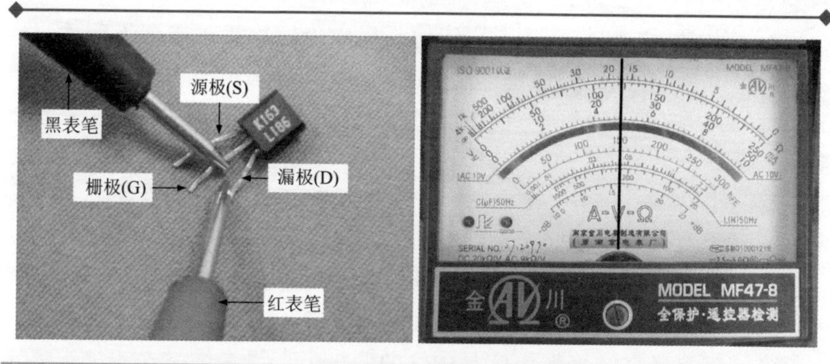
源极(S)
黑表笔
栅极(G)
漏极(D)
红表笔
MODEL MF47-8
全保护·遥控器检测

图 5-17 检测结型场效应晶体管的漏极与栅极之间的阻值

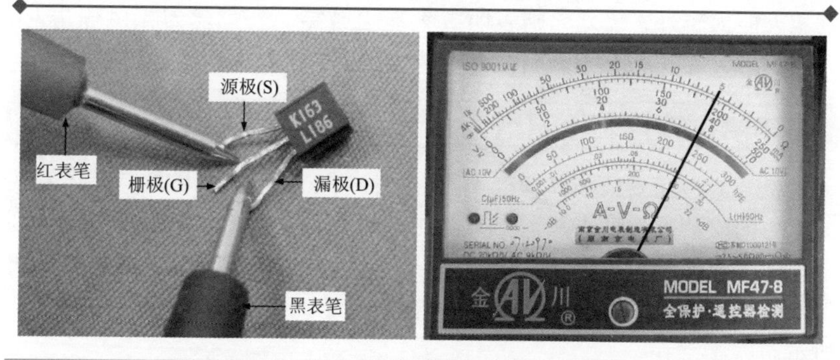
源极(S)
红表笔
栅极(G)
漏极(D)
黑表笔
MODEL MF47-8
全保护·遥控器检测

图 5-18 检测结型场效应晶体管的漏极与源极之间的阻值

保持表笔不动，使用一只螺丝刀或用手指接触结型场效应晶体管的栅极引脚，在接触的瞬间可以看到万用表的指针会产生一个较大的摆动（向左或向右均可），如图 5-19 所示。

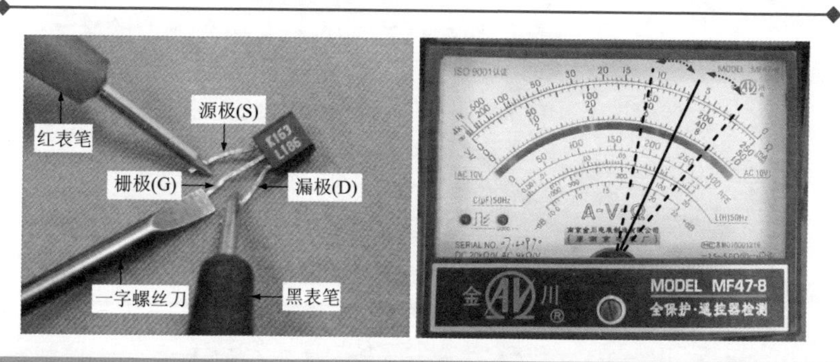
源极(S)
红表笔
栅极(G)
漏极(D)
一字螺丝刀
黑表笔
MODEL MF47-8
全保护·遥控器检测

图 5-19 用一只一字螺丝刀接触结型场效应晶体管的栅极引脚

若测得 R_1 和 R_2 均有一个固定值，反向阻值均接近或为无穷大，则说明该结型场效应晶体管良好。

若测得 R_1 和 R_2 为零或无穷大，则说明该结型场效应晶体管已损坏。

若测得的漏极（D）与源极（S）之间的正、反向阻值均有一个固定值，则说明该结型场效应晶体管良好。

若测得的漏极（D）与源极（S）之间的正、反向阻值为零或无穷大，则说明该结型场效应晶体管已损坏。

当红表笔搭在结型场效应晶体管的漏极上，黑表笔搭在源极上，用螺丝刀触碰栅极时，万用表指针摆动幅度越大，说明结型场效应晶体管的放大能力越好，反之，则表明放大能力越差。若螺丝刀接触栅极时，万用表指针无摆动，则表明结型场效应晶体管已失去放大能力。

5.3.2 万用表检测绝缘栅型场效应晶体管

绝缘栅型场效应晶体管放大能力的检测方法与结型场效应晶体管放大能力的检测方法基本相同。需要注意的是，为避免人体感应电压过高或人体静电使绝缘栅型场效应晶体管击穿，检测时不要用手触碰绝缘栅型场效应晶体管的引脚，可借助螺丝刀等工具完成检测，如图 5-20 所示。

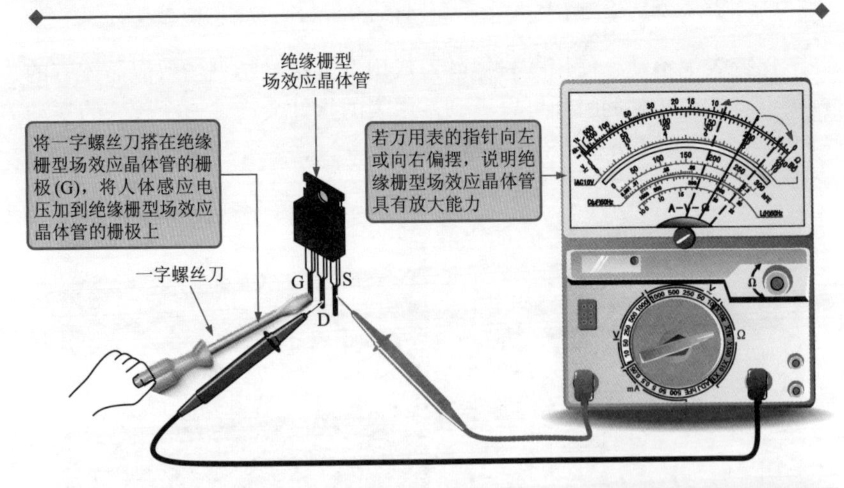
绝缘栅型
场效应晶体管
将一字螺丝刀搭在绝缘栅型场效应晶体管的栅极(G)，将人体感应电压加到绝缘栅型场效应晶体管的栅极上
若万用表的指针向左或向右偏摆，说明绝缘栅型场效应晶体管具有放大能力
一字螺丝刀
G
S
D

图 5-20 绝缘栅型场效应晶体管放大能力的检测

5.4 万用表检测晶闸管

5.4.1 万用表检测单向晶闸管

单向晶闸管（SCR）是由 P-N-P-N 4 层 3 个 PN 结组成的。在检测单向晶闸管时，通常需要先辨认晶闸管各引脚的极性，图 5-21 所示为待测单向晶闸管的实物外形。

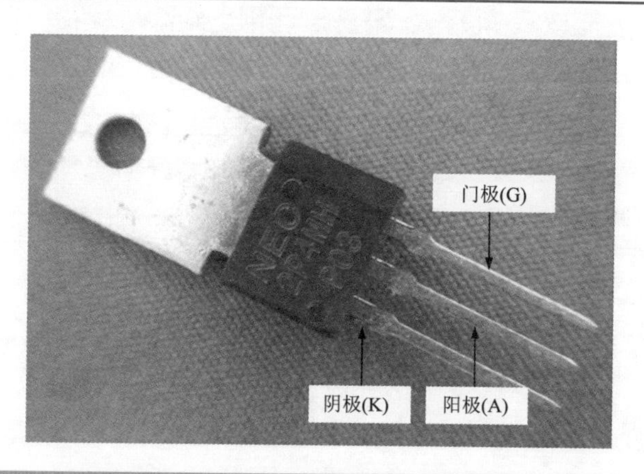
门极(G)
阴极(K)
阳极(A)

图 5-21　待测单向晶闸管的实物外形

将万用表功能旋钮旋至欧姆档，量程调整为“×1k”并进行欧姆调零。

1）将万用表的黑表笔搭在门极（G）引脚上，红表笔搭在阴极（K）引脚上，检测晶闸管门极与阴极之间的正向阻值。观测万用表显示读数，将所测得电阻值记为 R_1，实测阻值为 8kΩ，如图 5-22 所示。

调换表笔，将万用表的红表笔搭在晶闸管的门极引脚上，黑表笔搭在阴极引脚上，检测晶闸管门极与阴极之间的反向阻值，测得电阻值记为 R_2，实测阻值趋于无穷大。

2）将万用表的黑表笔搭在晶闸管的门极引脚上，红表笔搭在阳极引脚上，检测晶闸管门极与阳极之间的正向阻值。观测万用表显示读数，将所测得电阻值记为 R_3，实测阻值趋于无穷大，如图 5-23 所示。

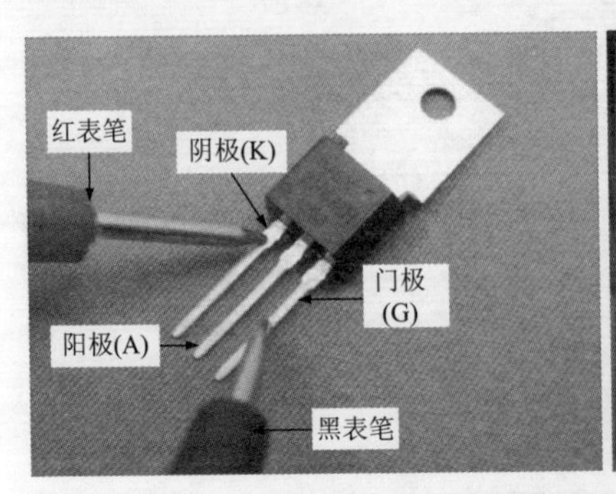
红表笔
阴极(K)
门极
(G)
阳极(A)
黑表笔

MODEL MF47-8
全保护·遥控器检测
A-V-Ω

图 5-22 检测晶闸管门极与阴极之间的正向阻值

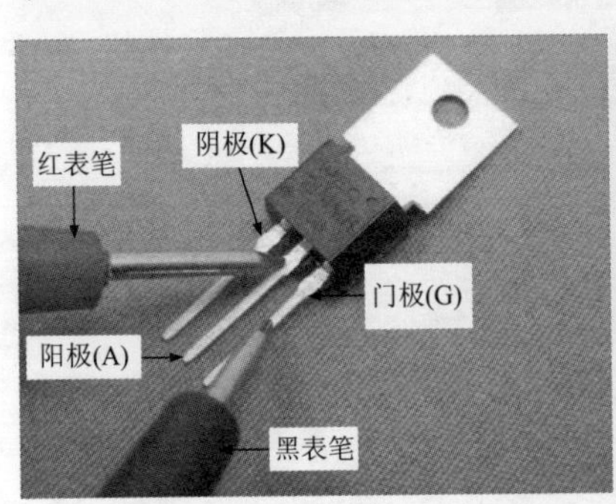
红表笔
阴极(K)
门极(G)
阳极(A)
黑表笔

MODEL MF47-8
全保护·遥控器检测
A-V-Ω

图 5-23 检测晶闸管门极与阳极之间的正向阻值

调换表笔，检测晶闸管门极与阳极之间的反向阻值，测得阻值记为 R_4，实测阻值趋于无穷大。

3）将万用表的黑表笔搭在晶闸管的阳极引脚上，红表笔搭在阴极引脚上，检测晶闸管阳极与阴极之间的正向阻值。将所测得电阻值记为 R_5，实测阻值趋于无穷大，如图 5-24 所示。

调换表笔，检测晶闸管阳极与阴极之间的反向阻值，测得阻值记为 R_6，实测阻值趋于无穷大。

要点说明

判断单向晶闸管的好坏的依据如下：

1）正常情况下，单向晶闸管的门极（G）与阴极（K）之间的正向阻值有一定的值，约为几千欧姆，反向阻值为无穷大，其余引脚间的正、反向阻值均趋于无穷大。

2）若 R_1、R_2 的阻值均趋于无穷大，则说明单向晶闸管的门极（G）与阴极（K）之间存在开路现象。

3）若 R_1、R_2 的电阻值均趋于0，则说明单向晶闸管的门极（G）与阴极（K）之间存在短路现象。

4）若 R_1、R_2 的电阻值相等或接近，则说明单向晶闸管的门极（G）与阴极（K）之间的PN结已失去控制功能。

5）若 R_3、R_4 的电阻值较小，则说明单向晶闸管的门极（G）与阳极（A）之间的PN结中有变质的情况，不能使用。

6）若 R_5、R_6 的电阻值不为无穷大，则说明单向晶闸管有故障存在。

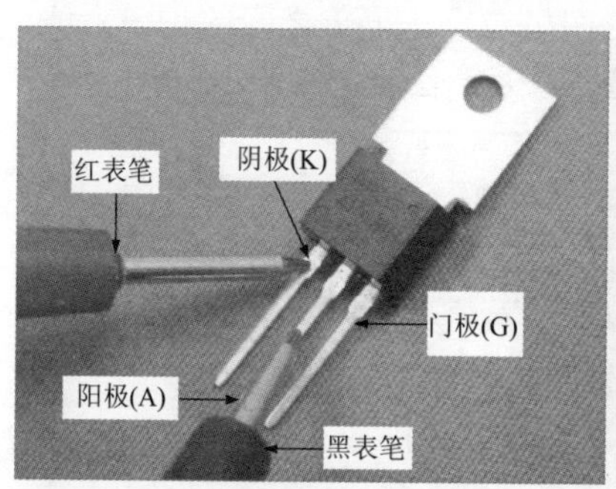
红表笔
阴极(K)
门极(G)
阳极(A)
黑表笔

MODEL MF47-8
全保护·遥控器检测
A-V-Ω

图 5-24　检测晶闸管阳极与阴极之间的正向阻值

5.4.2　万用表检测双向晶闸管

双向晶闸管又称双向可控硅，属于 N-P-N-P-N 5 层半导体器件，有第一电极（T1）、第二电极（T2）、门极（G）3 个电极，在结构上相当于两个单向晶闸管反极性并联。

在检测双向晶闸管时，应对其各引脚进行区分。图 5-25 所示为待测双向晶闸管的实物外形，在 3 个引脚中最左侧的是第一电极（T1），中间的是门极（G），右侧的是第二电极（T2）。

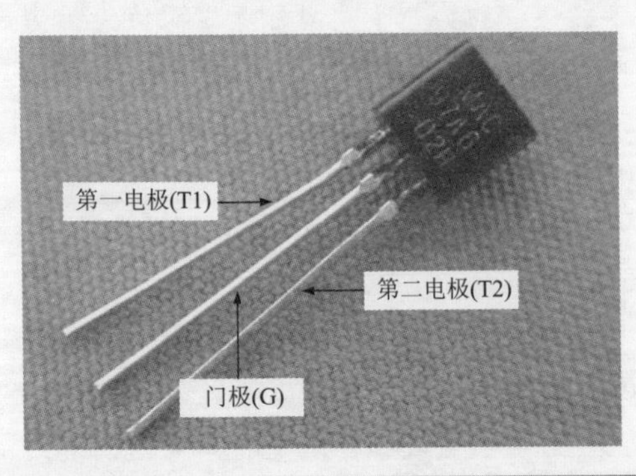
第一电极(T1)
第二电极(T2)
门极(G)

图 5-25 待测双向晶闸管的实物外形

将万用表功能旋钮旋至欧姆档，量程调整为“×1k”，并进行欧姆调零。

1）如图 5-26 所示，将万用表的红表笔搭在晶闸管的门极引脚上，黑表笔搭在阴极引脚上，检测晶闸管门极与第一电极之间的正向阻值。观测万用表显示读数，将所测得的阻值记为 R_1，实测阻值为 1kΩ。

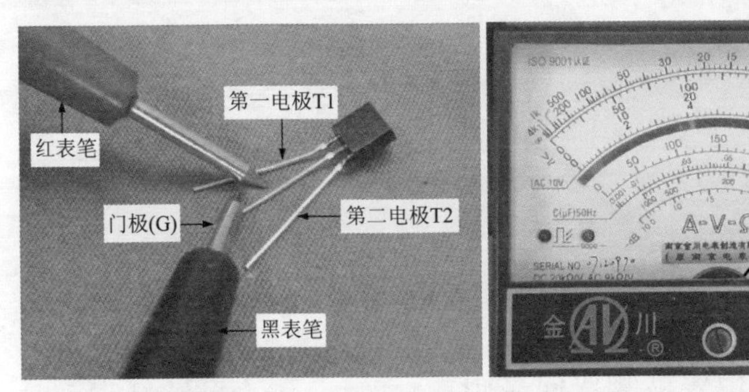
第一电极T1
红表笔
门极(G)
第二电极T2
黑表笔

MODEL MF47-8
全保护·遥控器检测
A-V-Ω

图 5-26 检测晶闸管门极与第一电极之间的正向阻值

调换表笔，将万用表的红表笔搭在晶闸管的阴极引脚上，黑表笔搭在门极引脚上，检测晶闸管门极与第一电极之间的反向阻值。测得的阻值记为 R_2，实测阻值也为 1kΩ。

2）将万用表的红表笔搭在晶闸管的第一电极引脚上，黑表笔搭在第二电极引脚上，检测晶闸管第一电极与第二电极之间的正向阻值。观测万用表显示读数，将所测得的阻值记为 R_3，实测阻值为于无穷大，如

图 5-27 所示。

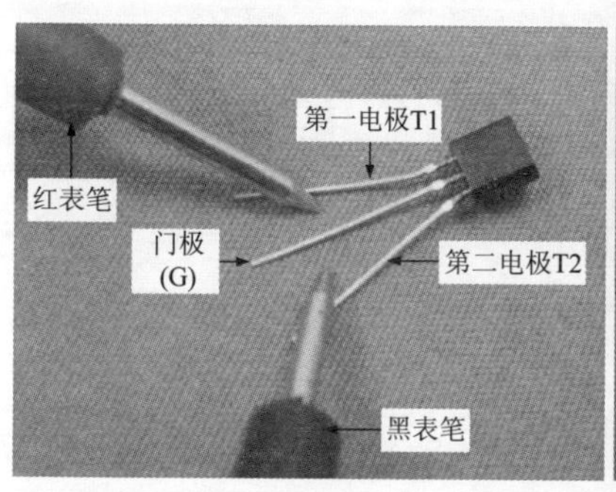
第一电极T1
红表笔
门极
(G)
第二电极T2
黑表笔

MODEL MF47-8
全保护·遥控器检测
A-V-Ω

图 5-27 检测晶闸管第一电极与第二电极之间的正向阻值

调换表笔，检测晶闸管第一电极与第二电极之间的反向阻值，测得的阻值记为 R_4，实测阻值趋于无穷大。

3）如图 5-28 所示，将万用表的红表笔搭在晶闸管的第二电极引脚上，黑表笔搭在门极引脚上，检测晶闸管门极与第二电极之间的正向阻值。观测万用表显示读数，将所测得的阻值记为 R_5，实测阻值趋于无穷大。

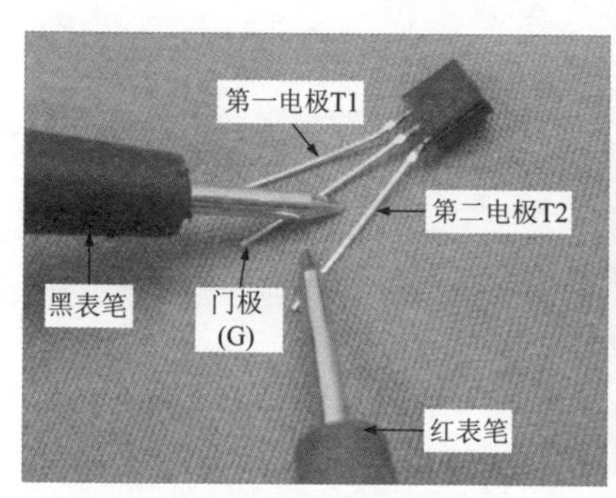
第一电极T1
第二电极T2
黑表笔
门极
(G)
红表笔

MODEL MF47-8
全保护·遥控器检测
A-V-Ω

图 5-28 检测晶闸管门极与第二电极之间的正向阻值

调换表笔，检测晶闸管门极与第二电极之间的反向阻值，测得的阻值记为 R_6，实测电阻值趋于无穷大。

要点说明

判断双向晶闸管好坏的依据如下：

1）若R_1、R_2均有一固定值存在并且电阻值接近，则说明该双向晶闸管正常。

2）若R_3、R_4均趋于无穷大，则说明该双向晶闸管正常。

3）若R_5、R_6趋于无穷大，则说明该双向晶闸管正常，如检测得值偏高上述值过大则性能不良。

第 6 章 万用表检测常用电气部件

6.1 万用表检测保险元件和电位器

6.1.1 万用表检测保险元件

保险元件是一种安装在电路中，保证电路安全运行的电气元件。在实际电路中，我们多使用熔断器作为保险元件，其具有电阻器和过电流保护熔丝的双重作用，在电流较大的情况下，以其自身产生的热量使熔体熔化，从而使电路断开，保护整个设备不受损坏。

熔断器根据其结构可分为瓷插入式熔断器、螺旋式熔断器、有填料封闭管式熔断器、无填料封闭管式熔断器、快速熔断器等几种。

由于熔断器是一种特殊的电阻器，其具体检测方法与普通固定电阻器的方法相同，图 6-1 所示为待测熔断器（俗称保险丝）的实物外形。

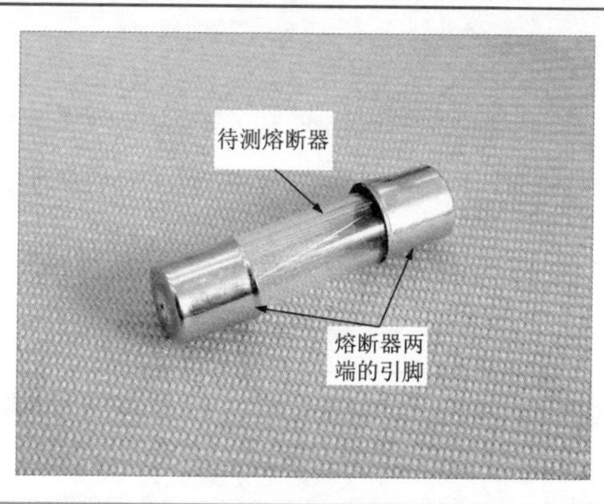
待测熔断器
熔断器两
端的引脚

图 6-1　待测熔断器的实物外形

将万用表的功能旋钮调至“×1”欧姆档。测量电阻值需先进行欧姆调零，将万用表两表笔短接，调整调零旋钮使指针指示为0，如图6-2所示。

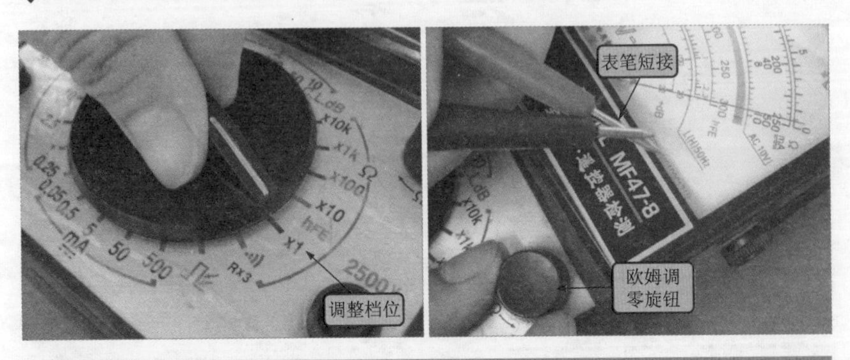
表笔短接
欧姆调零旋钮
调整档位
MF47-8

图6-2　调整万用表量程，并进行欧姆调零

将万用表两表笔分别搭在熔断器的两侧，观察万用表指针指示数值，测得熔断器的阻值趋于0，如图6-3所示。

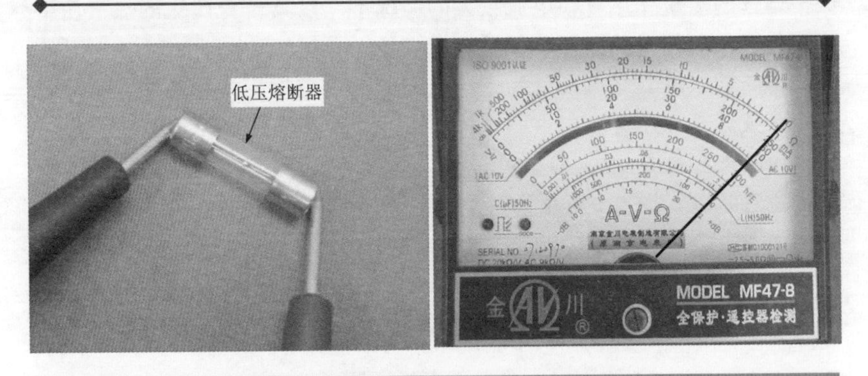
低压熔断器
A-V-Ω
MODEL MF47-8
全保护·遥控器检测

图6-3　检测熔断器性能

通常情况下，测得熔断器的阻值应为0Ω。若阻值为无穷大，表明该熔断器已断路。

6.1.2　万用表检测电位器

电位器属于可调节电阻器，其阻值可以根据需要进行调节。根据其结构的不同可分为线绕电位器、碳膜电位器、合成碳膜电位器、实心电位器、导电塑料电位器、单联电位器、双联电位器、单圈电位器、多圈电位器、直滑式电位器等几种。

在对电位器进行检测时，为了测得准确的结果，通常情况下采用脱开电路板检测的方法，即开路测量。图 6-4 所示为待测单联电位器的实物外形。在对其进行检测之前应先观察单联电位器的各个引脚，区分定片与动片及调节旋钮部分。

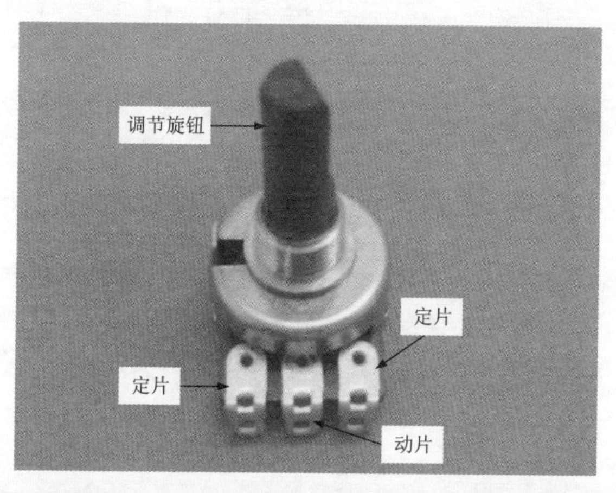
调节旋钮
定片
定片
动片

扫一扫看视频

图 6-4　待测单联电位器的实物外形

使用万用表进行检测时，首先将万用表的电源开关打开，将功能旋钮调至“2k”欧姆档，如图 6-5 所示。

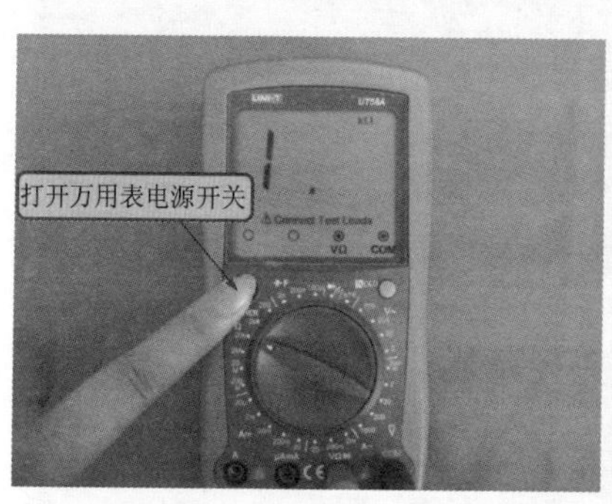
打开万用表电源开关

根据电阻器的标称阻值调整量程为“2k”
POWER

图 6-5　打开万用表的电源开关，调整万用表量程

将万用表两表笔分别搭在单联电位器的两个定片引脚上，测得单联

电位器的最大阻值。观察万用表显示读数，该电位器最大阻值为 R_1（0. 459kΩ），如图 6-6 所示。

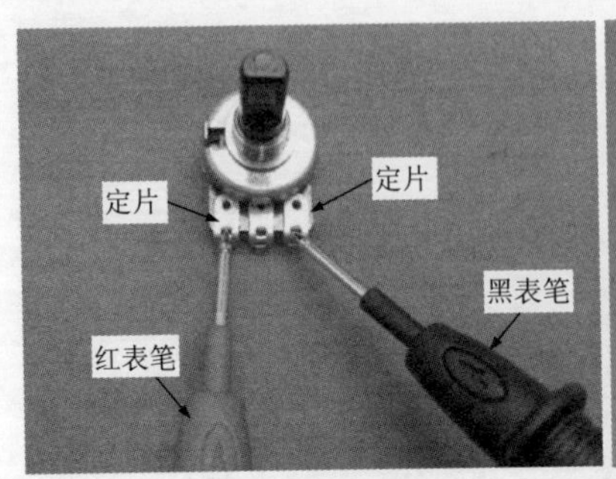
定片
定片
黑表笔
红表笔

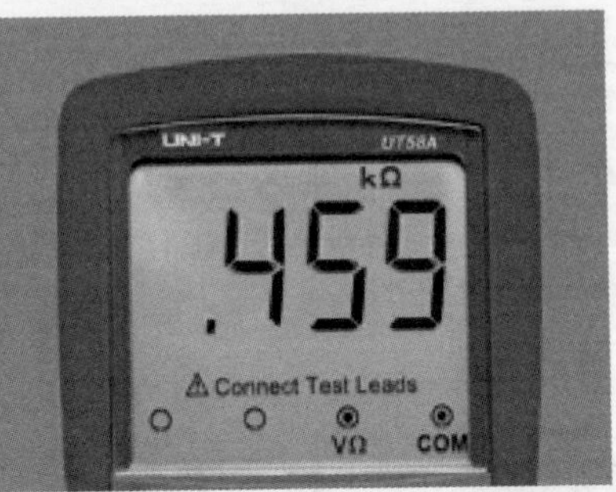
UNI-T
UT58A
kΩ
.459
Connect Test Leads
VΩ
COM

图 6-6 检测电位器的最大阻值

将万用表黑表笔搭在电位器的任意一个定片引脚上，红表笔搭在电位器的动片引脚上，此时，缓慢转动电位器上的转柄，检测电位器的阻值变化范围。观察万用表显示数值的变化，测得该阻值为 R_2（0~0. 459kΩ），如图 6-7 所示。

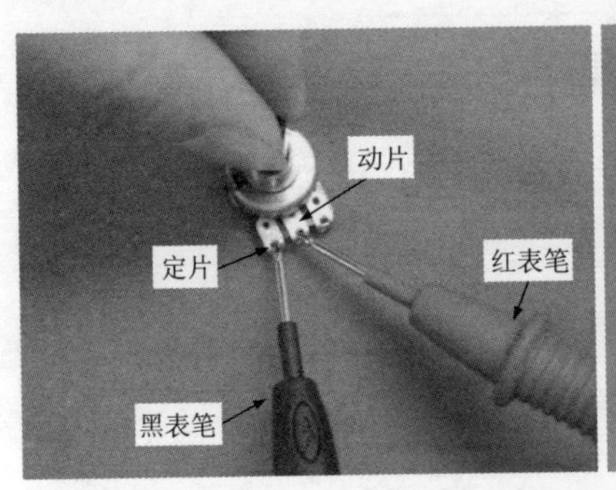
动片
定片
红表笔
黑表笔

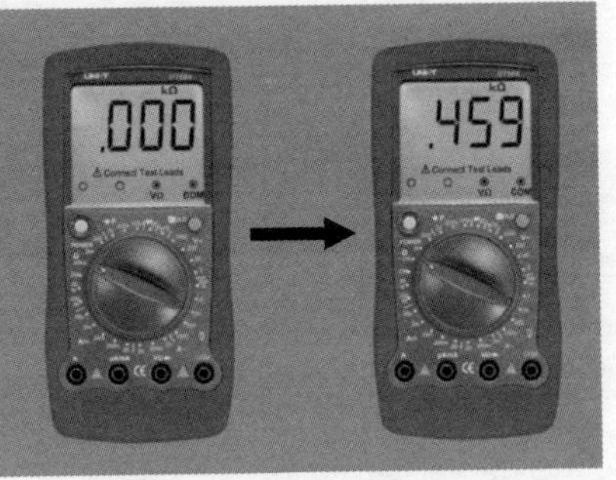
.000
.459

图 6-7 检测电位器的可变阻值

转动转柄，测量动片引脚与定片引脚之间的最大阻值。观察万用表显示读数，测得该阻值为 R_3（0. 459kΩ），如图 6-8 所示。

按照相反的方向转动转柄，至无法转动，此时测得动片引脚与定片引脚之间的最小值。观察万用表显示读数，测得该阻值为 R_4（0Ω），如图 6-9 所示。

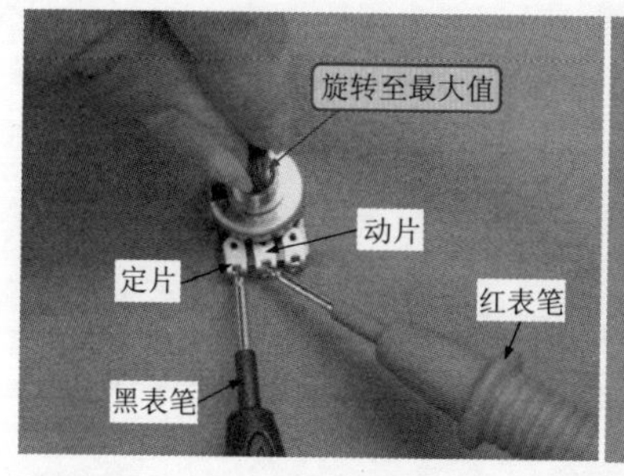
旋转至最大值
动片
定片
红表笔
黑表笔
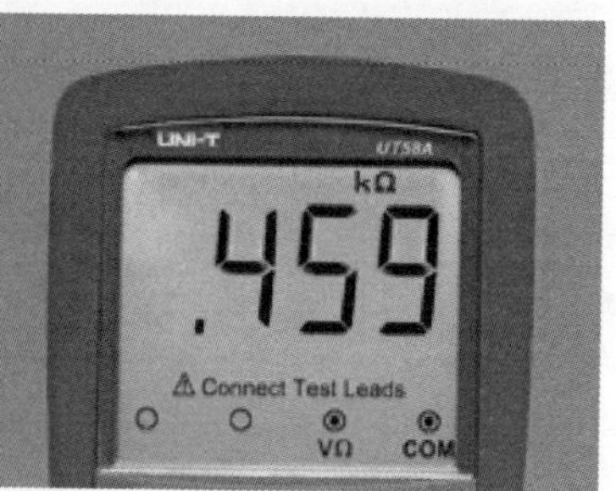
UNI-T
UT58A
kΩ
.459
Connect Test Leads
VΩ
COM

图 6-8　测量电位器动片引脚与定片引脚之间的最大阻值

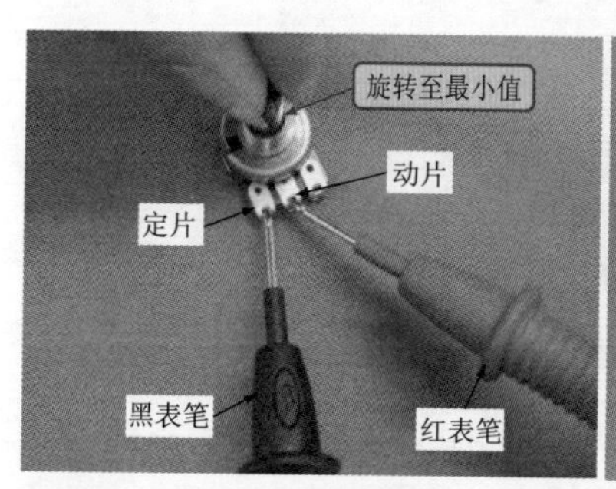
旋转至最小值
动片
定片
黑表笔
红表笔
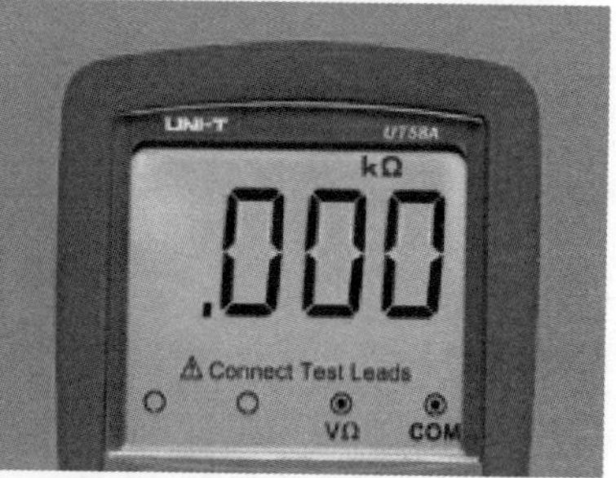
UNI-T
UT58A
kΩ
.000
Connect Test Leads
VΩ
COM

图 6-9　测量电位器动片引脚与定片引脚之间的最小值

正常情况下，动片引脚与定片引脚之间的最大可变阻值 R_3 应接近最大电阻值 R_1，即 $R_3 \leqslant R_1$。

正常情况下，动片与定片之间的最小可变阻值 R_4 应与最大电阻值 R_1 之间存在一定差距，即 $R_4<R_1$。

R_3 与 R_4 近似相等，则说明该单联电位器已失去调节功能，不能起到调节电阻器的作用。

6.2　万用表检测开关按键和接插件

6.2.1　万用表检测开关

开关一般指用来控制仪器、仪表或设备的切换装置，该装置可以使仪器仪表或设备在开和关两种状态下相互转换。常见的开关有按钮开关、光电开关、压力开关、状态转换开关等，广泛用在各种电子设备和家用电器中。

开关的检测比较简单，一般情况下用万用表检测开关的通、断状态就可以判断开关的好坏，图 6-10 所示为操作显示电路板上按钮开关的实物外形。

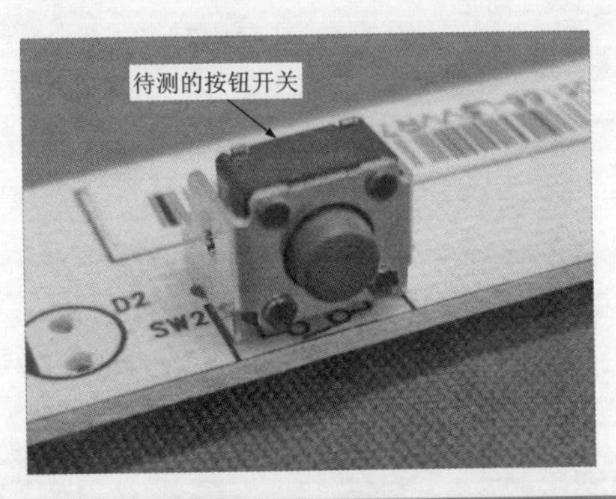
待测的按钮开关
D2
SW2

图 6-10 操作显示电路板上按钮开关的实物外形

为了能够清楚地观测到开关通、断的变化，在这里使用指针万用表进行检测。将万用表功能旋钮旋至欧姆档，量程调整为“×1”，并进行欧姆调零。

将万用表两表笔分别搭在按钮开关的两侧。观测万用表指针的变化。一般情况下，指针不摆动，按钮为断开状态，如图 6-11 所示。

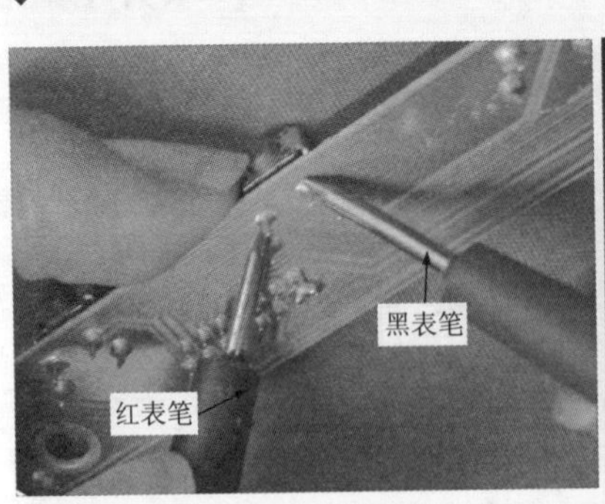
黑表笔
红表笔

A-V-Ω
MODEL MF47-8
全保护·遥控器检测

图 6-11 检测按钮开关阻值

接着，按动按钮开关，观察万用表的读数。若指针发生摆动现象，说明开关按键为导通状态，说明按钮开关是正常的，如图6-12所示。若按动按钮开关，万用表的指针没有变化，则说明按钮已损坏。

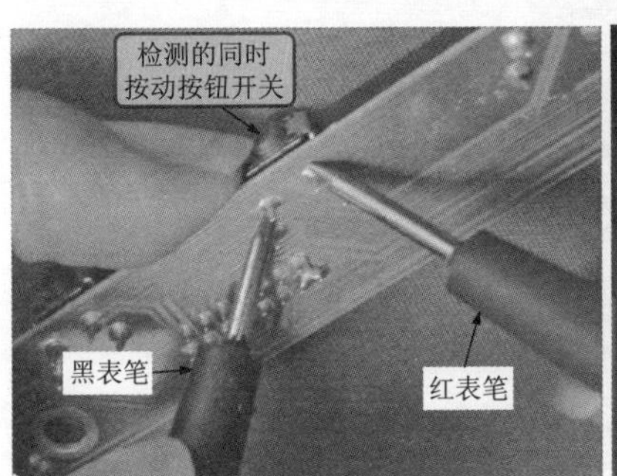
检测的同时
按动按钮开关
黑表笔
红表笔

MODEL MF47-8
全保护·遥控器检测
A-V-Ω

图6-12　在按动按钮开关时检测按钮阻值

6.2.2　万用表检测接插件

插接件是完成电连接功能的核心零件，通常用于设备与设备之间的连接或设备内部各电路板之间的连接，其主要功能是架起信息传输的桥梁，因此也可叫作连接器。

插接件的形式和结构是千变万化的，有用于设备之间的，称为外部插接件；有用于设备内部的，称为内部插接件，如图6-13所示。随着应用对象、频率、功率、环境等因素的不同，接插件有着各种不同的形式。但其基本构成是不变的，都是由插件和接件两部分构成。

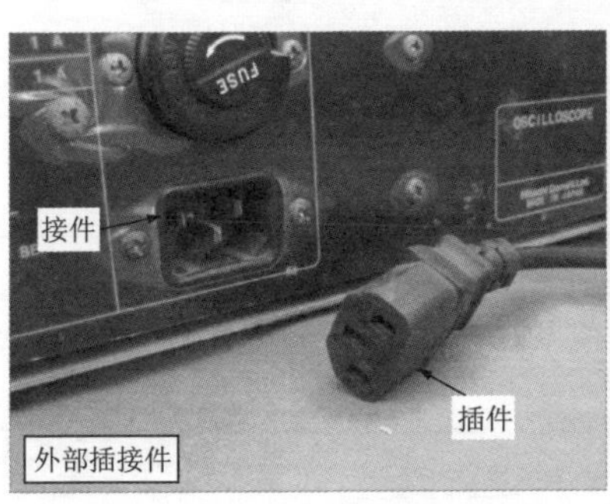
FUSE
OSCILLOSCOPE
接件
插件
外部插接件

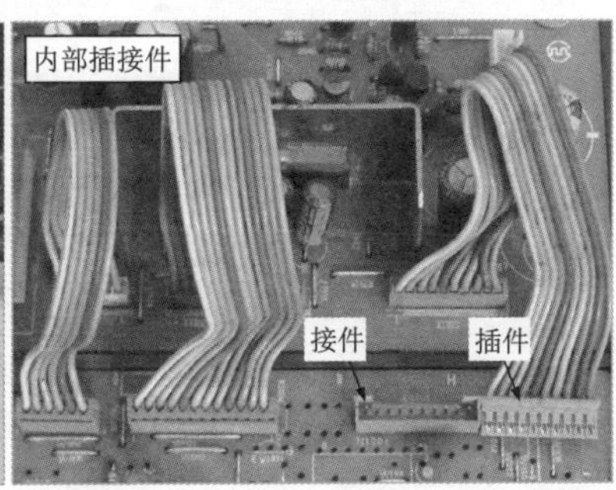
内部插接件
接件
插件

图6-13　外部插接和内部插接的实物外形

一般情况下可用指针万用表或数字万用表检测接插件的通断状态，从而判断其好坏。图 6-14 所示为待测接插件的实物外形。

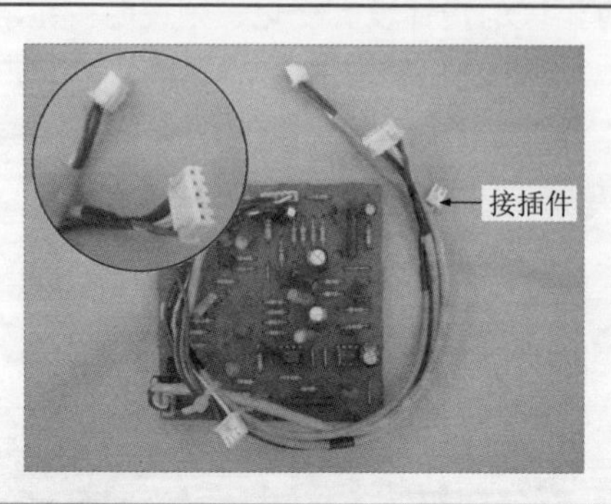
接插件

图 6-14　待测接插件的实物外形

将万用表功能旋钮旋至“×1”欧姆档，并进行欧姆调零。然后，将万用表两表笔分别搭在插接件的两端，观察万用表指针的摆动情况。正常情况下，测得的结果应为0Ω，表明该接插件正常，如图 6-15 所示。若指针无摆动，则可能是表笔所连接的接插件不在同一通路的导线上或是接插件已损坏，或引线内部有断路情况。

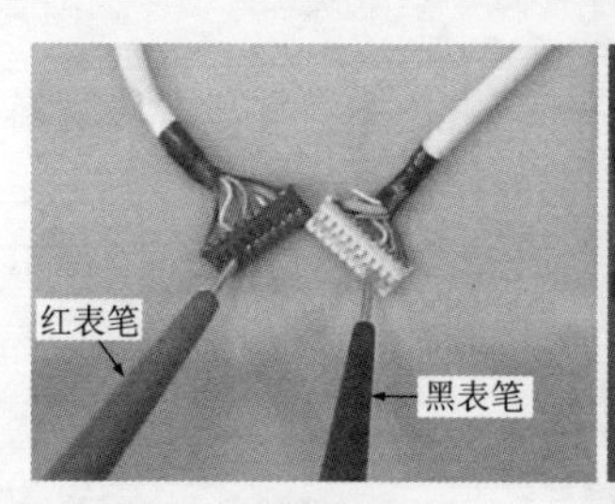
红表笔
黑表笔

A-V-Ω
MODEL MF47-8
全保护·遥控器检测

图 6-15　检测接插件的性能

6.3 万用表检测继电器和变压器

6.3.1 万用表检测继电器

继电器是一种当输入量（如电、磁、声、光、热）达到一定值时，输出量将发生跳跃式变化的自动控制器件。该器件在电工电子行业应用较为广泛，在许多机械控制及电子电路中都采用这种器件。

继电器的种类多种多样，可按照不同的分类方式进行分类。如按继电器的作用原理或结构特征可分为电磁继电器、固态继电器、中间继电器、时间继电器、温度继电器、热继电器、速度继电器、压力继电器、电压继电器、电流继电器等。

下面我们以热继电器为例简单介绍一下其测量方法。

图6-16为待测的热继电器的实物外形及铭牌标识。从其铭牌标识的符号可看出，该继电器的㉟脚与㊱脚处于接通状态，㊲脚和㊳脚处于断开状态。

97
96
98
95
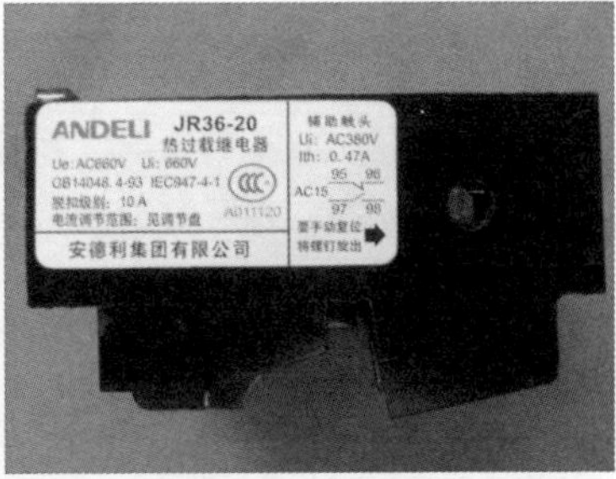
ANDELI
JR36-20
热过载继电器
安德利集团有限公司

图6-16　待测热继电器的实物外形及铭牌标识

检测时，首先将万用表的功能旋钮调至“×10k”欧姆档。之后，再将万用表两表笔短接，调整调零旋钮使指针指示为0，如图6-17所示。

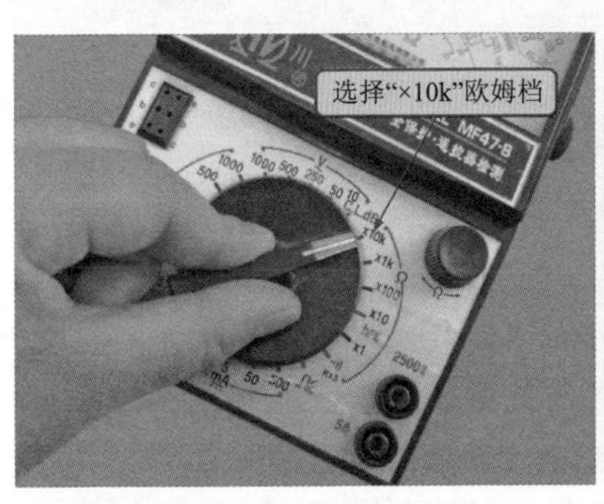
选择“×10k”欧姆档
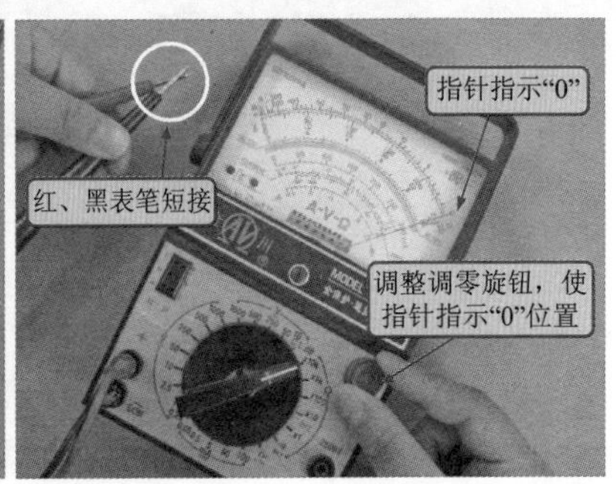
指针指示“0”
红、黑表笔短接
调整调零旋钮，使指针指示“0”位置

图6-17　将万用表进行欧姆调零

将万用表的两表笔分别搭在热继电器的⑮脚和与⑯脚上，测得热继电器⑮脚与⑯脚之间的阻值为 0，如图 6-18 所示。

96
95

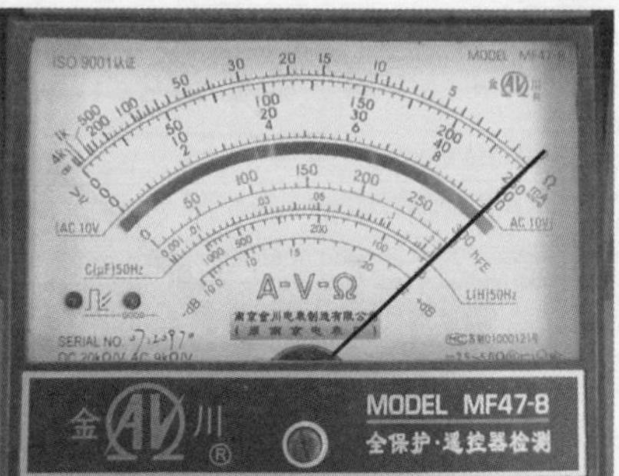
MODEL MF47-8
全保护·遥控器检测

图 6-18　测量热继电器⑮脚与⑯脚之间的阻值

再将万用表的两表笔分别搭在热继电器的⑰脚和⑱脚上，测得热继电器⑰脚和⑱脚之间的阻值为无穷大，如图 6-19 所示。

98
97

MODEL MF47-8
全保护·遥控器检测

图 6-19　测量热继电器⑰脚与⑱脚之间的阻值

万用表表笔保持不变，拨动热继电器的测试杆，此时测得热继电器⑰脚和⑱脚之间的阻值为 0，如图 6-20 所示。

拨动测试杆的同时，再使用万用表测量⑮脚和与⑯脚之间的阻值，此时，热继电器的⑮脚和与⑯脚之间的阻值变为无穷大，如图 6-21 所示。

根据热继电器的触点标识进行检测，当触点接通时，其阻值为零；当触点断开时，其阻值为无穷大，则可判断热继电器正常。

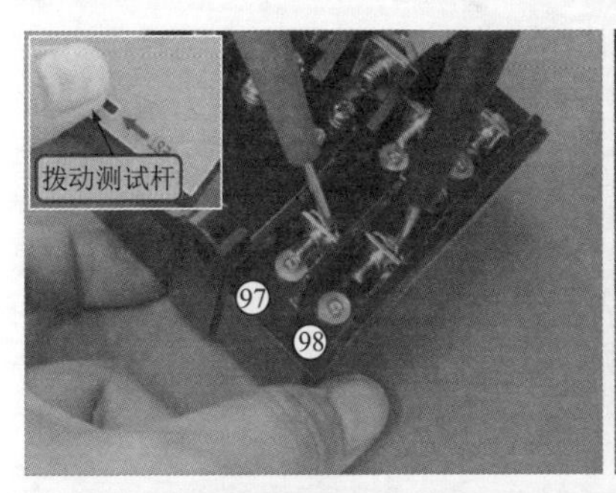
拨动测试杆
97
98

MODEL MF47-8
全保护·遥控器检测
A-V-Ω

图 6-20　拨动测试杆，测量热继电器⑰脚与⑱脚之间的阻值

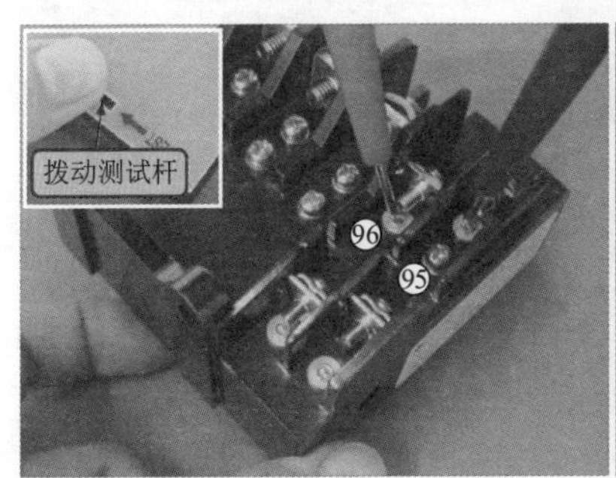
拨动测试杆
96
95

MODEL MF47-8
全保护·遥控器检测
A-V-Ω

图 6-21　拨动测试杆，测量热继电器⑮脚与⑰脚之间的阻值

6.3.2　万用表检测变压器

变压器是利用电磁感应原理传递电能或传输信号的一种器件。其主要特点是只能传输交流电，并可同时实现电压变换、电流变换、阻抗变换、高低压电气隔离等功能。

根据工作频率的不同，变压器可分为低频变压器、中频变压器和高频变压器。根据应用不同可分为电源变压器、隔离变压器、耦合变压器等。

下面我们以电源变压器为例，来详细讲解如何使用万用表对变压器进行检测。

图 6-22 所示为电源变压器的实物外形，该变压器是交流 220V 输入，交流 24V 输出的小型降压变压器。图 6-22a 所示为该变压器的等效

电路；图 6-22b 所示为其前视图；图 6-22c 所示为其后视图。在检测前，首先清除变压器引脚上的脏污，以确保测量的准确性。并对待测变压器的外观进行检查，看是否损坏，确保无烧焦、引脚无断裂等情况。然后查阅该变压器的等效电路，确定变压器的引脚号。

扫一扫看视频

T
①　③
220V 交流输入
24V 交流输出
④
②　⑤
一次绕组　二次绕组

a) 等效电路

220V
①
②

b) 220V交流输入引脚

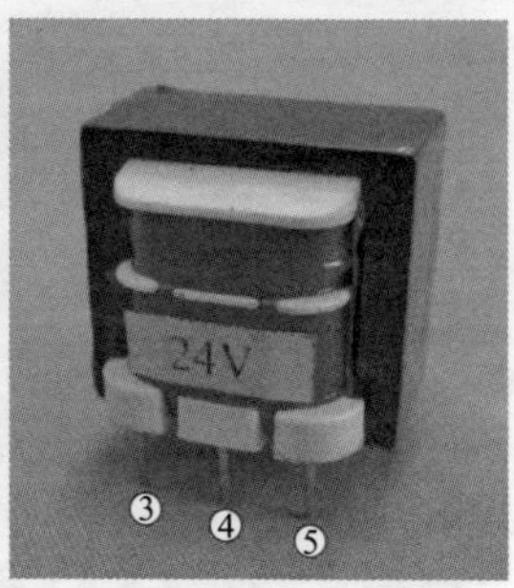
24V
③
④
⑤

c) 24V交流输出引脚

图 6-22　降压电源变压器的实物外形

将万用表功能旋钮旋至欧姆档，量程选择为“×100”。测量阻值时需先进行欧姆调零，将万用表两表笔短接，调整调零旋钮使指针指示为 0，如图 6-23 所示。

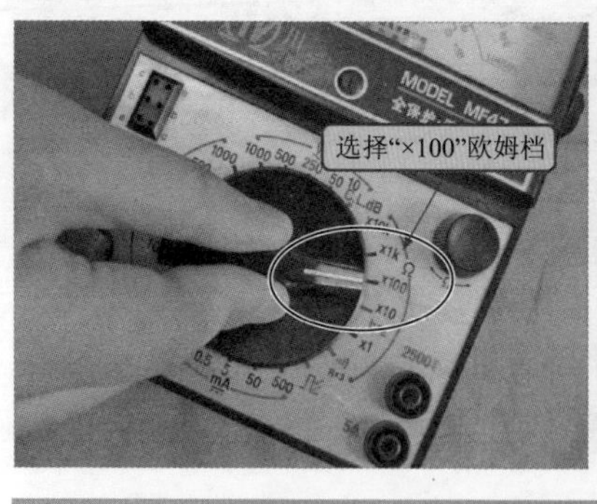
选择“×100”欧姆档

红、黑表笔短接
指针指示“0”
调整调零旋钮，使指针指示“0”位置

图 6-23　调整万用表量程，并进行欧姆调零

1）将万用表的红、黑表笔分别搭在电源变压器的①脚和②脚处，对其一次绕组阻值进行检测，测得电源变压器的一次绕组阻值为 $22\times100\Omega=2200\Omega$，如图 6-24 所示。

2）接下来检测其二次绕组之间的直流电阻。由于该变压器为降压变压器，其二次绕组匝数较少，在检测前，先将万用表的检测量程调至较小的一档，即“×1”欧姆档，并进行欧姆调零操作。

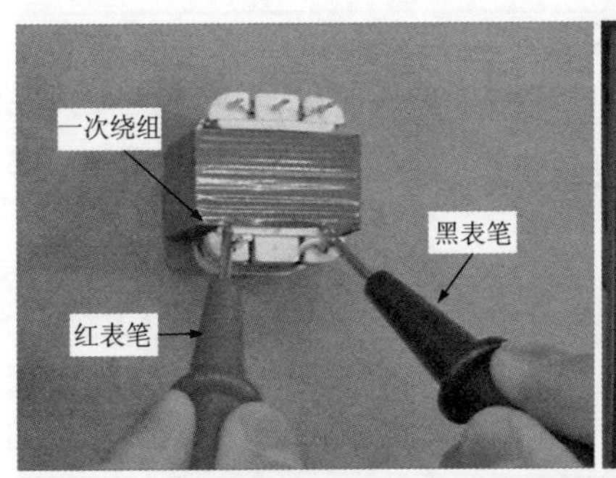
一次绕组
黑表笔
红表笔

A-V-Ω
MODEL MF47-8
全保护·遥控器检测

图 6-24 测量电源变压器的一次绕组阻值

再将万用表的红、黑表笔分别搭在电源变压器的③脚和⑤脚处，对其二次绕组阻值进行检测，测得电源变压器的二次绕组阻值为 30Ω，如图 6-25 所示。

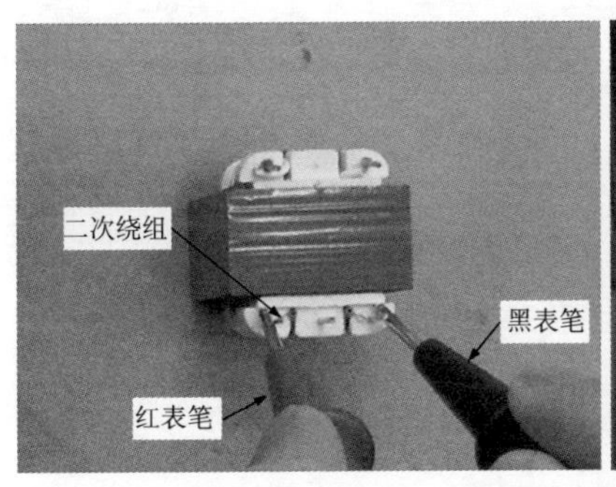
二次绕组
黑表笔
红表笔
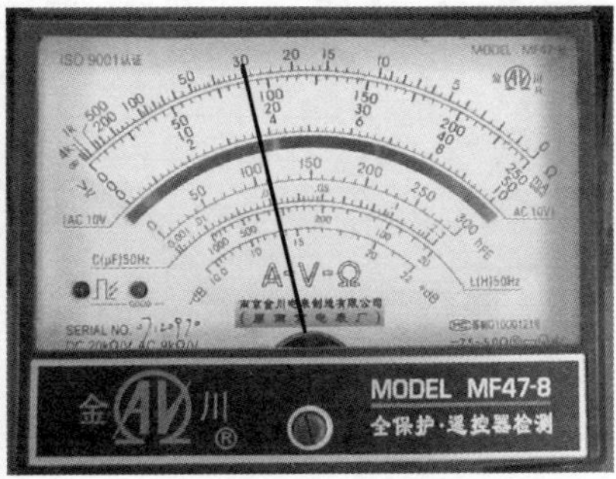
A-V-Ω
MODEL MF47-8
全保护·遥控器检测

图 6-25 测量电源变压器的二次绕组阻值

3）接着，用万用表检测变压器 1 次绕组与铁心之间的绝缘性是否良好。将万用表的红笔搭在电源变压器的铁心上，黑表笔搭在各一次绕组引脚处，测得铁心与各一次绕组之间的阻值为无穷大，如图 6-26 所示。

4）然后，检查变压器二次绕组与铁心之间的绝缘性是否良好。将万用表的红表笔搭在电源变压器的铁心上，黑表笔搭在二次绕组引脚处，测得铁心与各二次绕组之间的阻值为无穷大，如图 6-27 所示。

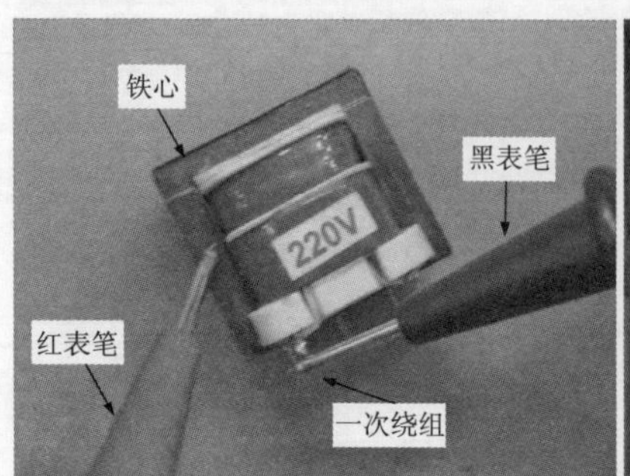
铁心
黑表笔
220V
红表笔
一次绕组

A-V-Ω
MODEL MF47-8
全保护·遥控器检测

图 6-26　测量铁心与各一次绕组之间的阻值

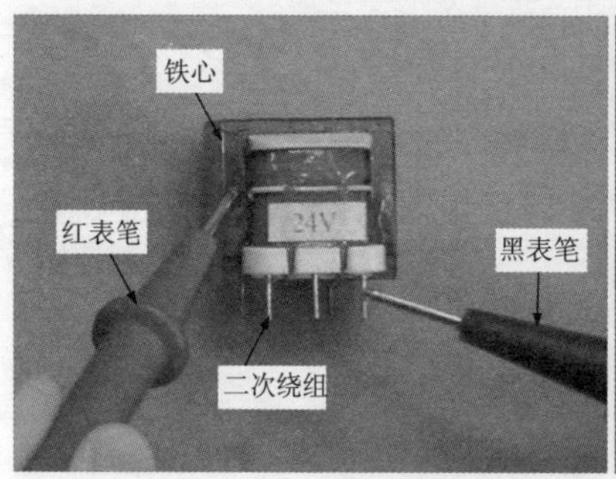
铁心
24V
红表笔
黑表笔
二次绕组

A-V-Ω
MODEL MF47-8
全保护·遥控器检测

图 6-27　测量铁心与二次绕组之间的阻值

5）最后，检测一次绕组与二次绕组之间的绝缘性是否良好。将万用表的红、黑表笔分别搭在电源变压器的一次绕组引脚和二次绕组引脚上，测得阻值为无穷大，如图 6-28 所示。

若测得电源变压器的一次绕组和二次绕组均有一固定值，而铁心与各绕组之间的阻值为无穷大，各一次绕组与各二次绕组之间的阻值也为无穷大，则说明该电源变压器正常，不符合该条件则说明该电源变压器已损坏。

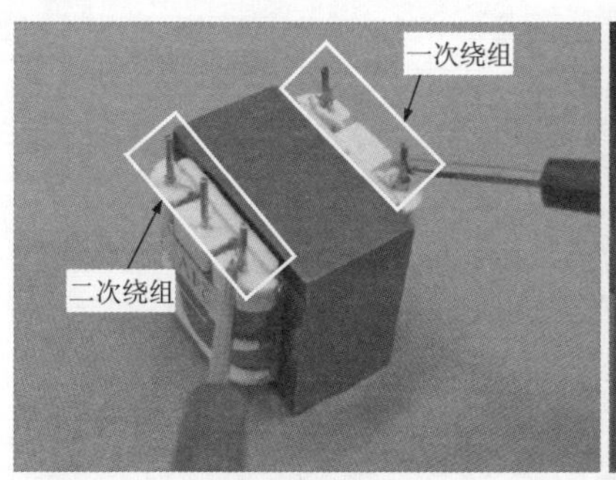
一次绕组
二次绕组

MODEL MF47-8
全保护·遥控器检测
A-V-Ω

图 6-28 测量一次与二次绕组之间的阻值

6.4 万用表检测电声器件

6.4.1 万用表检测扬声器

扬声器又称喇叭，是一种十分常用的电声换能器件，在音响产品中都能见到扬声器。扬声器分为内置扬声器和外置扬声器，外置扬声器一般是指设备外部的音箱，内置扬声器是指安装在电子产品内的扬声器。下面以收录机中的扬声器为例来介绍其检测方法。

图 6-29 为待测收录机中扬声器的实物外形，根据其标称阻值可知，该扬声器的内阻为 8Ω。

使用万用表对其进行检测时，首先将万用表的电源开关接通，将万用表功能旋钮调至欧姆档。根据该扬声器的标称阻值，选择 200Ω 档位，如图 6-30 所示。

将万用表的两表笔分别搭在扬声器的两个电极上，观察万用表的读数为 7. 7Ω，如图 6-31 所示。

在正常情况下，扬声器应能够测得一个固定的阻值。若测量的实际阻值在几欧姆至几十欧姆之间，则表明扬声器正常；若所测得的阻值为零或者为无穷大，则说明扬声器已损坏，需要更换。

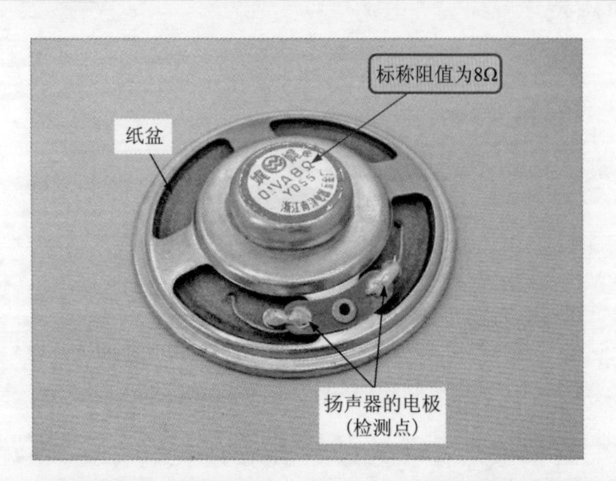
标称阻值为8Ω
纸盆
扬声器的电极
(检测点)

图 6-29　待测收录机中的扬声器的实物外形

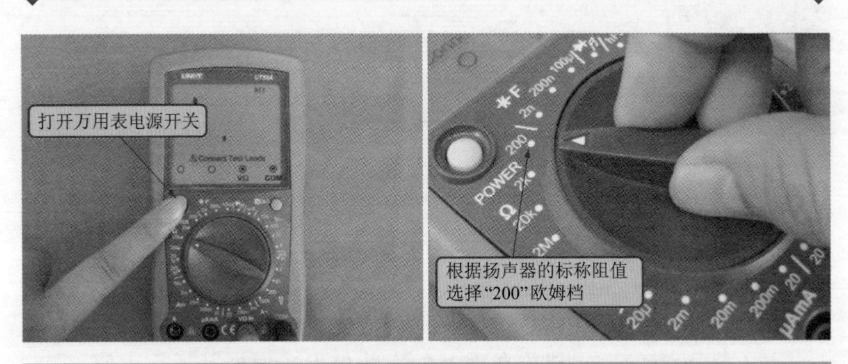
打开万用表电源开关
Connect Test Leads
VΩ
COM
POWER
200
2k
20k
2M
根据扬声器的标称阻值
选择"200"欧姆档
20μ
2m
20m
200m
μAmA

图 6-30　打开万用表开关，并调整量程

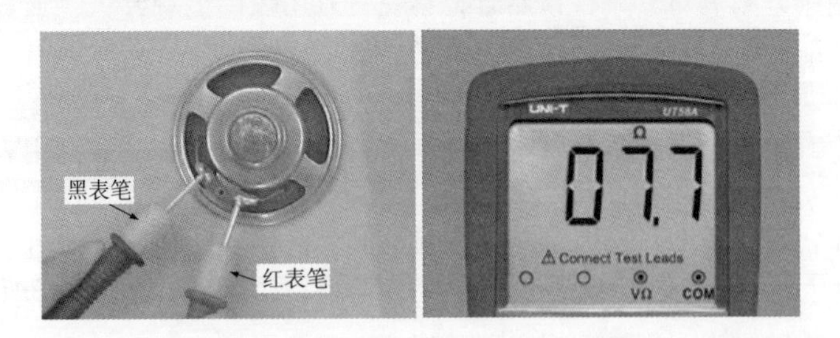
黑表笔
红表笔
UNI-T
UT58A
Ω
07.7
Connect Test Leads
VΩ
COM

图 6-31　检测扬声器两个电极之间的阻值

要点说明

通常，如果扬声器性能良好，在检测时，将万用表的一只表笔搭在扬声器的一个电极上，当另一只表笔触碰扬声器的另一个电极时，扬声器会发出“咔咔”声，如果扬声器损坏，则没有声音发出，这一点在检测判别故障时十分有效。此外，扬声器出现线圈粘连或卡死、纸盆损坏等情况用万用表是判断不出来的，必须试听音响效果才能判断。

6.4.2 万用表检测蜂鸣器

蜂鸣器是一种一体化结构的电子讯响器，采用直流电压或脉冲供电，广泛应用于计算机、打印机、复印机、报警器、电子玩具、汽车电子设备、电话机、定时器等电子产品中。

图6-32所示是电子产品中蜂鸣器的实物外形，上面标识出了蜂鸣器的正负接线柱及型号。

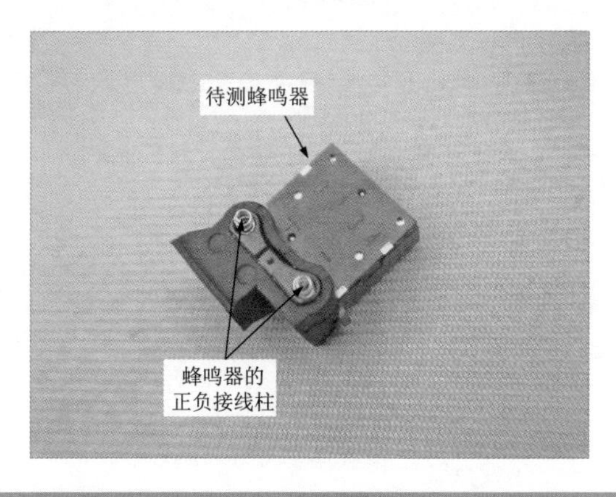
待测蜂鸣器
蜂鸣器的
正负接线柱

图6-32 电子产品中蜂鸣器的实物外形

首先将万用表的功能旋钮调至“×1 ”欧姆档，并进行欧姆调零操作。接着，将万用表的红表笔搭在蜂鸣器的正极，黑表笔搭在蜂鸣器的负极，测量蜂鸣器的阻值，观察万用表的读数为17Ω，如图6-33所示。

若能测得是一个固定的阻值，则表明蜂鸣器正常，可以使用；若测得的阻值趋于零或无穷大，则表明蜂鸣器已损坏。

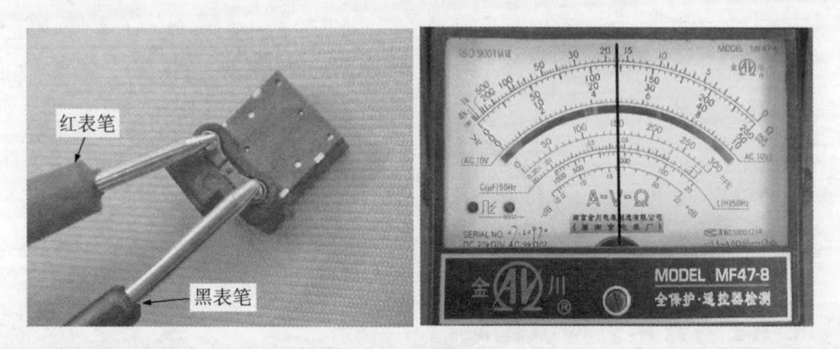
红表笔
黑表笔
MODEL MF47-8
全保护·遥控器检测

图 6-33 测量蜂鸣器的电阻值

6.4.3 万用表检测话筒

话筒又称传声器，是一种声电转换器件，常用于各种扩音设备中。在对该设备进行检测时，可通过检测话筒自身的阻抗（直流电阻）来对其进行判定，图 6-34 所示为待测话筒的实物外形。

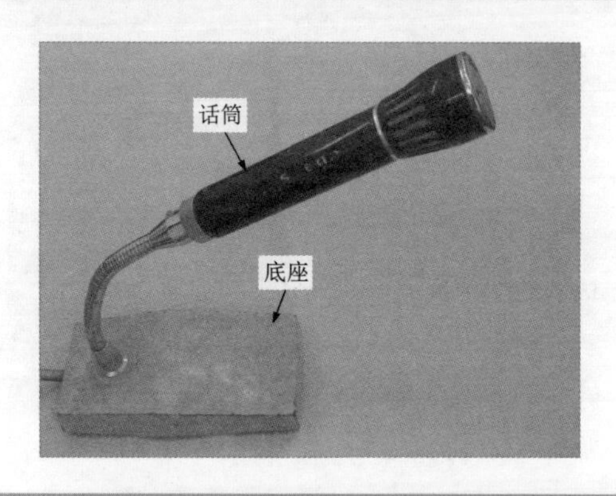
话筒
底座

图 6-34 待测话筒的实物外形

首先将万用表的功能旋钮调至“×1”欧姆档，并将两只表笔短接后进行欧姆调零，并将万用表红、黑表笔搭到话筒电极上，观察万用表的读数为 3Ω，如图 6-35 所示。

若能够测得是一个固定的电阻值，则表明话筒正常，可以使用；若测得的阻值趋于无穷大，则表明话筒已损坏。

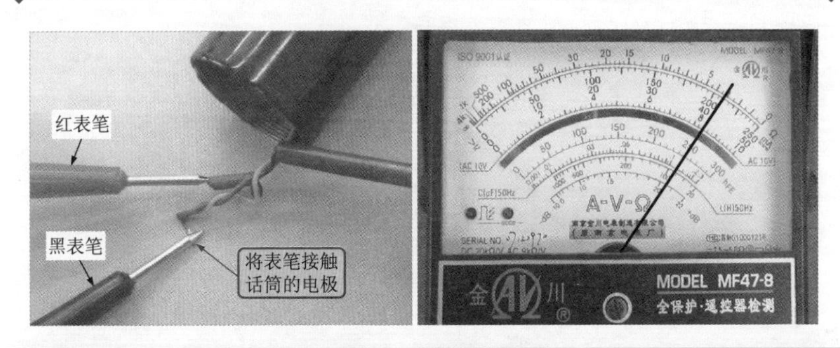
红表笔
黑表笔
将表笔接触
话筒的电极
MODEL MF47-8
全保护·遥控器检测

图 6-35 对话筒进行检测

要点说明

当万用表的两表笔与话筒两个电极接通时，实际上就构成了一个回路，万用表的电源作为话筒的供电端。此时，如果对话筒吹气，观察万用表的指针，如果随之摆动，则说明话筒性能良好；反之，若指针无摆动，则说明话筒损坏，需要更换。这种方法在话筒检测中十分有效。

第 7 章 万用表检测电流

7.1 万用表检测直流电流

7.1.1 指针万用表检测直流电流

指针万用表的表头是一个比较灵敏的电流表，用它来测量直流电流需将指针万用表串联接入被测电路中，指针根据流过表头的直流电流比例指示直流电流值。

为了扩大测量范围，在指针万用表内部测量端还加入了分流电阻，使指针万用表可检测更大范围的直流电流。

图 7-1 所示为使用指针万用表检测直流电流的原理。

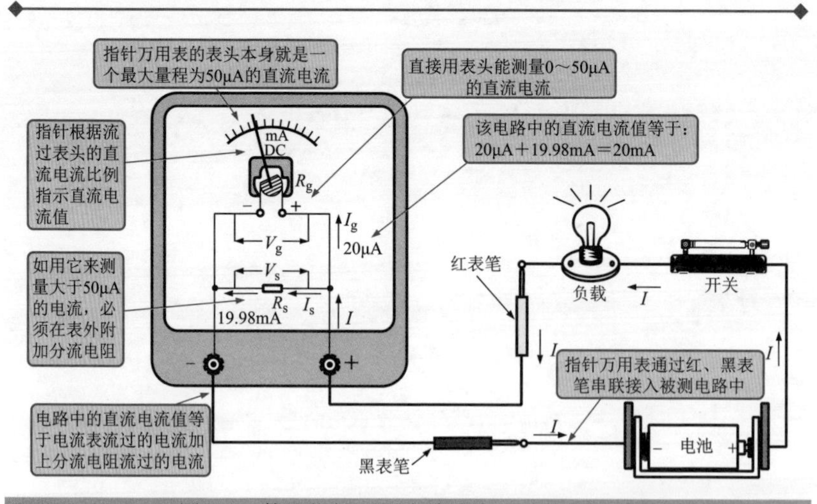

指针万用表的表头本身就是一个最大量程为50μA的直流电流
直接用表头能测量0～50μA的直流电流
该电路中的直流电流值等于：20μA＋19.98mA＝20mA
指针根据流过表头的直流电流比例指示直流电流值
mA
DC
R_g
I_g
20μA
V_g
V_s
R_s
I_s
19.98mA
I
如用它来测量大于50μA的电流，必须在表外附加分流电阻
红表笔
负载
开关
指针万用表通过红、黑表笔串联接入被测电路中
电路中的直流电流值等于电流表流过的电流加上分流电阻流过的电流
黑表笔
电池

图 7-1　使用指针万用表检测直流电流的原理

如图 7-2 所示，使用指针万用表检测直流电流时，根据实际电路选择合适的直流电流量程，然后断开被测电路，将万用表的红表笔（正极）接电路正极，万用表黑表笔（负极）接电路负极，串入被测电路中，此时，即可通过指针的位置读出测量的直流电流值。

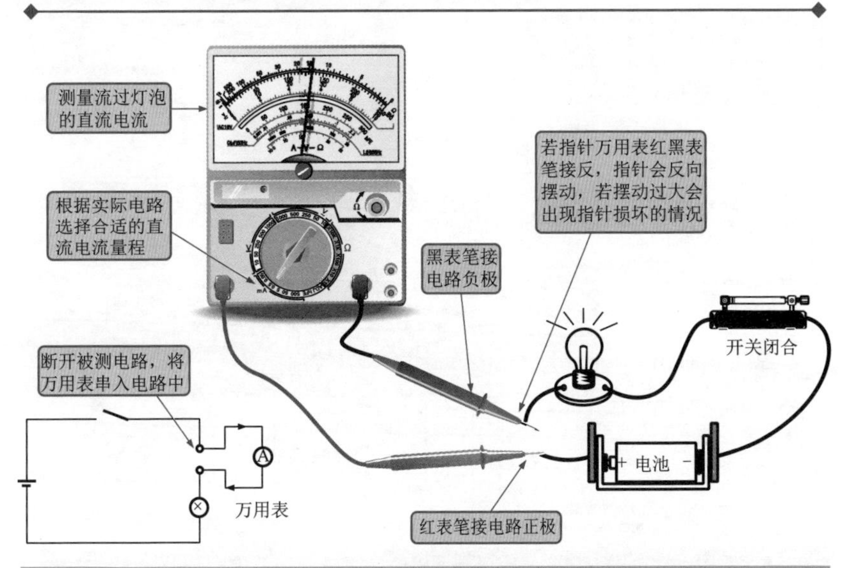
测量流过灯泡的直流电流
根据实际电路选择合适的直流电流量程
若指针万用表红黑表笔接反，指针会反向摆动，若摆动过大会出现指针损坏的情况
黑表笔接电路负极
开关闭合
断开被测电路，将万用表串入电路中
电池
万用表
红表笔接电路正极

图 7-2　使用指针万用表检测直流电流的方法及连接

图 7-3 为使用指针万用表检测充电电池充电状态的应用实例。由于充电器电路的输出为直流电，因此对电池的充电电流进行检测时需要选择万用表的直流电流检测功能。

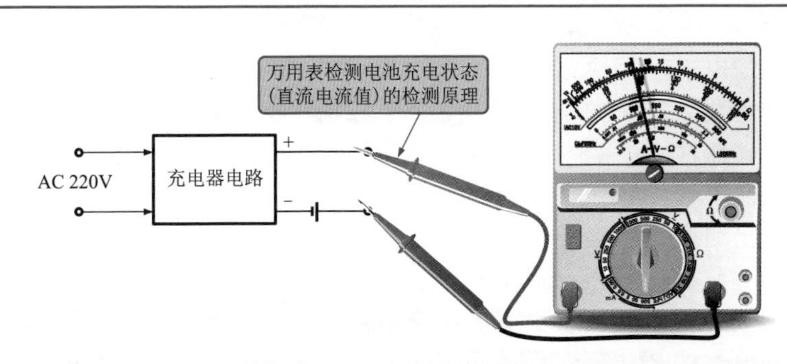
万用表检测电池充电状态（直流电流值）的检测原理
AC 220V
充电器电路
+
-

图 7-3　使用指针万用表检测充电电池充电状态（直流电流值）的应用实例

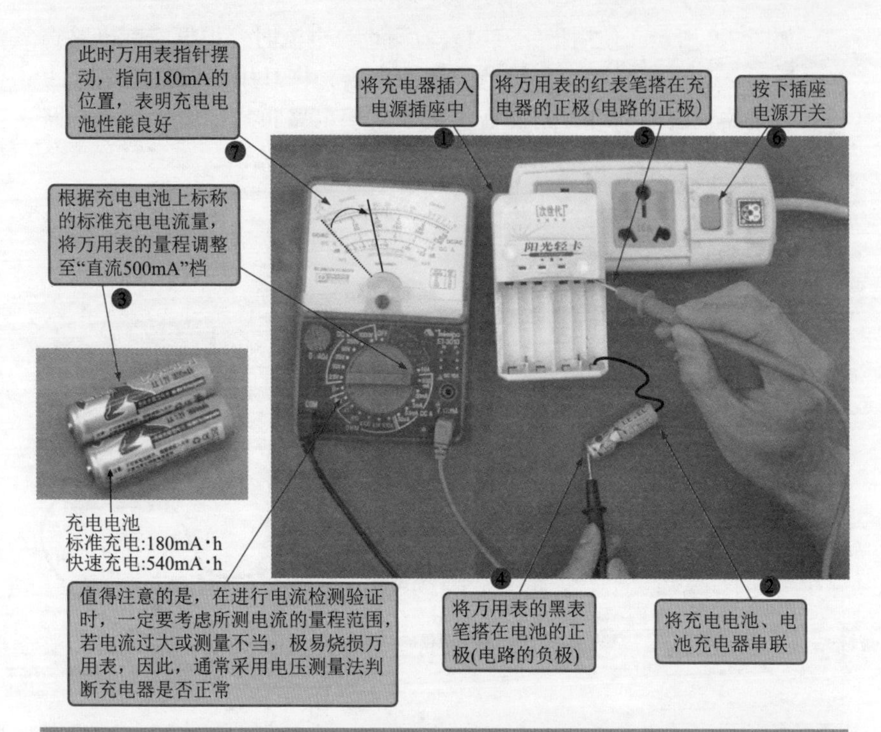
此时万用表指针摆动，指向180mA的位置，表明充电电池性能良好
7
根据充电电池上标称的标准充电电流量，将万用表的量程调整至"直流500mA"档
3
充电电池
标准充电:180mA·h
快速充电:540mA·h
将充电器插入电源插座中
1
将万用表的红表笔搭在充电器的正极(电路的正极)
5
按下插座电源开关
6
值得注意的是，在进行电流检测验证时，一定要考虑所测电流的量程范围，若电流过大或测量不当，极易烧损万用表，因此，通常采用电压测量法判断充电器是否正常
4
将万用表的黑表笔搭在电池的正极(电路的负极)
2
将充电电池、电池充电器串联

图 7-3 使用指针万用表检测充电电池充电状态（直流电流值）的应用实例（续）

7.1.2 数字万用表检测直流电流

图 7-4 为数字万用表检测直流电流的原理。当数字万用表串接在电路中时，数字万用表中的检测电路检测出电流值，该电流值经模拟-数字转换器后变为数字信号，去驱动液晶显示器以数码的形式将测得的值直接显现出来。

使用数字万用表检测直流电流时，根据实际电路选择合适的直流电流量程，然后断开被测电路，将万用表的红表笔（正极）接电路正极，万用表黑表笔（负极）接电路负极，串入被测电路中，此时即可通过显示屏读出测量的直流电流值。

图 7-5 为使用数字万用表检测直流电流的方法及连接。

图 7-6 为使用数字万用表检测充电器的应用实例。通过数字万用表检测充电器输出的额定电流值可判断充电器是否损坏。

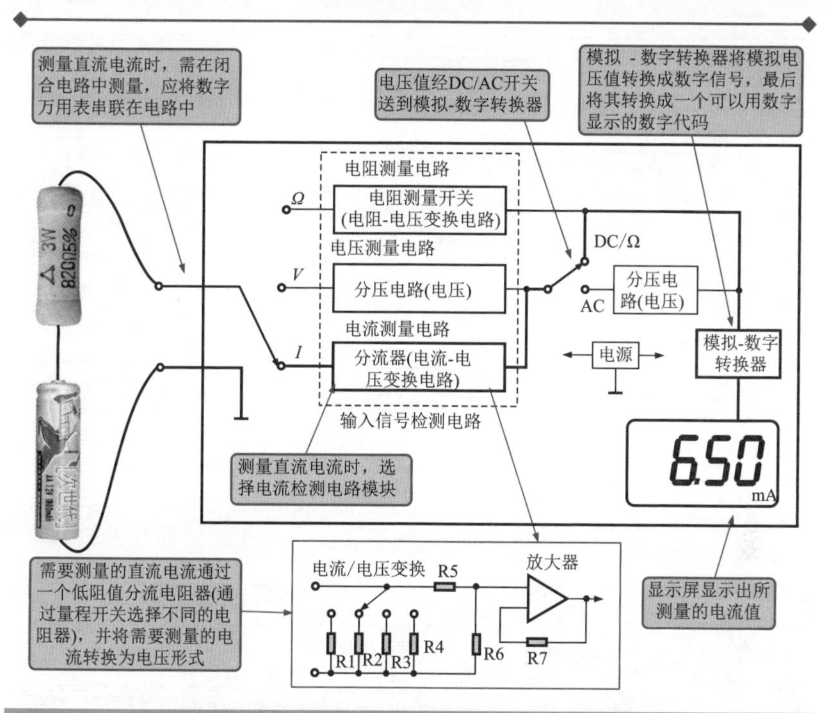
测量直流电流时，需在闭合电路中测量，应将数字万用表串联在电路中
电压值经DC/AC开关送到模拟-数字转换器
模拟 - 数字转换器将模拟电压值转换成数字信号，最后将其转换成一个可以用数字显示的数字代码
电阻测量电路
电阻测量开关
(电阻-电压变换电路)
电压测量电路
分压电路(电压)
电流测量电路
分流器(电流-电压变换电路)
输入信号检测电路
DC/Ω
AC
分压电路(电压)
电源
模拟-数字转换器
6.50
mA
测量直流电流时，选择电流检测电路模块
需要测量的直流电流通过一个低阻值分流电阻器(通过量程开关选择不同的电阻器)，并将需要测量的电流转换为电压形式
电流/电压变换
放大器
显示屏显示出所测量的电流值

图 7-4 使用数字万用表检测直流电流的原理

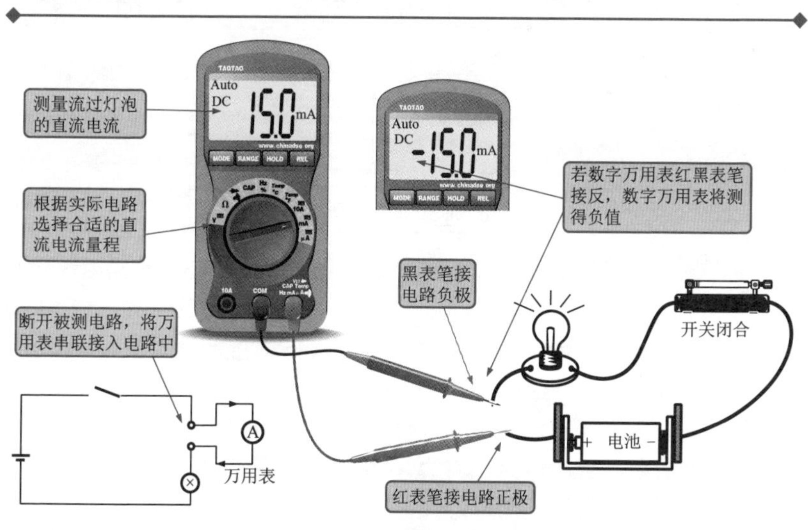
测量流过灯泡的直流电流
根据实际电路选择合适的直流电流量程
断开被测电路，将万用表串联接入电路中
若数字万用表红黑表笔接反，数字万用表将测得负值
黑表笔接电路负极
红表笔接电路正极
开关闭合
电池
万用表

图 7-5 使用数字万用表检测直流电流的方法及连接

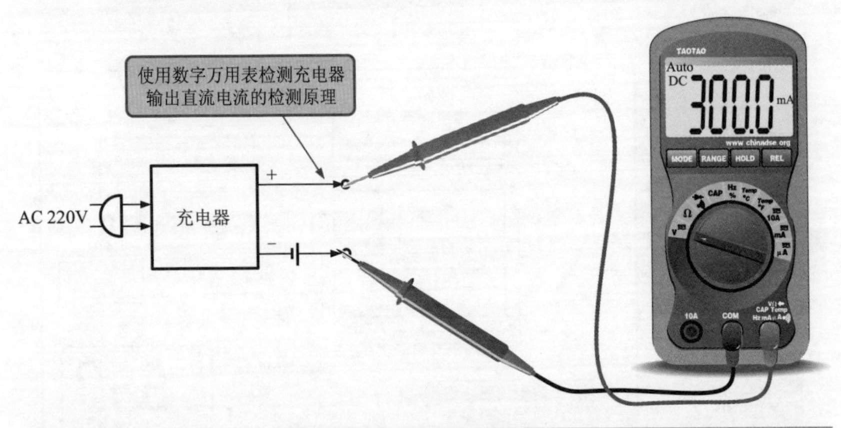
使用数字万用表检测充电器
输出直流电流的检测原理
AC 220V
充电器
+
−
TAOTAO
Auto
DC
300.0
mA
MODE
RANGE
HOLD
REL
10A
COM

图 7-6 使用数字万用表检测充电器的应用实例

7.2 万用表检测交流电流

7.2.1 指针万用表检测交流电流

图 7-7 为使用指针万用表检测交流电流的原理。指针万用表检测交流电流实际上就是在直流测量电路的基础上增加一个桥式整流电路，将交流变成直流进行测量。

7.2.2 数字万用表检测交流电流

当将数字万用表串联接在电路中时，数字万用表中的检测电路将检测出的交流电流转换为直流电流，该电流值经模拟-数字转换器后变为数字信号，去驱动液晶显示器以数码的形式将测得的值直接显现出来。图 7-8 为使用数字万用表检测交流电流的原理。

使用数字万用表检测交流电流时，根据实际电路选择合适的交流电流量程，然后断开被测电路，将万用表的红黑表笔串联到被测电路中，此时即可通过显示屏读出测量的交流电流值。

图 7-9 为使用数字万用表检测交流电流的方法及连接。

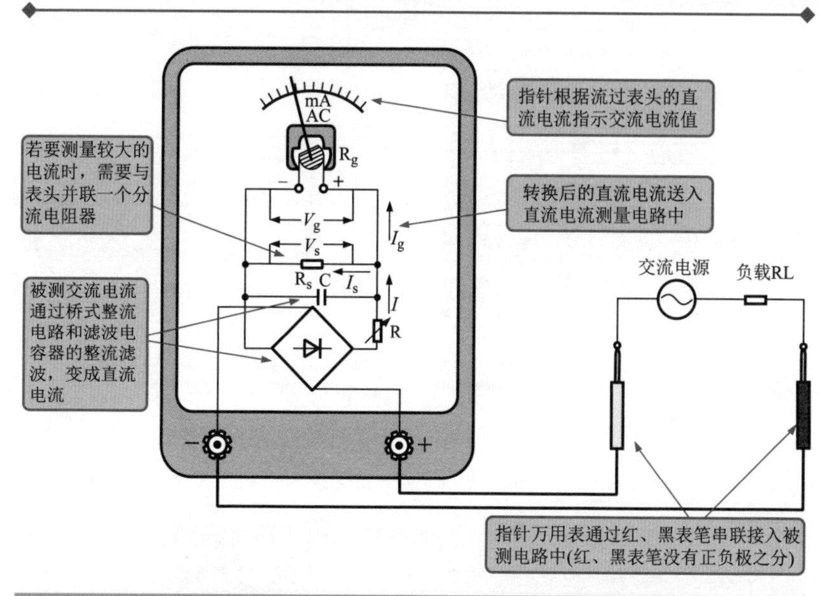
指针根据流过表头的直流电流指示交流电流值
mA
AC
R_g
若要测量较大的电流时，需要与表头并联一个分流电阻器
转换后的直流电流送入直流电流测量电路中
V_g
V_s
I_g
R_s C I_s
被测交流电流通过桥式整流电路和滤波电容器的整流滤波，变成直流电流
I
R
交流电源
负载RL
指针万用表通过红、黑表笔串联接入被测电路中(红、黑表笔没有正负极之分)

图 7-7 使用指针万用表检测交流电流的原理

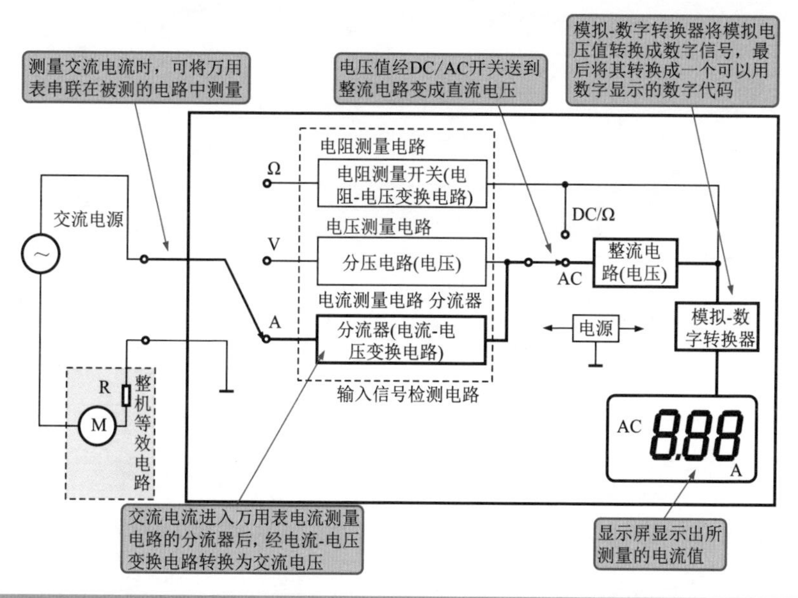
模拟-数字转换器将模拟电压值转换成数字信号，最后将其转换成一个可以用数字显示的数字代码
测量交流电流时，可将万用表串联在被测的电路中测量
电压值经DC/AC开关送到整流电路变成直流电压
电阻测量电路
Ω
电阻测量开关(电阻-电压变换电路)
DC/Ω
交流电源
电压测量电路
V
分压电路(电压)
整流电路(电压)
AC
电流测量电路 分流器
A
分流器(电流-电压变换电路)
电源
模拟-数字转换器
R
M
整机等效电路
输入信号检测电路
AC
8.88
A
交流电流进入万用表电流测量电路的分流器后，经电流-电压变换电路转换为交流电压
显示屏显示出所测量的电流值

图 7-8 使用数字万用表检测交流电流的原理

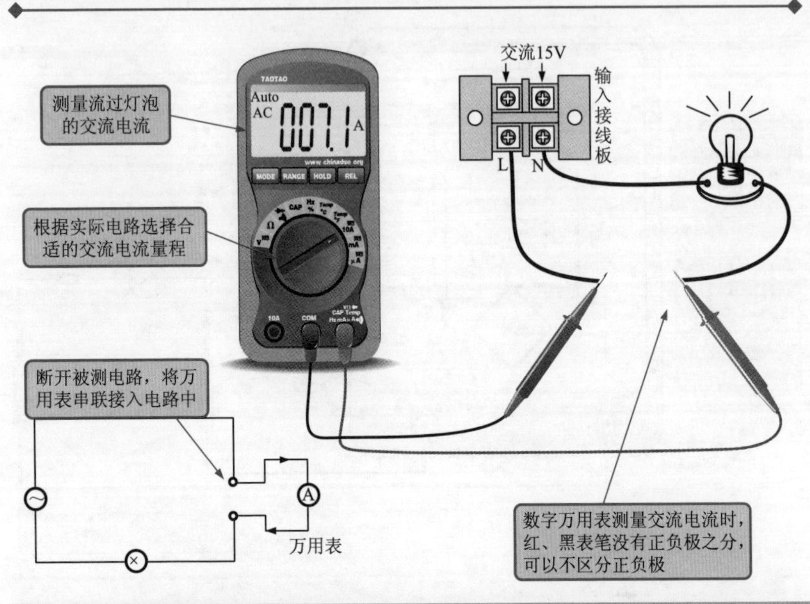
测量流过灯泡的交流电流
Auto
AC
007.1 A
根据实际电路选择合适的交流电流量程
断开被测电路，将万用表串联接入电路中
万用表
交流15V
输入接线板
L
N
数字万用表测量交流电流时，红、黑表笔没有正负极之分，可以不区分正负极

图 7-9　使用数字万用表检测交流电流的方法及连接

第 8 章 万用表检测电压

8.1 万用表检测直流电压

8.1.1 指针万用表检测直流电压

图 8-1 为使用指针万用表检测直流电压的原理。测量电压时需要将被测电压转换成直流电流，由于流过指针万用表的电流值与输入电压成正比，故指针万用表的摆动幅度即可对应被测电压值。

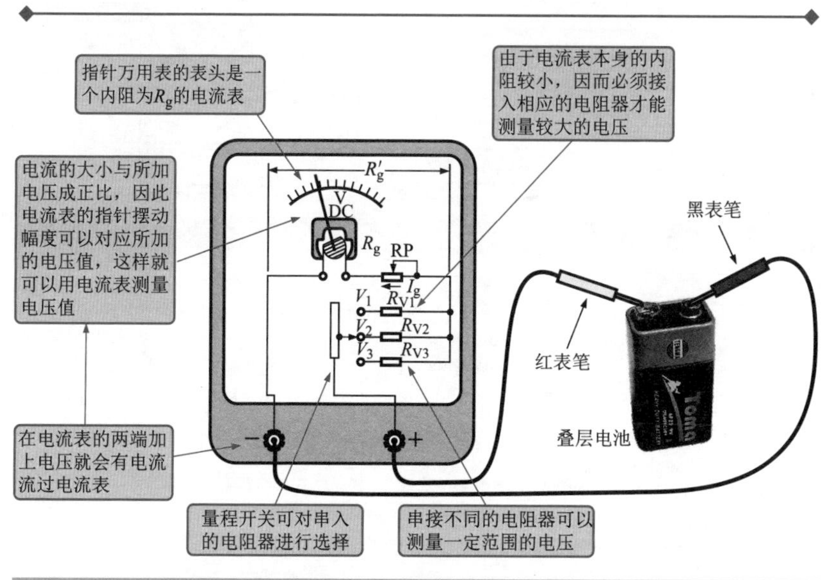
指针万用表的表头是一个内阻为R_g的电流表
由于电流表本身的内阻较小，因而必须接入相应的电阻器才能测量较大的电压
电流的大小与所加电压成正比，因此电流表的指针摆动幅度可以对应所加的电压值，这样就可以用电流表测量电压值
R'_g
V
DC
R_g
RP
I_g
V_1
R_{V1}
V_2
R_{V2}
V_3
R_{V3}
黑表笔
红表笔
叠层电池
在电流表的两端加上电压就会有电流流过电流表
−
+
量程开关可对串入的电阻器进行选择
串接不同的电阻器可以测量一定范围的电压

图 8-1 使用指针万用表检测直流电压的原理

为了扩大测量范围，在指针万用表内部测量端还加入分压（限流）电路，这样用指针万用表即可检测出直流电压值。

使用指针万用表检测直流电压时，根据实际电路选择合适的直流电压量程，然后将万用表的黑表笔接电源（或负载）的负极，红表笔接电源（或负载）的正极，此时，即可通过指针的位置读出测量的直流电压值。

图 8-2 为使用指针万用表检测直流电压的方法及连接。

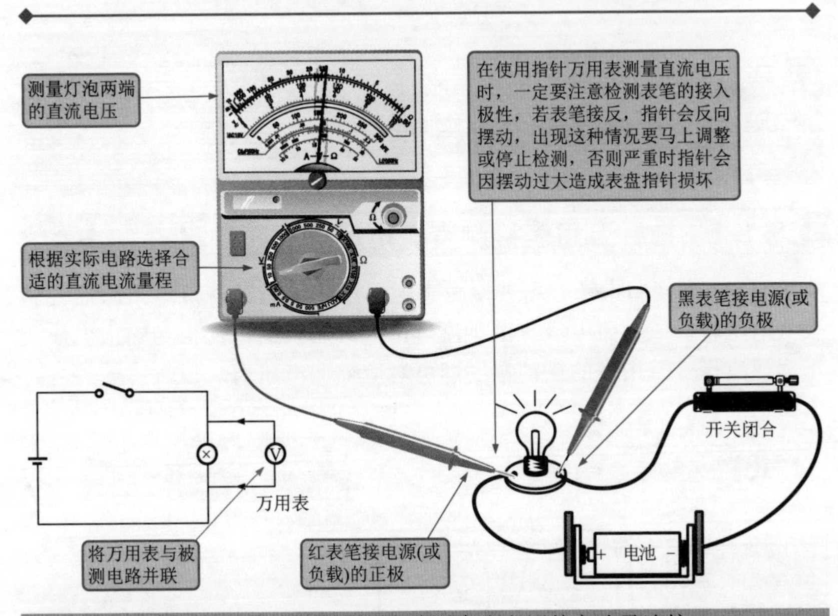
测量灯泡两端的直流电压
在使用指针万用表测量直流电压时，一定要注意检测表笔的接入极性，若表笔接反，指针会反向摆动，出现这种情况要马上调整或停止检测，否则严重时指针会因摆动过大造成表盘指针损坏
根据实际电路选择合适的直流电流量程
黑表笔接电源(或负载)的负极
开关闭合
万用表
将万用表与被测电路并联
红表笔接电源(或负载)的正极
电池

图 8-2　使用指针万用表检测直流电压的方法及连接

要点说明

使用指针万用表测量直流电压时，应重点注意正、负极性，再将万用表并联在被测电路的两端。如果预先不知道被测电压的极性时，应该先将万用表的功能旋钮拨到较高电压档再进行测试，如果出现指针反摆的情况立即调换表笔重新测量，防止因表头严重过载而将指针打弯。

图 8-3 为使用指针万用表检测开关电源输出直流电压的应用实例。

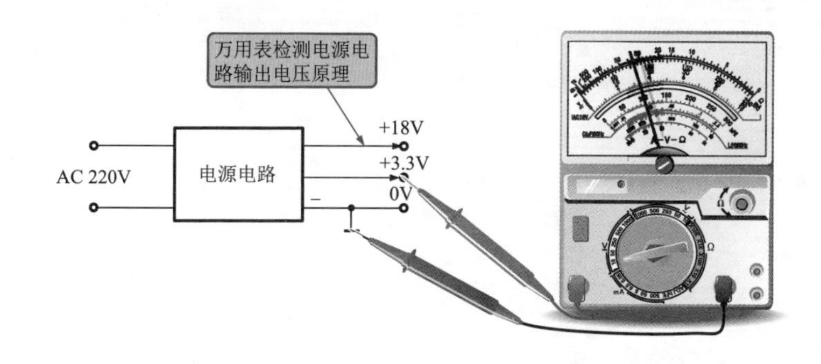
万用表检测电源电路输出电压原理
+18V
+3.3V
0V
AC 220V
电源电路
−

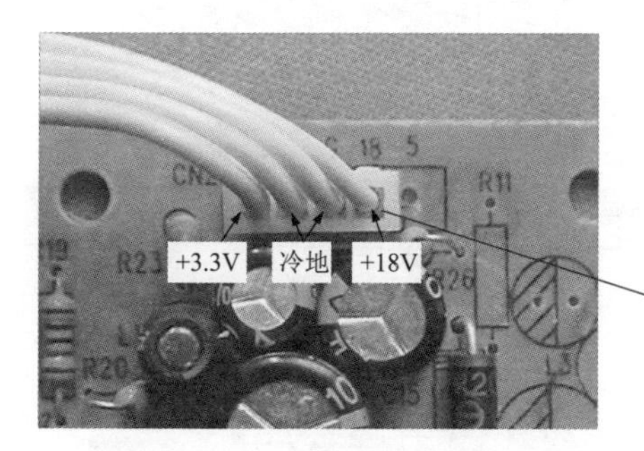
+3.3V
冷地
+18V

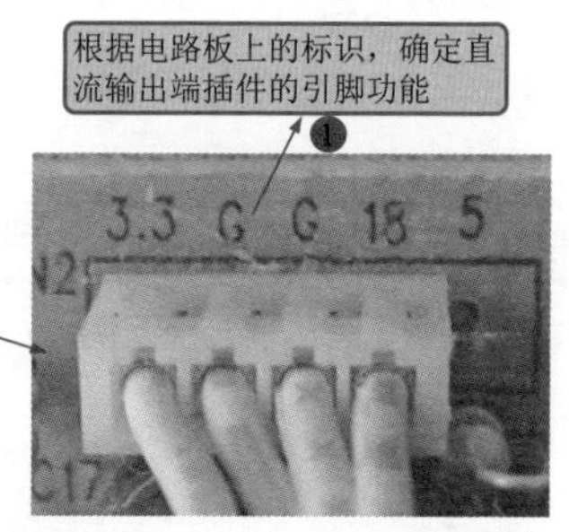
根据电路板上的标识，确定直流输出端插件的引脚功能
1
3.3 G G 18 5

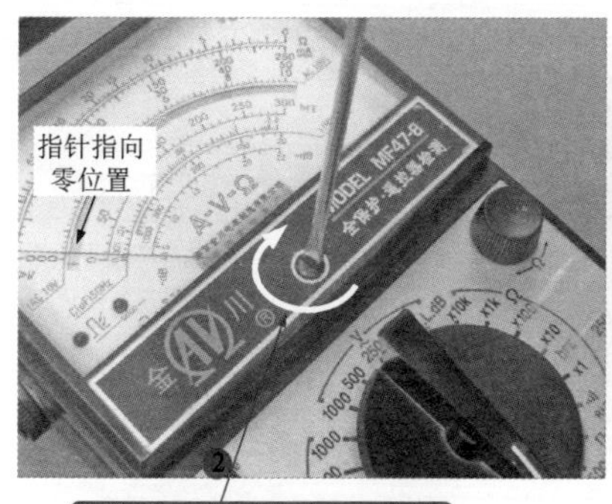
指针指向零位置
2

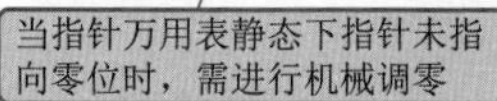
当指针万用表静态下指针未指向零位时，需进行机械调零

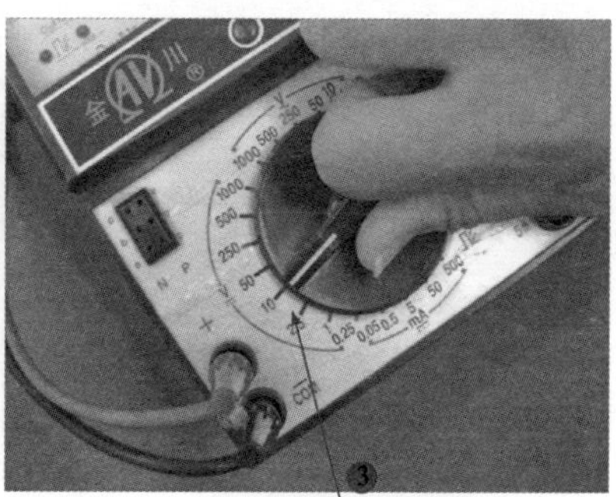
3
将万用表的量程调整至“直流10V”电压档

图 8-3 指针万用表检测开关电源输出直流电压

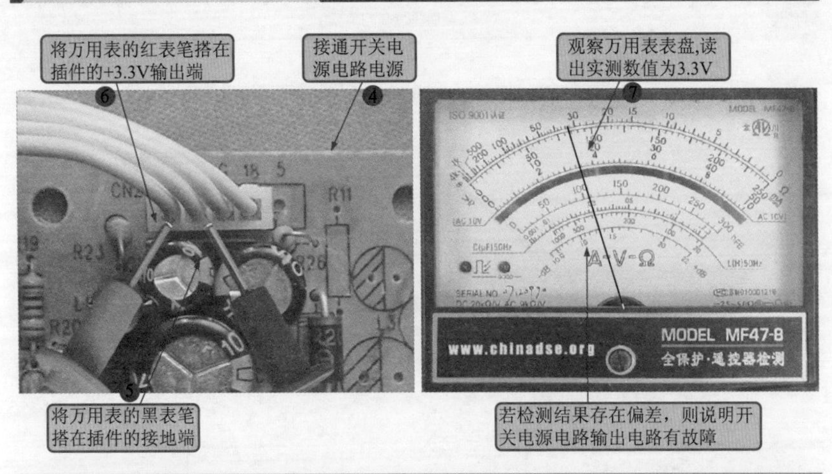

将万用表的红表笔搭在插件的+3.3V输出端
接通开关电源电路电源
观察万用表表盘,读出实测数值为3.3V
MODEL MF47-8
www.chinadse.org
全保护·遥控器检测
将万用表的黑表笔搭在插件的接地端
若检测结果存在偏差，则说明开关电源电路输出电路有故障

图 8-3 指针万用表检测开关电源输出直流电压（续）

8.1.2 数字万用表检测直流电压

图 8-4 为使用数字万用表检测直流电压的原理。数字万用表检测直

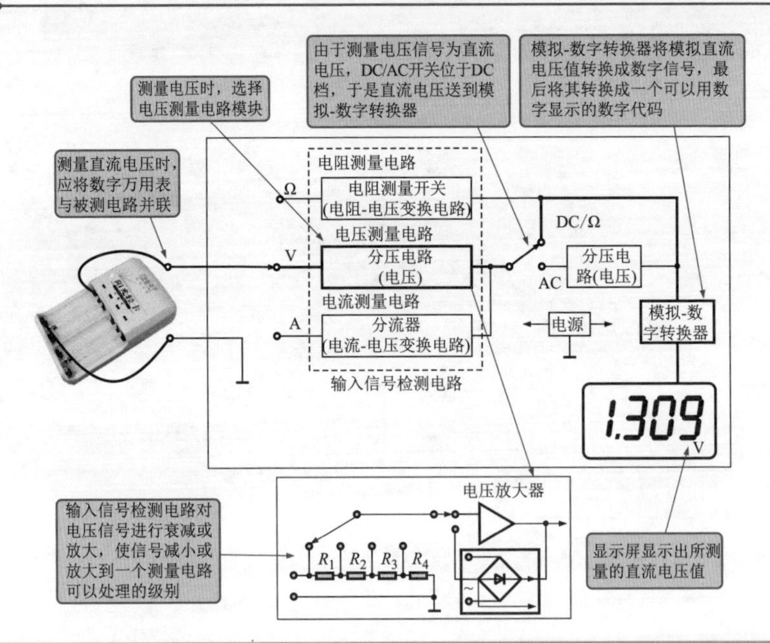

测量直流电压时，应将数字万用表与被测电路并联
测量电压时，选择电压测量电路模块
由于测量电压信号为直流电压，DC/AC开关位于DC档，于是直流电压送到模拟-数字转换器
模拟-数字转换器将模拟直流电压值转换成数字信号，最后将其转换成一个可以用数字显示的数字代码
电阻测量电路
电阻测量开关
(电阻-电压变换电路)
电压测量电路
分压电路
(电压)
电流测量电路
分流器
(电流-电压变换电路)
输入信号检测电路
DC/Ω
AC
分压电路(电压)
电源
模拟-数字转换器
1.309
V
电压放大器
输入信号检测电路对电压信号进行衰减或放大，使信号减小或放大到一个测量电路可以处理的级别
显示屏显示出所测量的直流电压值

图 8-4 使用数字万用表检测直流电压时的原理

流电压实际上就是将数字万用表与被测电路并联，被测直流电压经万用表内部电压测量电路处理后，变成数字信号由显示屏显示出来。

使用数字万用表检测直流电压时，根据实际电路选择合适的直流电压量程，然后将万用表的黑表笔接电源（或负载）的负极，红表笔接电源（或负载）的正极，此时，即可通过显示屏读出测量的直流电压值。

图 8-5 为使用数字万用表直流电压的方法及连接。

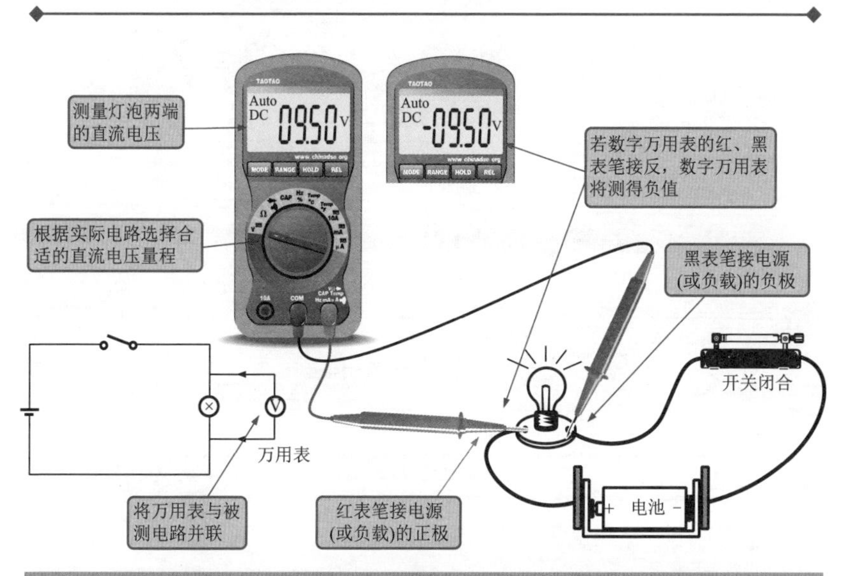
测量灯泡两端的直流电压
Auto DC 09.50 V
Auto DC -09.50 V
若数字万用表的红、黑表笔接反，数字万用表将测得负值
根据实际电路选择合适的直流电压量程
黑表笔接电源(或负载)的负极
开关闭合
万用表
将万用表与被测电路并联
红表笔接电源(或负载)的正极
电池

图 8-5　使用数字万用表检测直流电压的方法及连接

图 8-6 为使用数字万用表检测电池输出直流电压的应用实例。

要点说明

一般情况下，使用万用表直接测量电池电压时，不论电池电量是否充足，测得的值都会与它的额定电压值基本相同，也就是说测量电池空载时的电压不能判断电池电量情况。电池电量耗尽，主要表现是电池内阻增加，而当接上负载电阻器后，会有一个电压降。例如，一节 5 号干电池，电池空载时的电压为 1.5V，但接上负载电阻器后，电压降为 0.5V，表明电池电量几乎耗尽。

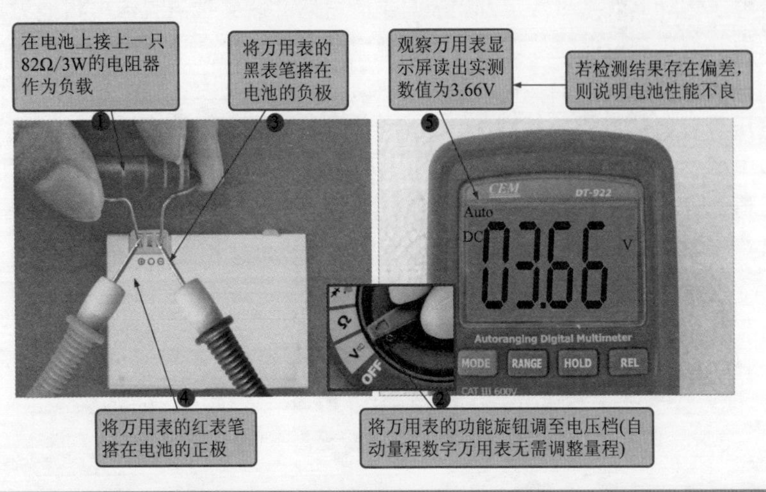
在电池上接上一只82Ω/3W的电阻器作为负载
将万用表的黑表笔搭在电池的负极
观察万用表显示屏读出实测数值为3.66V
若检测结果存在偏差，则说明电池性能不良
CEM
DT-922
Auto
DC
03.66
V
Autoranging Digital Multimeter
MODE
RANGE
HOLD
REL
OFF
将万用表的红表笔搭在电池的正极
将万用表的功能旋钮调至电压档(自动量程数字万用表无需调整量程)

图 8-6　使用数字万用表检测电池输出直流电压的应用实例

8.2 万用表检测交流电压

8.2.1　指针万用表检测交流电压

指针万用表检测交流电压实际上就是在直流电压测量电路的基础上增加一个桥式整流电路，将交流电压变成直流电压进行测量。

图 8-7 为使用指针万用表检测交流电压的原理。

使用指针万用表检测交流电压时，根据实际电路选择合适的交流电压量程，然后将万用表的红、黑表笔并联接入被测电路中，此时，即可通过指针的位置读出测量的交流电压值。图 8-8 为使用指针万用表检测交流电压的方法及连接。

下面以检测电源转换器输出交流电压和市电插座输出交流电压为例，介绍指针万用表交流电压的具体检测方法。使用指针万用表检测电源转换器输出交流电压的方法，如图 8-9 所示。

使用指针万用表检测市电插座输出交流电压的方法，如图 8-10 所示。

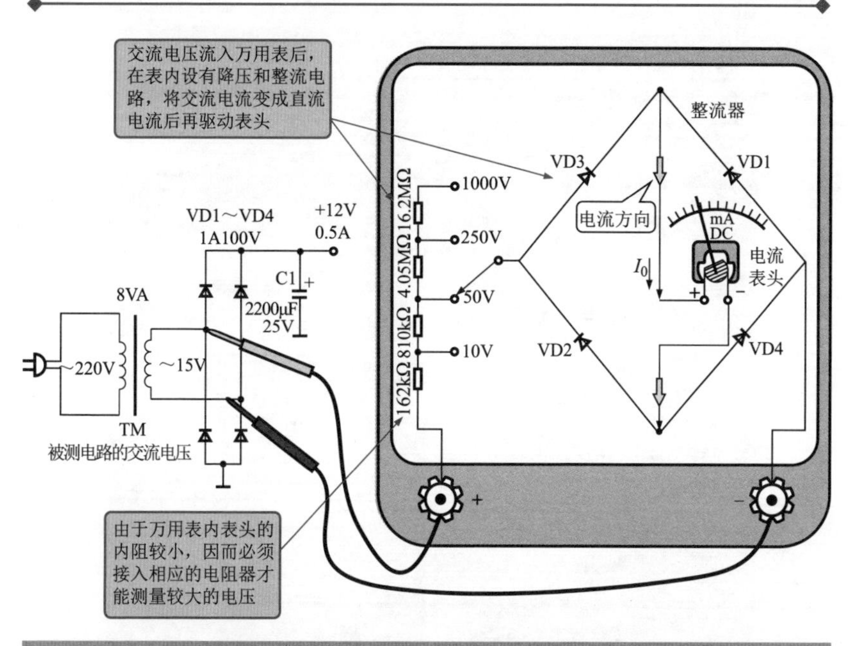
交流电压流入万用表后，在表内设有降压和整流电路，将交流电流变成直流电流后再驱动表头
整流器
VD3
VD1
1000V
16.2MΩ
电流方向
mA
DC
VD1～VD4
1A100V
+12V
0.5A
250V
4.05MΩ
电流
表头
C1
8VA
2200μF
25V
50V
I_0
810kΩ
VD2
VD4
~220V
~15V
10V
162kΩ
TM
被测电路的交流电压
由于万用表内表头的内阻较小，因而必须接入相应的电阻器才能测量较大的电压

图 8-7　使用指针万用表检测交流电压的原理

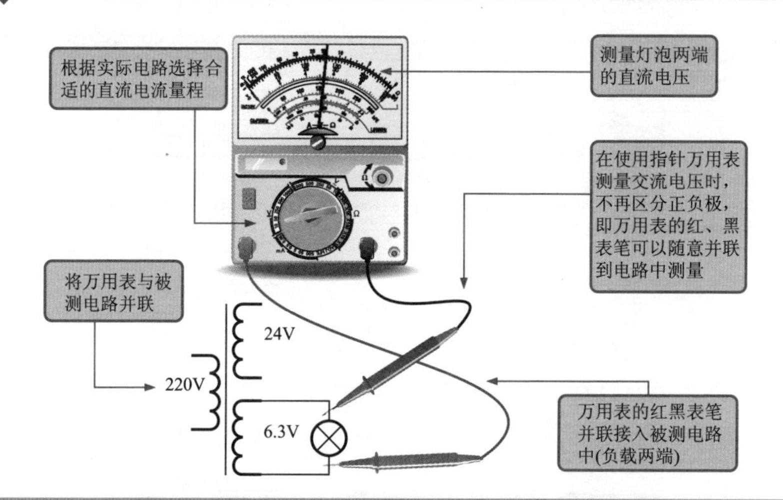
根据实际电路选择合适的直流电流量程
测量灯泡两端的直流电压
在使用指针万用表测量交流电压时，不再区分正负极，即万用表的红、黑表笔可以随意并联到电路中测量
将万用表与被测电路并联
24V
220V
6.3V
万用表的红黑表笔并联接入被测电路中(负载两端)

图 8-8　使用指针万用表检测交流电压的方法及连接

①根据电源转换器上的标识，确定该电源转换器的输出电压值为交流110V

②将万用表的功能旋钮调至“交流250V”电压档

③将转换器接在市电(交流220V)电源上

④将万用表的红、黑表笔分别搭在电源转换器的输出端

⑤观察万用表表盘读出实测数值为110V

图 8-9 使用指针万用表检测电源转换器输出交流电压的方法

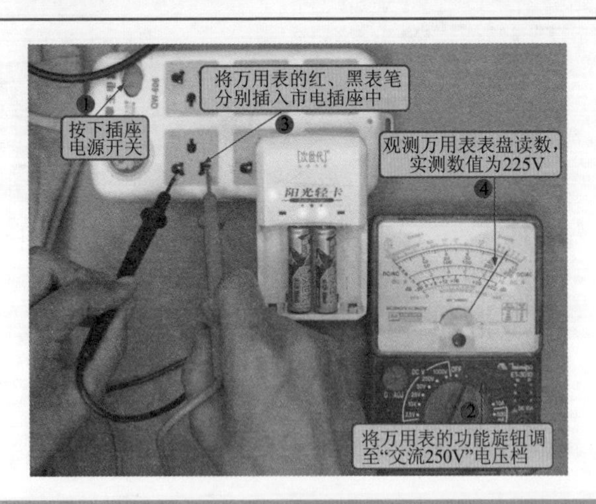
按下插座电源开关
将万用表的红、黑表笔分别插入市电插座中
观测万用表表盘读数，实测数值为225V
将万用表的功能旋钮调至“交流250V”电压档

图 8-10 使用指针万用表检测市电插座输出交流电压的方法

8.2.2 数字万用表检测交流电压

使用数字万用表检测交流电压时，根据实际电路选择合适的交流电压量程，然后将万用表的红、黑表笔并联接入被测电路中，此时，即可通过显示屏读出测量的交流电压值。使用数字万用表检测交流电压的方法及连接，如图 8-11 所示。

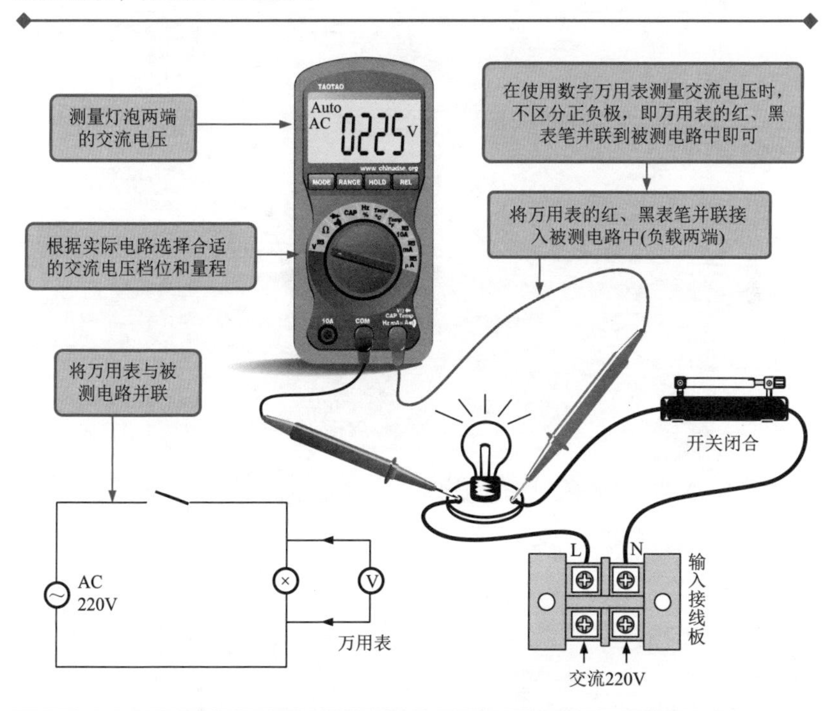
测量灯泡两端的交流电压
Auto
AC
0225
V
在使用数字万用表测量交流电压时，不区分正负极，即万用表的红、黑表笔并联到被测电路中即可
将万用表的红、黑表笔并联接入被测电路中(负载两端)
根据实际电路选择合适的交流电压档位和量程
将万用表与被测电路并联
开关闭合
AC
220V
万用表
L
N
输入接线板
交流220V

图 8-11 使用数字万用表检测交流电压的方法及连接

图 8-12 为使用数字万用表检测市电插座输出交流电压的应用实例。

要点说明

当测量未知交流电压时，应将万用表的电压量程调至最大，再进行测量，然后根据测量结果相应地调整至合适的档位，但在测量过程中严禁在测量较高电压（如交流 220V）或较大电流（如 0.5A 以上）时拨动功能旋钮，以免产生电弧，烧坏万用表内的开关触点。

当被测电压高于100V时需特别注意人身安全，应当养成单手操作的习惯，可以预先把一支表笔固定在被测电路的公共接地端，再拿另一支表笔去碰触测试点，避免发生触电事故。

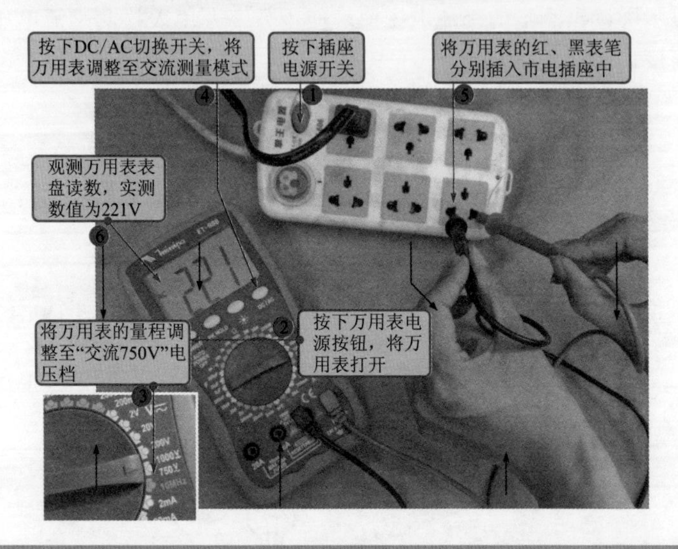
按下DC/AC切换开关，将万用表调整至交流测量模式
按下插座电源开关
将万用表的红、黑表笔分别插入市电插座中
观测万用表表盘读数，实测数值为221V
将万用表的量程调整至“交流750V”电压档
按下万用表电源按钮，将万用表打开

图 8-12 使用数字万用表检测市电插座输出交流电压的方法

第 9 章

万用表检测电话机的应用实例

9.1 电话机的特点

9.1.1 电话机的结构组成

电话机是一种通过电信号相互传输语音的通话设备。

图 9-1 为典型电话机的结构组成。通常，电话机是由话机和主机部分构成的，两者之间通过电话线连接，正常时话机放置在主机上。

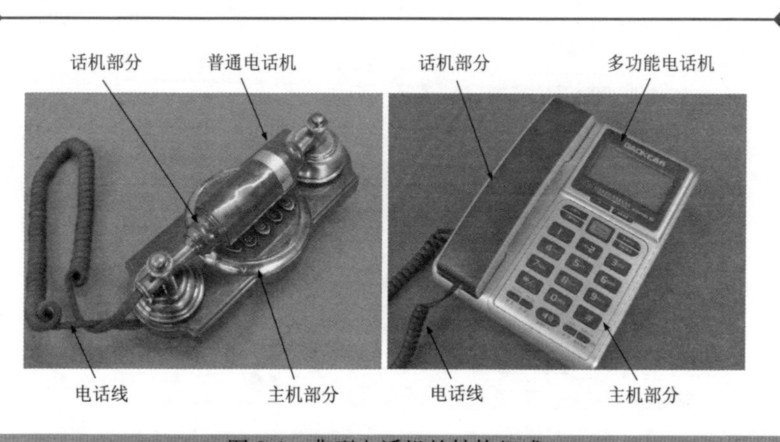
话机部分
普通电话机
话机部分
多功能电话机
电话线
主机部分
电话线
主机部分

图 9-1 典型电话机的结构组成

1. 话机部分

电话机的话机部分主要用于收听或发出声音信号，主要是由听筒、话筒、手柄、手柄挡板等部件构成。

图 9-2 为典型电话机的话机部分结构。

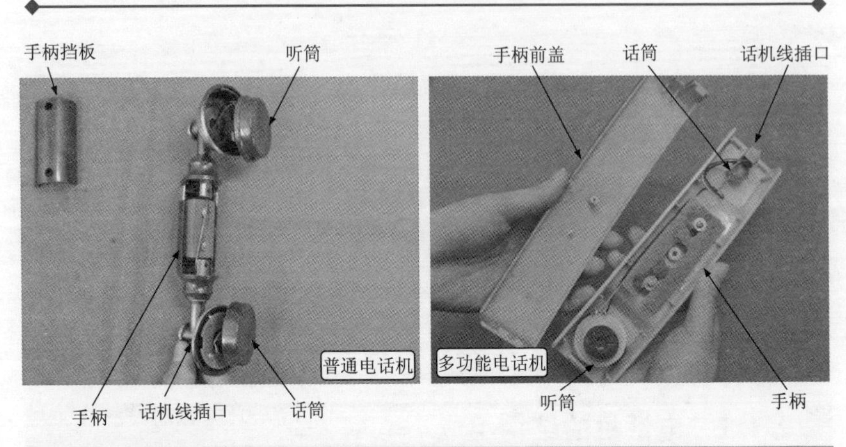
手柄挡板
听筒
手柄
话机线插口
话筒
普通电话机
手柄前盖
话筒
话机线插口
多功能电话机
听筒
手柄

图 9-2 典型电话机的话机部分结构

2. 主机部分

电话机的主机部分主要用于拨号、振铃、通话等控制，主要由主电路板、操作电路板、电话线路插口、扬声器、连接排线以及主机前后盖等构成。

图 9-3 为典型电话机的主机部分结构。

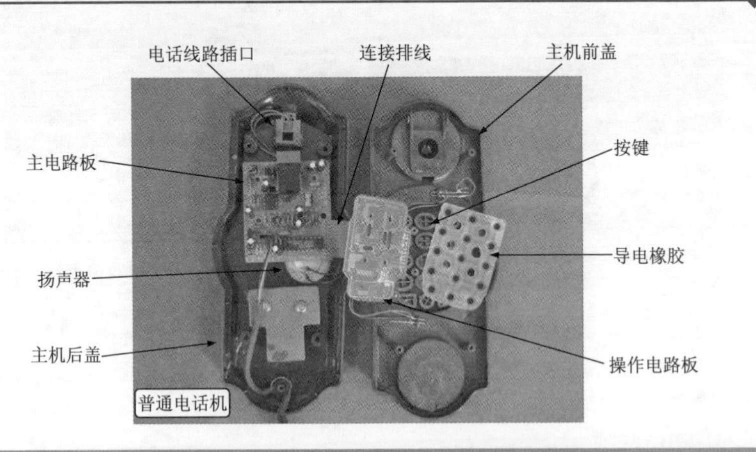
电话线路插口
连接排线
主机前盖
主电路板
按键
导电橡胶
扬声器
主机后盖
操作电路板
普通电话机

图 9-3 典型电话机的主机部分结构

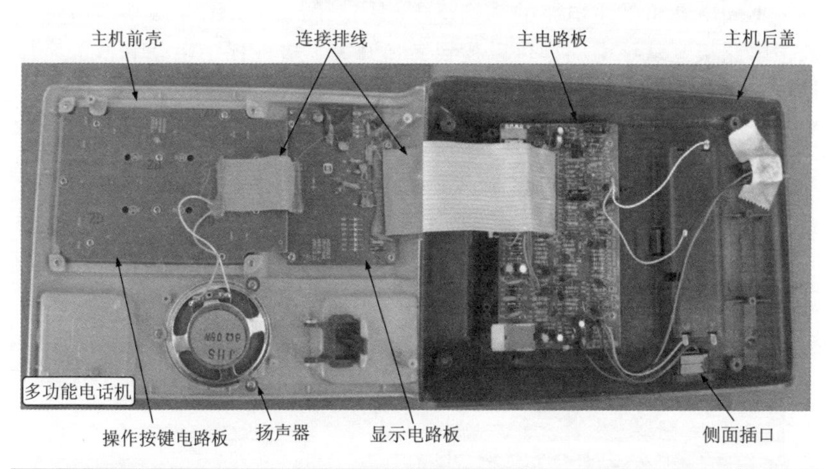
主机前壳
连接排线
主电路板
主机后盖
多功能电话机
操作按键电路板
扬声器
显示电路板
侧面插口

图 9-3 典型电话机的主机部分结构（续）

（1）主电路板

主电路板通常安装在电话机后壳上，它是电话机中的核心电路部分。电话机的大部分电路和关键元器件都安装在该电路板上，例如叉簧开关、匹配变压器、极性保护电路、振铃电路、通话电路等。图 9-4 所示为普通电话机的主电路板。在该电路板上可以找到叉簧开关、极性保护电路、拨号芯片和振铃芯片等元器件。

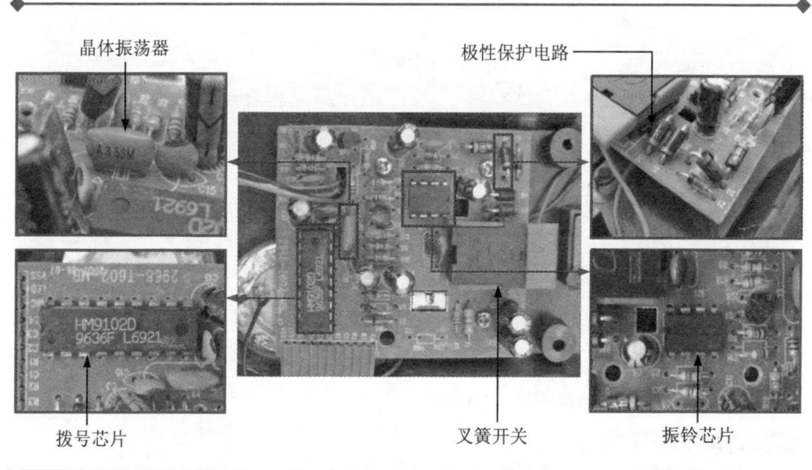
晶体振荡器
极性保护电路
HM9102D
9636F L6921
拨号芯片
叉簧开关
振铃芯片

图 9-4 普通电话机的主电路板

不同电话机的主电路的结构也不相同。图 9-5 所示为多功能电话机的主电路板。从该电路中可以找到叉簧开关、极性保护电路和匹配变压器等元器件。

极性保护电路
叉簧开关
阻抗匹配变压器
电路板之间的连接排线
主电路板

图 9-5 多功能电话机的主电路板

1）拨号电路。图 9-6 所示为典型普通电话机的拨号电路。从图中可以看到，该电路主要是由拨号芯片 IC3（HM9102D）、G1 晶体振荡器以及操作按键等电路元器件构成的。

在话机处于摘机状态下，由电话线路送来的信号经极性保护电路为拨号芯片提供启动信号，拨号芯片工作后，话机直流回路被接通，电路进入等待拨号和通话状态。在挂机状态下，拨号芯片输出低电平，使电路进入休眠状态。

2）振铃电路。振铃电路是主电路板中相对独立的一块电路单元，一般位于整个电路的前端，当有用户呼叫时，交换机产生交流振铃信号

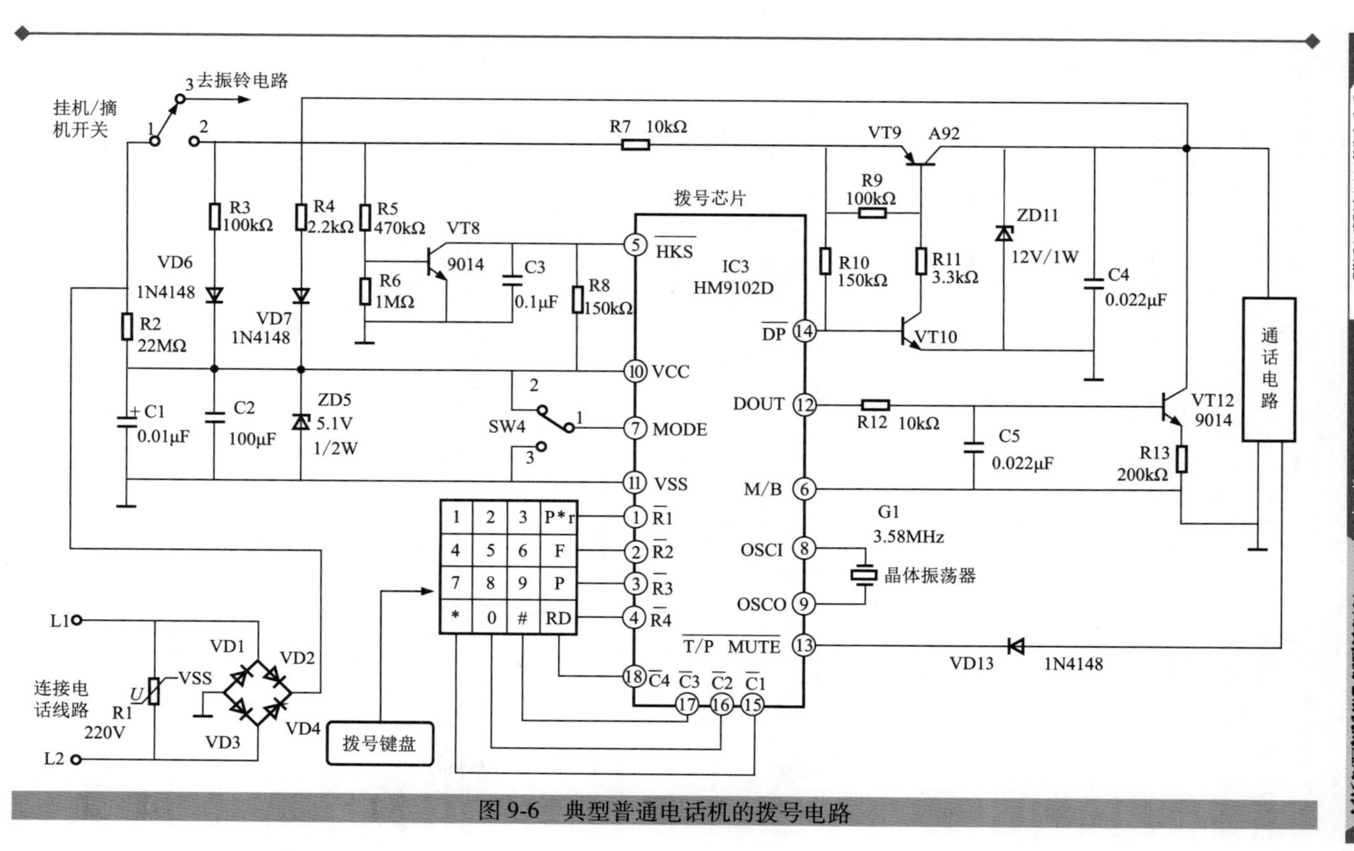
挂机/摘机开关
3去振铃电路
R7 10kΩ
VT9 A92
拨号芯片
R3 100kΩ
R4 2.2kΩ
R5 470kΩ
VT8
9014
C3
0.1μF
R8 150kΩ
R6 1MΩ
VD6
1N4148
VD7
1N4148
R2
22MΩ
HKS
IC3
HM9102D
R9
100kΩ
R10
150kΩ
R11
3.3kΩ
ZD11
12V/1W
C4
0.022μF
VT10
DP
通话电路
VCC
C1
0.01μF
C2
100μF
ZD5
5.1V
1/2W
SW4
MODE
VSS
DOUT
R12 10kΩ
C5
0.022μF
VT12
9014
R13
200kΩ
M/B
G1
3.58MHz
OSCI
晶体振荡器
OSCO
1 2 3 P*r
4 5 6 F
7 8 9 P
* 0 # RD
R1
R2
R3
R4
T/P MUTE
VD13
1N4148
C4
C3
C2
C1
L1
L2
VD1
VD2
VD3
VD4
VSS
连接电话线路
R1
220V
拨号键盘

图 9-6 典型普通电话机的拨号电路

送入振铃芯片，该芯片工作后，输出高、低交替的信号电压，推动低阻抗扬声器发出振铃声。图 9-7 所示为典型普通电话机的振铃电路。由图中可知，该电路主要是由叉簧开关 S、振铃芯片 IC1（C4003）、匹配变压器 T1、扬声器 BL 以及前级整流电路 VD1~VD4 等元器件构成的。

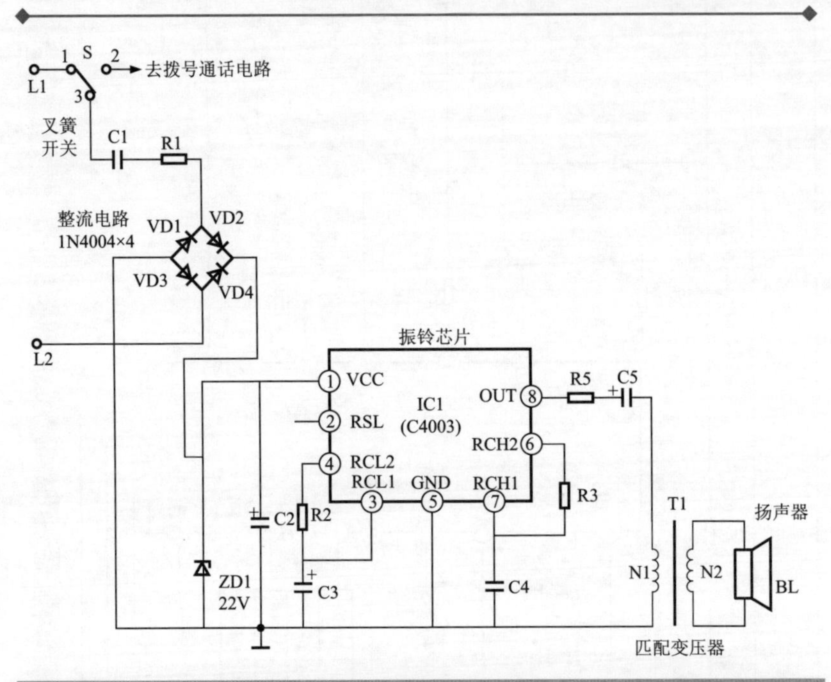
S
1
2
去拨号通话电路
L1
3
叉簧
开关
C1
R1
整流电路
1N4004×4
VD1
VD2
VD3
VD4
L2
振铃芯片
VCC
RSL
RCL2
RCL1
GND
RCH1
IC1
(C4003)
OUT
RCH2
R5
C5
R3
C2
R2
C3
C4
ZD1
22V
T1
N1
N2
扬声器
BL
匹配变压器

图 9-7 典型普通电话机的振铃电路

扫一扫看视频

3）通话电路。图 9-8 所示为典型多功能电话机的通话电路。由图中可知，该电路主要是由听筒通话集成电路 IC201（TEA1062）、话筒 BM、听筒 BE 以及外围元器件等构成的。

当用户说话时，话音信号经话筒 BM 送到听筒通话集成电路中，经放大后，输出送往外线；接听对方声音时，外线送来的话音信号送入集成电路进行放大后，送至听筒 BE 发出声音。

4）免提通话电路。免提通话电路的功能是可以使电话机在不提起话机的情况下，按下免提功能键便可以进行通话或拨号。图 9-9 所示为典型多功能电话机的免提通话电路。由图中可知，该电路主要是由免提通话集成电路（MC34018）、免提话筒 BM、扬声器 BL 以及外围元器件等构成的。

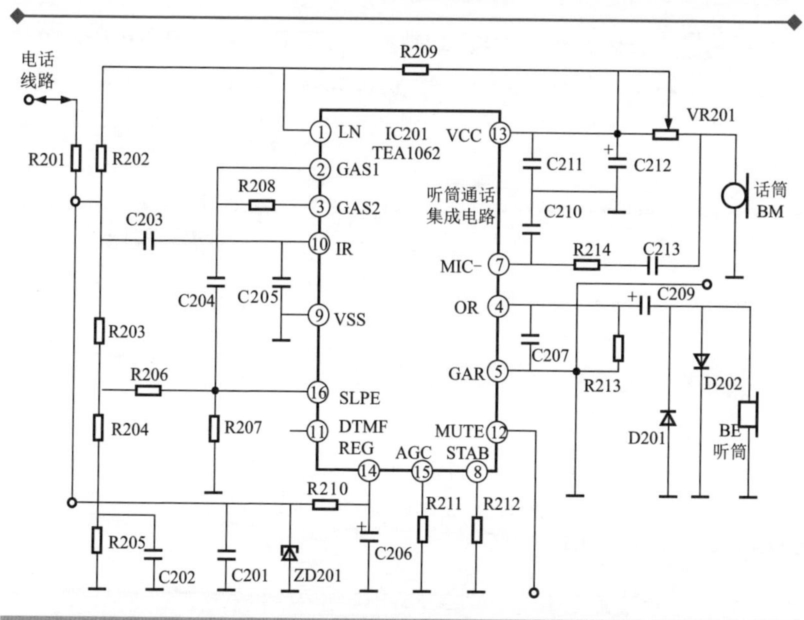
电话
线路
R209
VR201
IC201
TEA1062
LN
VCC
GAS1
GAS2
IR
VSS
SLPE
DTMF
REG
AGC
STAB
MUTE
GAR
OR
MIC-
听筒通话
集成电路
话筒
BM
听筒
BE
R201
R202
R203
R204
R205
R206
R207
R208
R210
R211
R212
R213
R214
C201
C202
C203
C204
C205
C206
C207
C209
C210
C211
C212
C213
D201
D202
ZD201

图 9-8　典型多功能电话机的通话电路

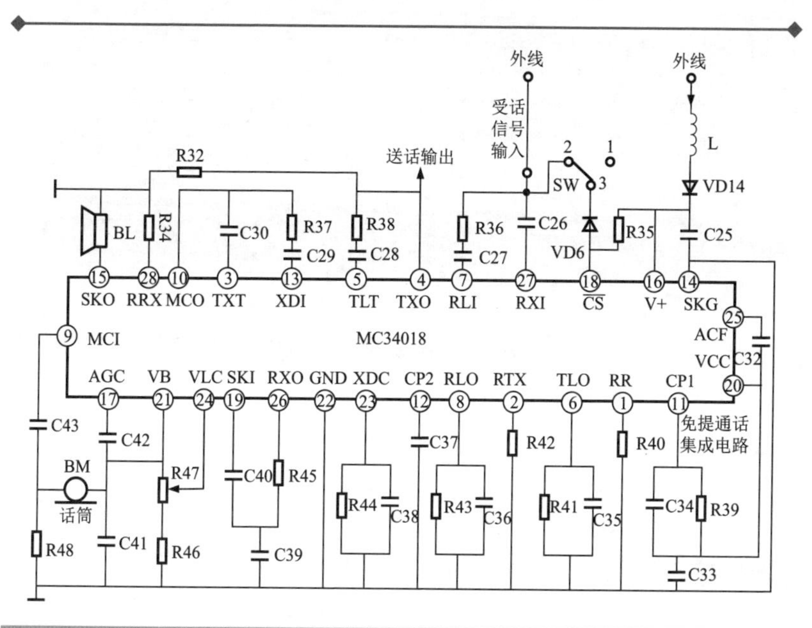
外线
外线
受话
信号
输入
送话输出
SW
L
VD14
VD6
MC34018
免提通话
集成电路
BL
BM
话筒
SKO
RRX
MCO
TXT
XDI
TLT
TXO
RLI
RXI
CS
V+
SKG
ACF
VCC
MCI
AGC
VB
VLC
SKI
RXO
GND
XDC
CP2
RLO
RTX
TLO
RR
CP1
R32
R34
R35
R36
R37
R38
R39
R40
R41
R42
R43
R44
R45
R46
R47
R48
C25
C26
C27
C28
C29
C30
C32
C33
C34
C35
C36
C37
C38
C39
C40
C41
C42
C43

图 9-9　典型多功能电话机的免提通话电路

在免提通话状态下，当用户说话时，话音信号经话筒 BM 送入免提通话集成电路中进行放大，并由该集成电路送往外线；接听对方声音时，外线送来的话音信号送入集成电路中，经其内部放大后输出，送至扬声器 BL 发出声音。

相关资料

在多功能电话机的主电路板中，除上述提到的振铃电路、听筒通话电路、免提通话电路外，还包含其他的功能电路，如较常见的极性保护电路、自动防盗电路、来电显示电路等。

（2）显示电路

图 9-10 所示为多功能电话机的显示电路的结构，该电路主要是由液晶显示屏、拨号显示芯片（显示屏下方）、晶体振荡器、连接排线以及相关外围元器件构成。

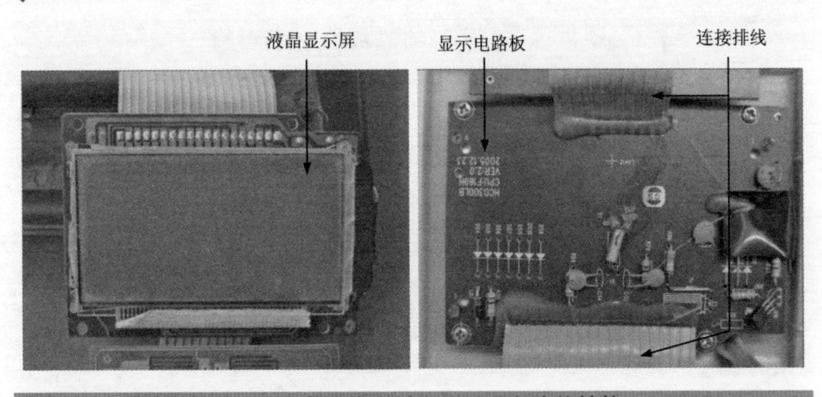
液晶显示屏
显示电路板
连接排线

图 9-10　多功能电话机的显示电路的结构

将液晶显示屏与显示电路之间的卡扣撬开，抬起显示屏可以看到，在显示屏下方，即印制电路板的引脚侧，安装有一个大规模集成电路，如图 9-11 所示，这个集成电路就是拨号显示芯片。

该芯片通过数据排线与操作电路板、液晶显示屏以及主电路板进行数据传输，如图 9-12 所示。该芯片具有拨号、显示、计时、存储等功能。

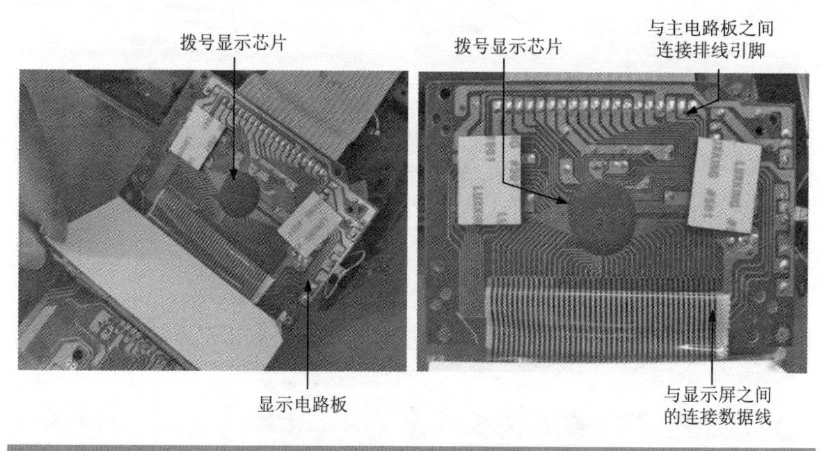
拨号显示芯片
拨号显示芯片
与主电路板之间
连接排线引脚
显示电路板
与显示屏之间
的连接数据线

图 9-11 拨号显示芯片

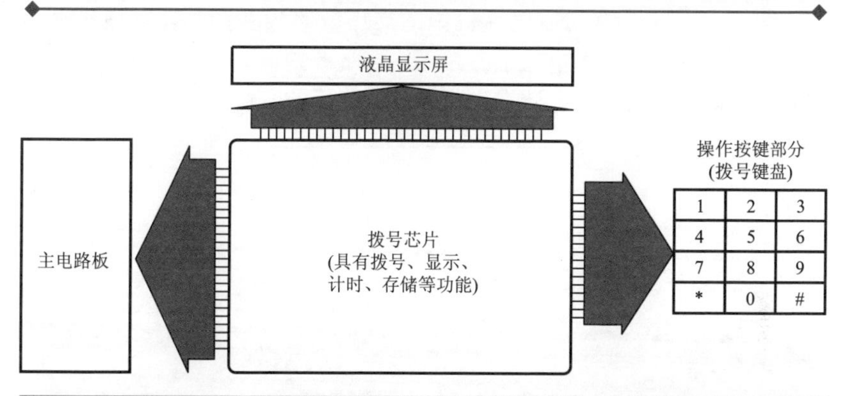
液晶显示屏
操作按键部分
(拨号键盘)
主电路板
拨号芯片
(具有拨号、显示、
计时、存储等功能)
1
2
3
4
5
6
7
8
9
*
0
#

图 9-12 拨号显示芯片与其他电路的关系

相关资料

拨号显示芯片的损坏概率很小，若损坏很难进行检修只能直接更换显示电路板。而普通电话机中的拨号芯片与多功能电话机中的不同，普通电话机没有显示屏，因此其拨号芯片不具有显示、计时等功能，并且芯片采用双列直插的方式焊接在电路板，可通过引脚电压的检测判别故障，如图 9-13 所示。

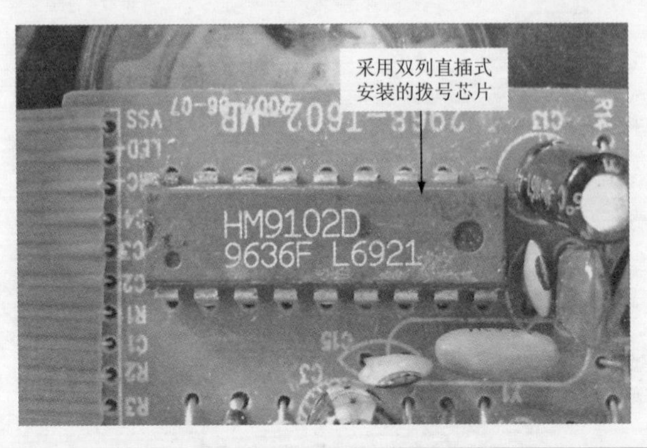
采用双列直插式
安装的拨号芯片
HM9102D
9636F L6921

图 9-13 普通电话机中的拨号芯片

（3）操作电路板

图 9-14 所示为多功能电话机中的操作电路板和扬声器，操作电路板通常安装在电话机的前盖上，在操作电路板的正面可以看到许多按键的触点，而扬声器一般安装在操作按键电路板的旁边。

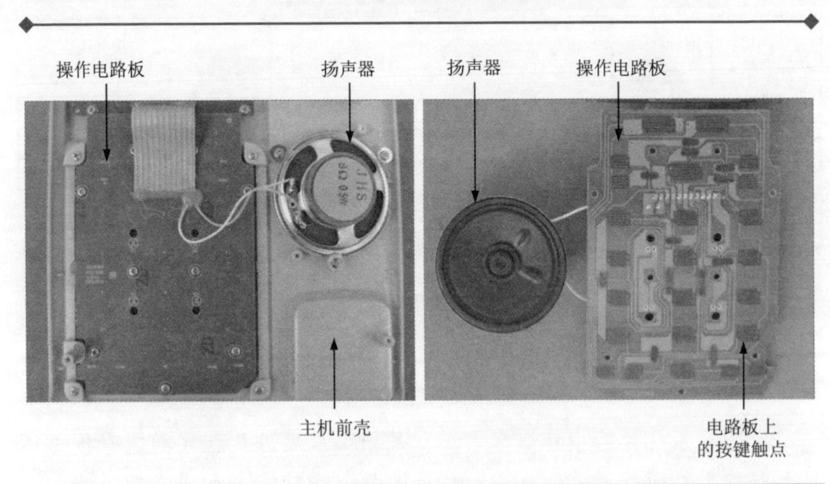
操作电路板
扬声器
扬声器
操作电路板
主机前壳
电路板上
的按键触点

图 9-14 多功能电话机中的操作电路板和扬声器

图 9-15 所示为操作电路板的结构。电话机的操作电路板主要是由操作电路板、导电橡胶和操作按键等部分构成的，用户通过按压按键即可将人工指令传递给电话机。

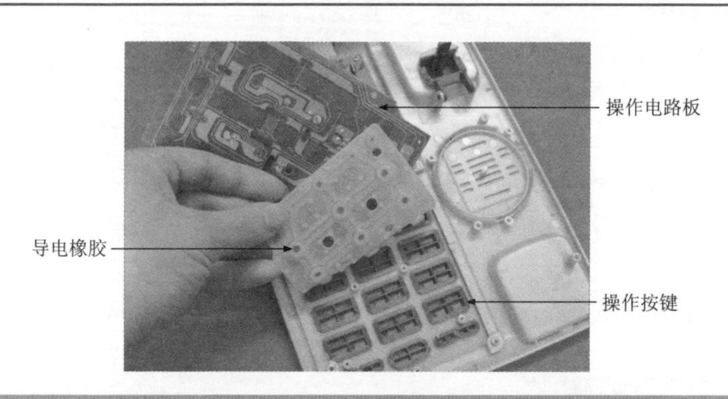
操作电路板
导电橡胶
操作按键

图 9-15　操作电路板的结构

相关资料

在有些电话机中，其操作电路和显示电路是设计在一块电路板上的，称为操作显示电路板，如图 9-16 所示为无绳子母电话机中的操作显示电路板。

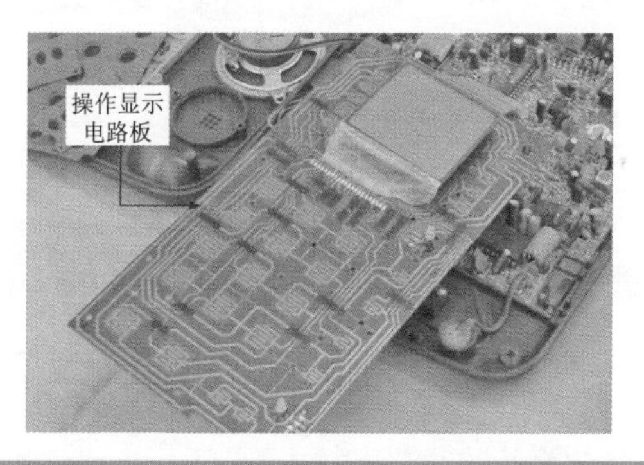
操作显示
电路板

图 9-16　无绳子母电话机中的操作显示电路板

9.1.2　电话机的工作原理

1. 拨号电路信号流程

图 9-17 所示为典型多功能电话机中的拨号电路信号流程。该电路是以拨号芯片 IC6（KA2608）为核心的电路单元，该芯片是一种多功能

芯片，其内部包含有拨号控制、时钟及计时等功能。

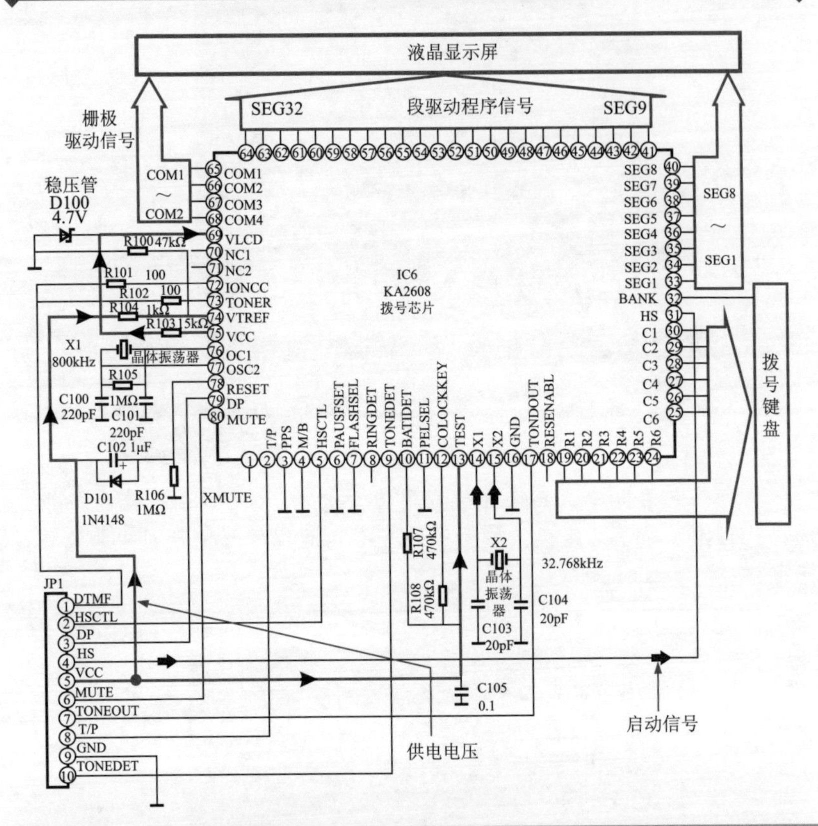

图 9-17 典型多功能电话机中的拨号电路信号流程

由图中可知，拨号芯片 IC6（KA2608）的㉝脚~㊳脚为液晶显示器的控制信号输出端，为液晶屏提供显示驱动信号；69脚外接的 D100 为 4.7V 的稳压管，为液晶屏提供一个稳定的工作电压；⑭脚、⑮脚外接晶体 X2、谐振电容 C103 和 C104 构成时钟振荡电路，为芯片提供时钟信号。

IC6（KA2608）的⑲脚~㉚脚与操作按键电路板相连，组成 6×6 键盘信号输入电路，用于接收拨号指令或其他功能指令。

另外，IC6（KA2608）的㉛脚为启动端，该端经插件 JP1 的④脚与主电路板相连，用于接收主电路板送来的启动信号（电平触发）。

JP1为拨号芯片与主电路板连接的接口插件，各种信号及电压的传输都是通过该插件进行的，例如主电路板送来的5V供电电压，经JP1的⑤脚后，分为两路，一路直接送往IC6芯片的⑬脚，为其提供足够的工作电压；另一路经R104加到芯片IC6的㉔脚，经内部稳压处理，从其㉕脚输出，经R103、D100后为显示屏提供工作电压。

除此之外，IC6芯片的㉗脚、㉖脚和晶体振荡器X1（800kHz）、R105、C100、C101组成拨号振荡电路，工作状态由㉛脚的启动电路进行控制。

2. 振铃电路信号流程

图9-18所示为典型多功能电话机振铃电路信号的流程。

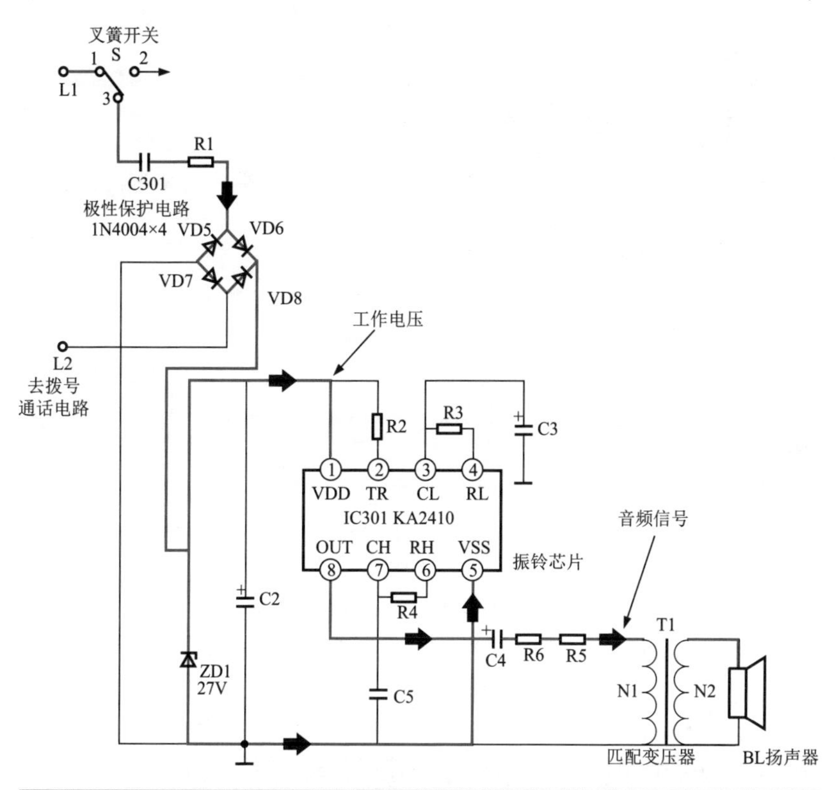
叉簧开关
S
1
2
3
L1
R1
C301
极性保护电路
1N4004×4
VD5
VD6
VD7
VD8
L2
去拨号
通话电路
工作电压
R2
R3
C3
VDD TR CL RL
IC301 KA2410
OUT CH RH VSS
振铃芯片
音频信号
C2
R4
ZD1
27V
C5
C4
R6
R5
T1
N1
N2
匹配变压器
BL扬声器

图9-18 典型多功能电话机的振铃电路信号流程

当有用户呼叫时，交换机产生交流振铃信号经过外线（L1、L2）送入电路中。在未摘机时，叉簧开关触点接在1→3触点上，振铃信号经电容器C301后耦合到振铃电路中，再经限流电阻器R1、极性保护电路VD5~VD8、C2滤波以及ZD1稳压后，加到振铃芯片IC301的①脚、⑤脚，为其提供工作电压。

当IC301获得工作电压后，其内部振荡器起振，由一个超低频振荡器控制一个音频振荡器，并经放大后由⑧脚输出音频信号，经耦合电容C4、R6后，由匹配变压器T1耦合至扬声器发出铃声。

相关资料

极性保护电路VD5~VD8的结构与桥式整流电路相同，在该类电路中其作用主要是将极性不稳定的直流电压变为稳定的直流电压，其原理与桥式整流电路不同。

3. 通话电路信号流程

图9-19所示为典型普通电话机中通话电路的受话电路部分。从图中可以看出，该电路主要是由两级直接耦合放大器（VT6、VT7）、听筒BE以及外围元器件构成的。

通话时，外线上的高电位经R17加到VT7的基极，为VT6、VT7提供直流偏压，使之处于放大状态。此时，来自用户电话线上的话音信号经输入电路后，由电容器C7耦合到晶体管VT6基极，经VT6、VT7两级放大后送到听筒，由听筒将该电信号还原为声音信号，发出声音。

该电路中，R16、VD5组成自动音量调节电路，当话机的距离较近时，线路电阻减小，供电电流增大，电路中R15前端A点的电压上升，使VD5导通，R16对话音信号分流，避免受话量过大；当话机距离较远时，线路电阻增大，供电电流减小，A点电压降低，VD5截止，R16不对话音信号进行分流，使受话音量不会过低，从而达到自动音量调节的目的。

图9-20所示为典型普通电话机中通话电路的送话电路部分。从图中可以看出，该电路主要是由两级直接耦合放大器（VT1、VT4）、话筒BM以及外围元器件构成的。

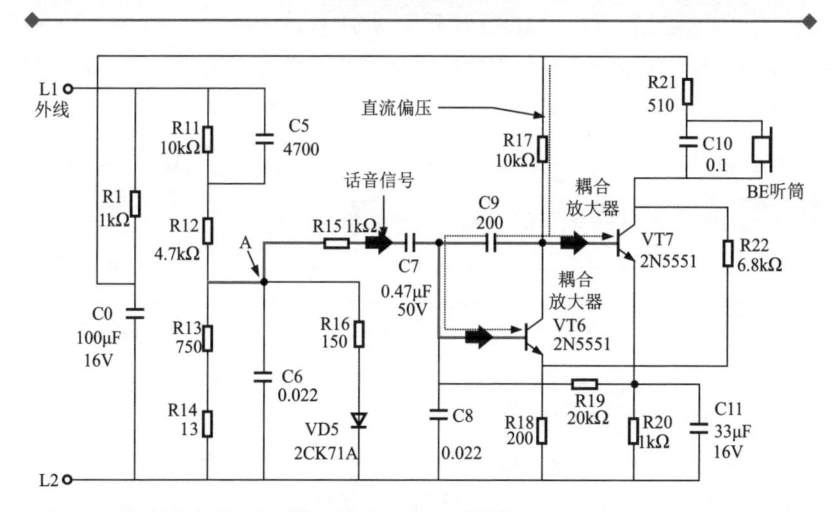
L1
外线
L2
R1
1kΩ
C0
100μF
16V
R11
10kΩ
R12
4.7kΩ
R13
750
R14
13
C5
4700
A
C6
0.022
R16
150
VD5
2CK71A
R15 1kΩ
话音信号
C7
0.47μF
50V
C8
0.022
C9
200
直流偏压
R17
10kΩ
耦合
放大器
VT6
2N5551
VT7
2N5551
R18
200
R19
20kΩ
R20
1kΩ
R21
510
C10
0.1
BE听筒
R22
6.8kΩ
C11
33μF
16V

图 9-19　典型普通电话机中通话电路的受话电路部分

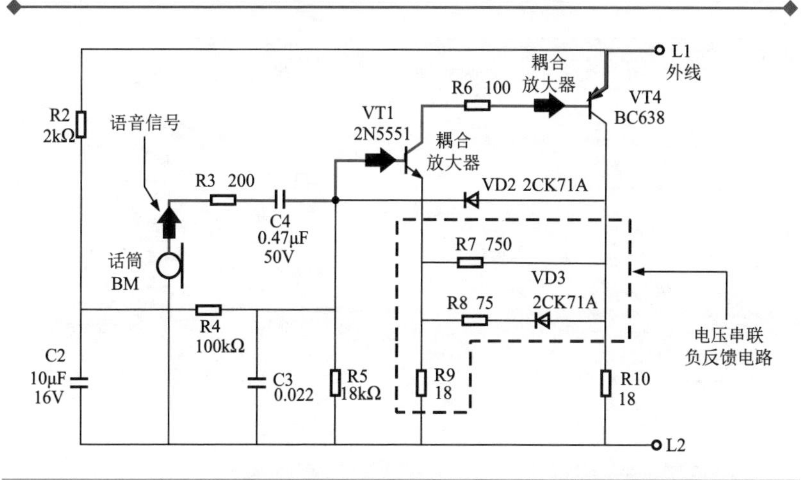
R2
2kΩ
语音信号
R3 200
C4
0.47μF
50V
话筒
BM
R4
100kΩ
C2
10μF
16V
C3
0.022
R5
18kΩ
VT1
2N5551
耦合
放大器
R6 100
VT4
BC638
L1
外线
VD2 2CK71A
R7 750
VD3
R8 75
2CK71A
R9
18
R10
18
电压串联
负反馈电路
L2

图 9-20　典型普通电话机中通话电路的送话电路部分

声音信号经话筒后转换为电信号，经电阻器 R3、电容器 C4 耦合至放大器 VT1 基极，经 VT1、VT4 两级放大后，由 VT4 发射极输出，送至外线路中。同时外线路 L1 端又是放大器的供电电源。

该电路中，R9 和 R8、R7、VD3 构成电压串联负反馈电路，具有自动音量控制功能。当话筒输出的信号很强时，VD3 导通，负反馈信号加强，使输出减小；当输出信号较弱时，VD3截止，负反馈信号减弱，使输出信号不会减小很多，从而使输出信号基本稳定，起到自动音量控制的作用。

9.2 万用表检测电话机

9.2.1 万用表检测电话机的听筒

电话机中的听筒作为电话机的声音输出设备，它将电信号还原成声音信号，当听筒出现故障时，会引起电话机出现受话不良的故障。

使用万用表检测时，可通过检测听筒的阻值，来判断听筒是否损坏。

万用表检测听筒的方法如图9-21所示。

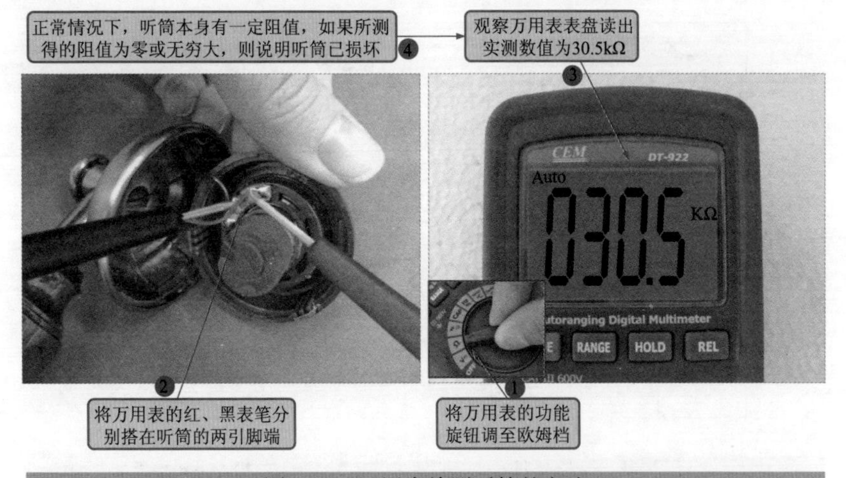

正常情况下，听筒本身有一定阻值，如果所测得的阻值为零或无穷大，则说明听筒已损坏
4
观察万用表表盘读出实测数值为30.5kΩ
3
CEM
DT-922
Auto
030.5
KΩ
Autoranging Digital Multimeter
RANGE
HOLD
REL
2
1
将万用表的红、黑表笔分别搭在听筒的两引脚端
将万用表的功能旋钮调至欧姆档

图9-21 万用表检测听筒的方法

要点说明

如果听筒性能良好，在检测时，用万用表的一只表笔接在听筒的一个端子上，当另一只表笔触碰听筒的另一个端子时，听筒会发出“咔咔”声，如果听筒损坏，则不会有声音发出。

9.2.2 万用表检测电话机的话筒

电话机中的话筒作为电话机的声音输入设备，它将声音信号变成电信号，送到电话机的内部电路，经内部电路处理后送往外线。当话筒出现故障时，会引起电话机出现送话不良的故障。

使用万用表检测时，可通过检测话筒的阻值，判断话筒是否正常。

万用表检测话筒的方法如图9-22所示。

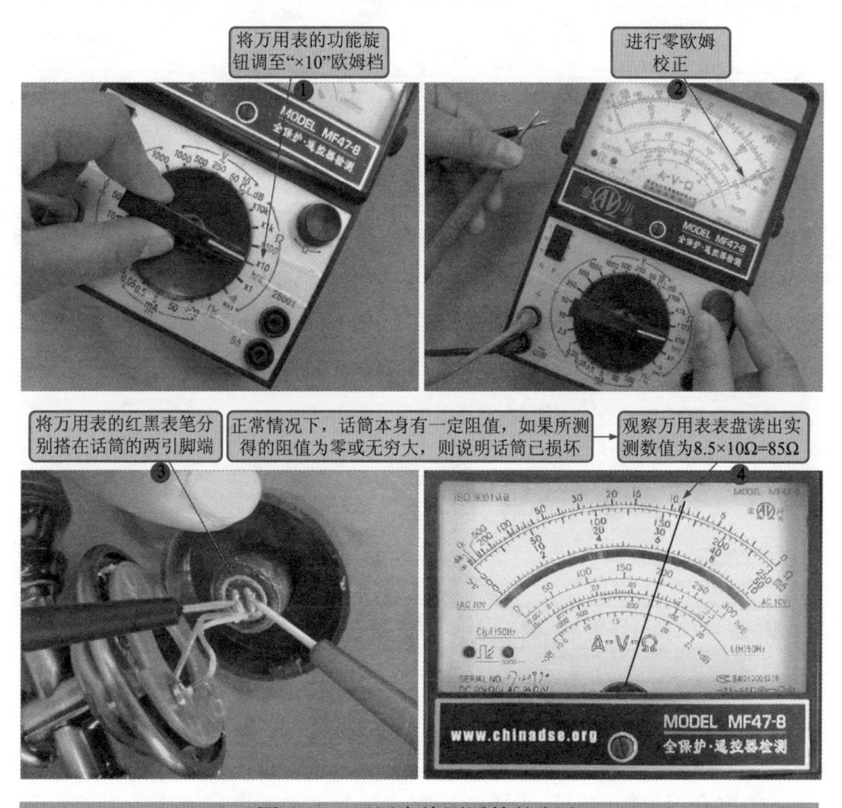
将万用表的功能旋钮调至“×10”欧姆档
进行零欧姆校正
将万用表的红黑表笔分别搭在话筒的两引脚端
正常情况下，话筒本身有一定阻值，如果所测得的阻值为零或无穷大，则说明话筒已损坏
观察万用表表盘读出实测数值为8.5×10Ω=85Ω
MODEL MF47-8
全保护·遥控器检测
www.chinadse.org

图9-22 万用表检测话筒的方法

9.2.3 万用表检测电话机的扬声器

电话机中的扬声器一般作为电铃使用。当扬声器出现故障时，会引起电话机无响铃的故障。

使用万用表检测时，可通过检测扬声器两电极间的阻值，判断扬声器是否正常。

万用表检测扬声器的方法如图 9-23 所示。

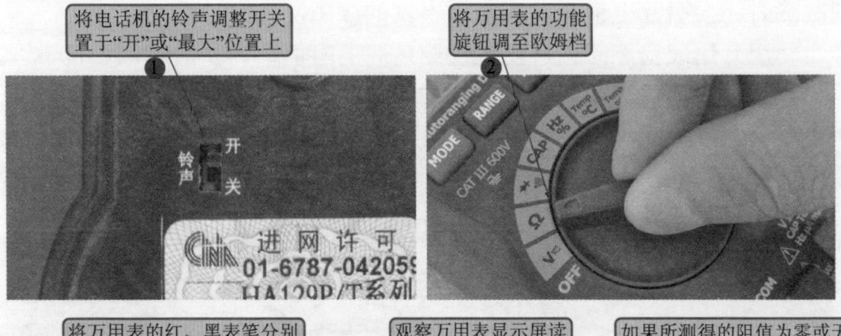

将电话机的铃声调整开关置于“开”或“最大”位置上
①
将万用表的功能旋钮调至欧姆档
②
开
铃声
关
进网许可
MODE
RANGE
CAT III 600V
OFF

将万用表的红、黑表笔分别搭在扬声器的两电极端
③

观察万用表显示屏读出实测数值为7.5kΩ
如果所测得的阻值为零或无穷大，则说明扬声器已损坏
④
CEM
DT-922
Auto
007.5
KΩ
Autoranging Digital Multimeter
MODE
RANGE
HOLD
REL
CAT III 600V

图 9-23　万用表检测扬声器的方法

9.2.4　万用表检测电话机的叉簧开关

叉簧开关就是常说的挂机键，它是一种机械开关，用于实现通话电路和振铃电路与外线的接通、断开转换功能的器件。若叉簧开关损坏，将会引起电话机出现无法接通电话或电话总处于占线状态。

使用万用表检测时，可通过检测叉簧开关通、断状态下的阻值，判断叉簧开关是否损坏。

万用表检测叉簧开关的方法如图 9-24 所示。

正常情况下，叉簧开关在摘机状态下，①脚、③脚间的阻值为 0Ω，①脚、②脚间阻值为无穷大；在挂机状态下，①脚、③脚间的阻值为无穷大，①脚、②脚间阻值为 0Ω。

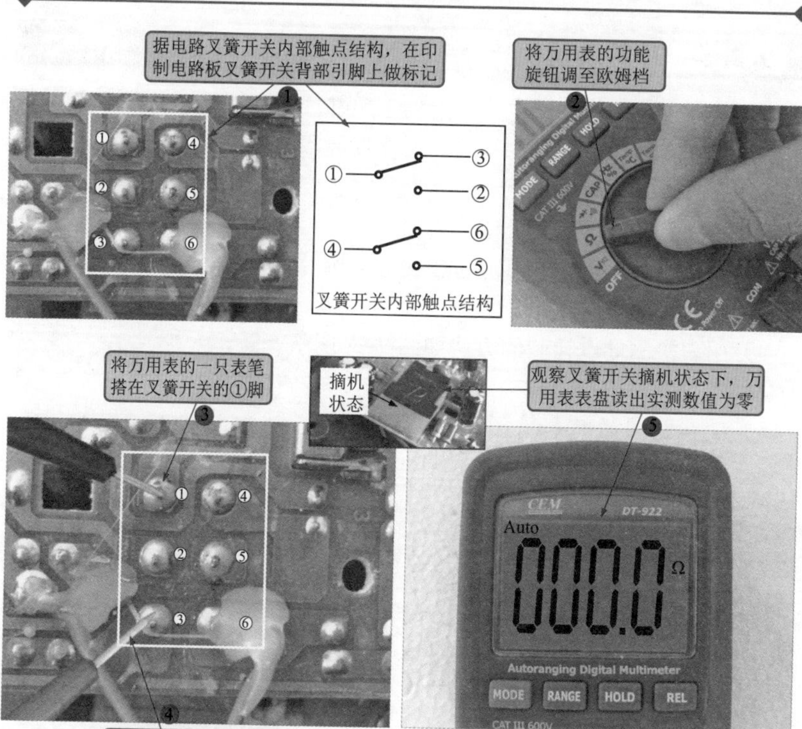

据电路叉簧开关内部触点结构，在印制电路板叉簧开关背部引脚上做标记
1
①
②
③
④
⑤
⑥
叉簧开关内部触点结构
将万用表的功能旋钮调至欧姆档
2
将万用表的一只表笔搭在叉簧开关的①脚
3
摘机状态
观察叉簧开关摘机状态下，万用表表盘读出实测数值为零
5
Auto
000.0
Ω
Autoranging Digital Multimeter
MODE
RANGE
HOLD
REL
4
将万用表的另一只表笔搭在叉簧开关的③脚

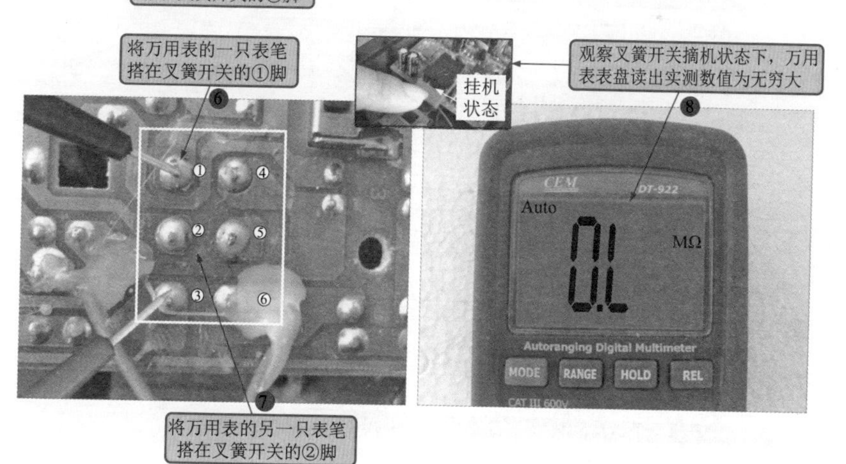

将万用表的一只表笔搭在叉簧开关的①脚
6
挂机状态
观察叉簧开关摘机状态下，万用表表盘读出实测数值为无穷大
8
Auto
0.L
MΩ
Autoranging Digital Multimeter
MODE
RANGE
HOLD
REL
7
将万用表的另一只表笔搭在叉簧开关的②脚

图 9-24 万用表检测叉簧开关的方法

9.2.5 万用表检测电话机的导电橡胶

导电橡胶是操作按键电路板上的主要部件，有弹性胶垫的一侧与操作按键相连，有导电圆片的一侧与操作按键印制电路板相连，每一个导电圆片对应印制板上的接点。当其损坏时，将引起电话机出现拨号、控制失灵的故障。

使用万用表检测时，可通过检测导电圆片任意两点间的阻值，判断导线橡胶是否损坏。

万用表检测导电橡胶的方法如图 9-25 所示。

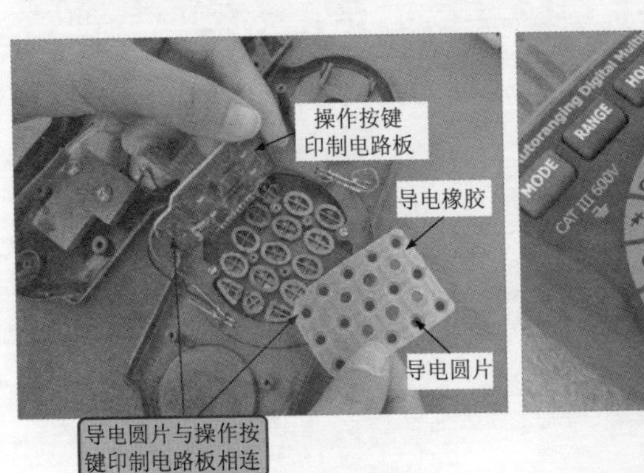
操作按键
印制电路板
导电橡胶
导电圆片
导电圆片与操作按键印制电路板相连

MODE
RANGE
HOLD
CAP
CAT III 600V
Ω
OFF
COM
1
将万用表的量程调整至欧姆档

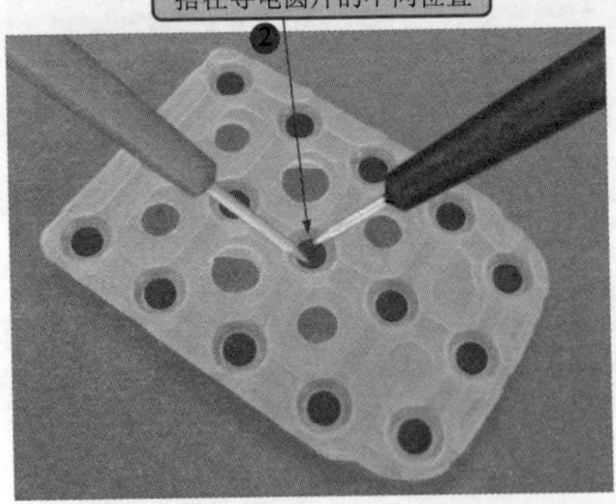
将万用表的红、黑表笔分别搭在导电圆片的不同位置
2

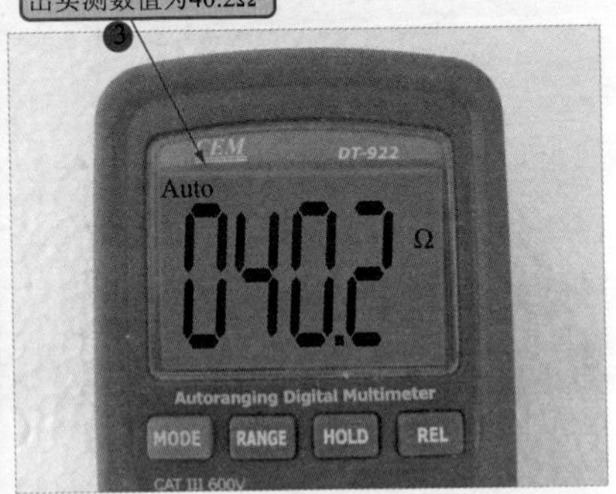
观察万用表显示屏读出实测数值为40.2Ω
3
DT-922
Auto
040.2
Ω
Autoranging Digital Multimeter
MODE
RANGE
HOLD
REL
CAT III 600V

图 9-25　万用表检测导电橡胶的方法

若经检测导电圆片任意两点间的电阻值大于 200Ω 时，说明导电圆片已失效。

9.2.6 万用表检测电话机的拨号芯片

拨号芯片是拨号电路中的核心器件，它是实现将操作按键的输入信号转换为交换机可识别的直流脉冲信号（DP）或双音频信号（DTMF）的关键部件。

检测拨号芯片时，首先需要了解拨号芯片各引脚功能，然后在通电状态下检测其关键引脚的参数值，例如供电电压、启动端的高低电平变化等。图 9-26 所示为拨号芯片 HM9102D 的引脚功能图。

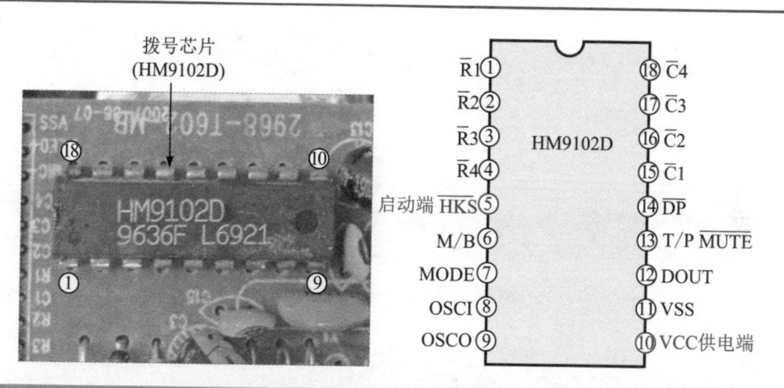
拨号芯片
(HM9102D)
HM9102D
9636F L6921
⑱
⑩
①
⑨
R̄1①
R̄2②
R̄3③
R̄4④
启动端 H̄K̄S̄⑤
M/B⑥
MODE⑦
OSCI⑧
OSCO⑨
HM9102D
⑱C̄4
⑰C̄3
⑯C̄2
⑮C̄1
⑭D̄P̄
⑬T/P M̄ŪT̄Ē
⑫DOUT
⑪VSS
⑩VCC供电端

图 9-26　拨号芯片 HM9102D 的引脚功能图

1）使用万用表检测拨号芯片 HM9102D 的⑩脚供电电压。将万用表调至直流 10V 电压档，黑表笔搭在接地端（⑪脚），红表笔搭在供电端（⑩脚），正常情况下，拨号芯片 HM9102D 的⑩脚供电电压应为 2～5.5V，如图 9-27 所示。

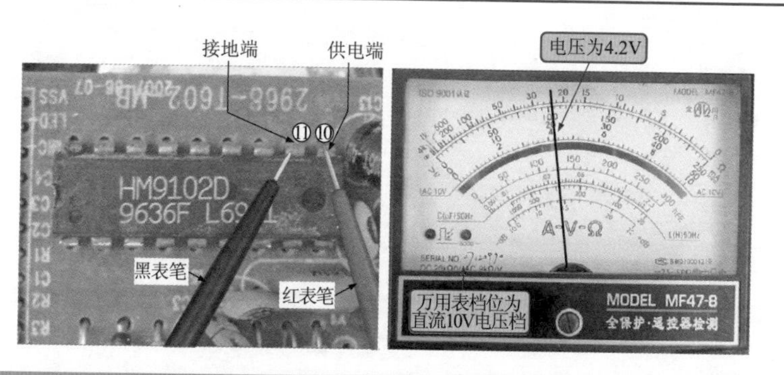
接地端
供电端
⑪⑩
HM9102D
黑表笔
红表笔
电压为4.2V
万用表档位为
直流10V电压档
MODEL MF47-8
全保护·遥控器检测

图 9-27　检测拨号芯片的供电电压

2）使用万用表对拨号芯片 HM9102D⑤脚输入的高、低电平变化量进行检测。将万用表调至直流 50V 电压档，黑表笔搭在接地端（⑪脚），红表笔搭在启动端（⑩脚），在挂机状态下，⑤脚为低电平；在摘机状态下，⑤脚为高电平，如图 9-28 所示。

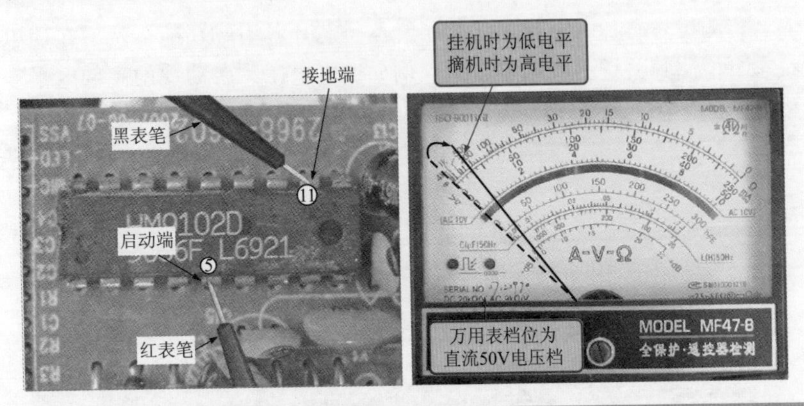
接地端
黑表笔
启动端
红表笔
HM9102D
⑪
⑤
挂机时为低电平
摘机时为高电平
万用表档位为
直流50V电压档
MODEL MF47-8
全保护·遥控器检测
A-V-Ω

图 9-28 检测拨号芯片的启动端电压变化量

3）使用万用表对拨号芯片 HM9102D 各引脚对地阻值进行检测。将万用表的功能旋钮调至“×1k”欧姆档，黑表笔搭在接地端（⑪脚），红表笔搭在芯片各引脚上，可检测出芯片各引脚的正向对地阻值，将红、黑表笔对换，红表笔搭在接地端（⑪脚），黑表笔搭在芯片各引脚上，可检测出芯片各引脚的反向对地阻值，如图 9-29 所示。

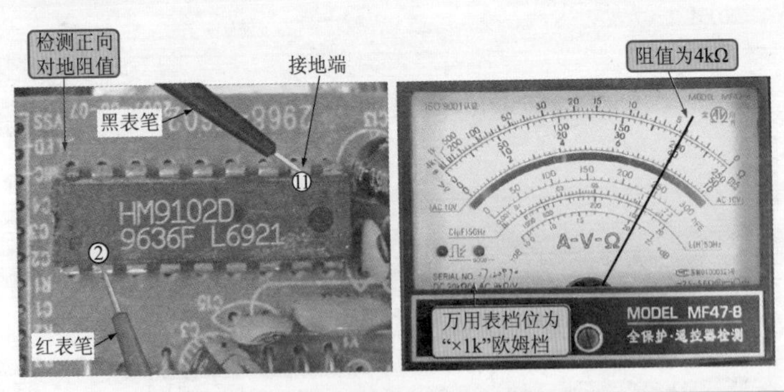
检测正向
对地阻值
接地端
黑表笔
HM9102D
9636F L6921
⑪
②
红表笔
阻值为4kΩ
万用表档位为
“×1k”欧姆档
MODEL MF47-8
全保护·遥控器检测
A-V-Ω

图 9-29 检测拨号芯片各引脚的对地阻值

拨号芯片 HM9102D 各引脚对地阻值，见表 9-1。若芯片的各引脚对地阻值与正常值偏差较大，并且供电电压正常，说明该芯片已损坏，需要对其进行更换。

表 9-1 拨号芯片 HM9102D 各引脚的对地阻值

引脚号	正向对地阻值（黑表笔接地）/kΩ	反向对地阻值（红表笔接地）/kΩ	引脚号	正向对地阻值（黑表笔接地）/kΩ	反向对地阻值（红表笔接地）/kΩ
①	4	3.5	⑩	3.5	7.5
②	4	3.5	⑪	0	0
③	4.5	3.5	⑫	4.5	0
④	4.5	3.5	⑬	1	0.5
⑤	4.5	1	⑭	5	∞
⑥	0	0	⑮	4.5	9
⑦	0	0	⑯	5	9
⑧	4.5	3.5	⑰	4.5	9
⑨	5	7.5	⑱	4.5	9

相关资料

多功能电话机中的拨号芯片多采用大规模集成电路，对该类电路进行检测时，由于无法准确确认其引脚，一般可通过检测拨号芯片与其他电路板连接的排线引脚进行检测来判断。图 9-30 所示为排线引脚的检测点。

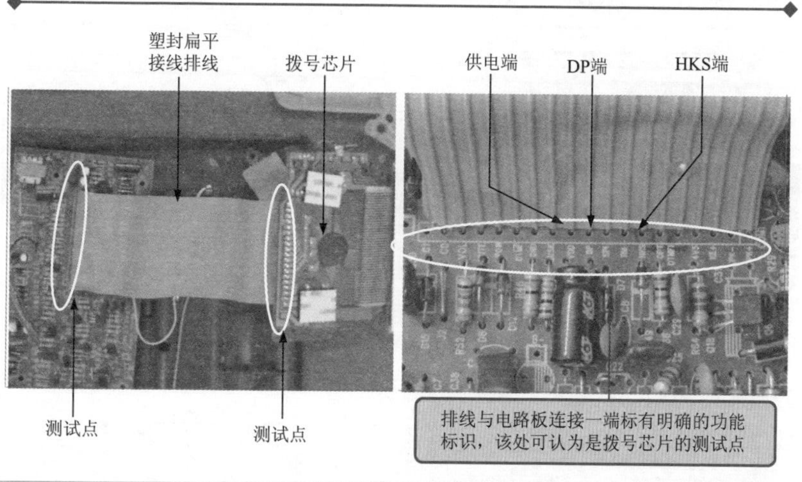
塑封扁平
接线排线
拨号芯片
供电端
DP端
HKS端
测试点
测试点
排线与电路板连接一端标有明确的功能标识，该处可认为是拨号芯片的测试点

图 9-30 排线引脚的检测点

将万用表的功能旋钮调至直流 10V 电压档，黑表笔搭在接地端，红表笔搭在供电端，正常情况下，拨号芯片供电电压应为 3.6V，如图 9-31 所

示。其 DP 端电压为 0.35V、HKS 端电压为 2.5V。

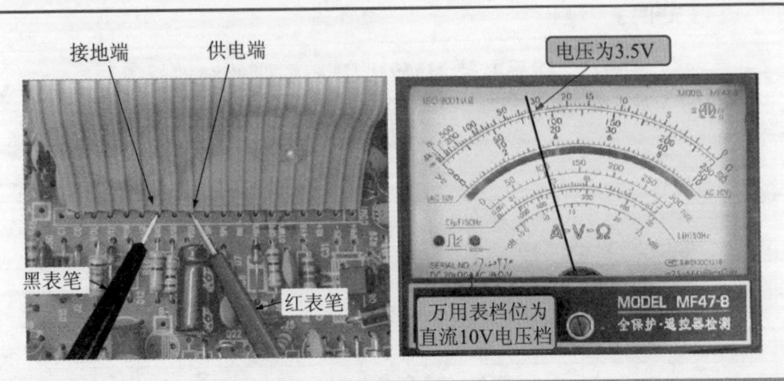
接地端
供电端
电压为3.5V
黑表笔
红表笔
万用表档位为直流10V电压档
MODEL MF47-8
全保护·遥控器检测
A-V-Ω

图 9-31　检测供电端电压

9.2.7　万用表检测电话机的振铃芯片

振铃芯片的作用是当外线电话线传来信号时驱动外接扬声器发声。当振铃芯片出现故障时，会引起电话机来电无振铃的故障。

使用万用表检测时，可通过检测振铃芯片各引脚电压，判断振铃芯片是否损坏。

万用表检测振铃芯片的方法如图 9-32 所示。

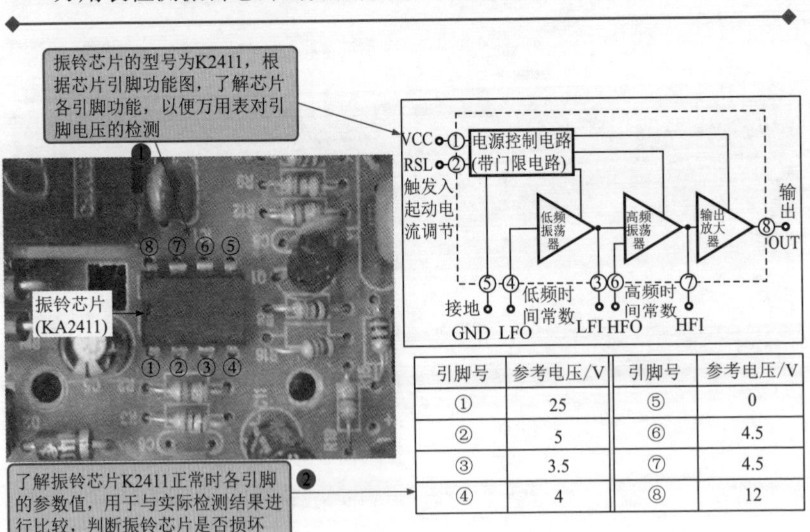
振铃芯片的型号为K2411，根据芯片引脚功能图，了解芯片各引脚功能，以便万用表对引脚电压的检测
1
⑧ ⑦ ⑥ ⑤
振铃芯片(KA2411)
① ② ③ ④
了解振铃芯片K2411正常时各引脚的参数值，用于与实际检测结果进行比较，判断振铃芯片是否损坏
2
VCC ①
RSL ②
触发入起动电流调节
电源控制电路(带门限电路)
低频振荡器
高频振荡器
输出放大器
⑧ 输出 OUT
⑤ 接地 GND
④ 低频时间常数 LFO
③ LFI
⑥ 高频时间常数 HFO
⑦ HFI

引脚号	参考电压/V	引脚号	参考电压/V
①	25	⑤	0
②	5	⑥	4.5
③	3.5	⑦	4.5
④	4	⑧	12

图 9-32　万用表检测振铃芯片的方法

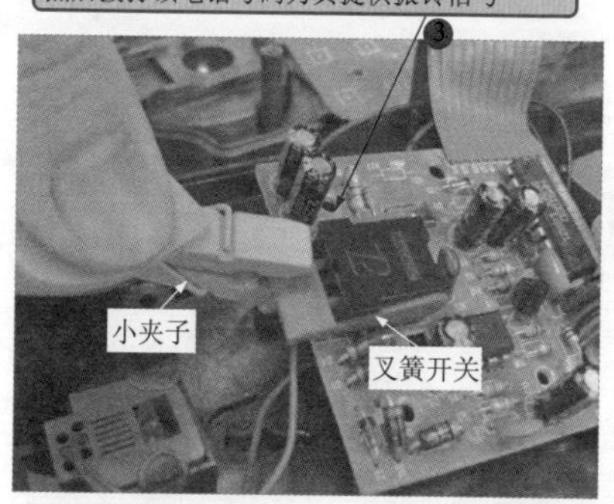
用小夹子夹住叉簧开关，使其处于挂机状态，然后拨打该电话号码为其提供振铃信号
3
小夹子
叉簧开关

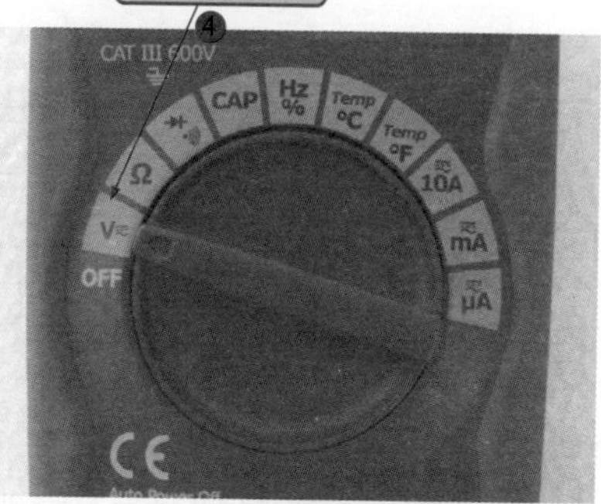
将万用表的功能旋钮调至电压档
4
CAT III 600V
CAP
Hz
%
Ω
V
OFF
10A
mA
μA

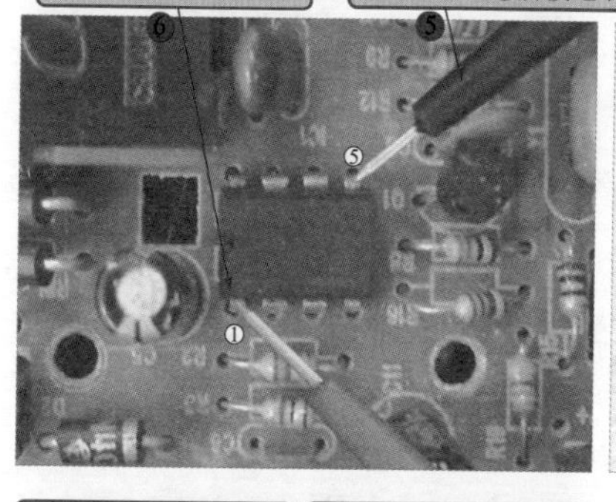
将万用表的红表笔搭在振铃芯片的①脚供电端
将万用表的黑表笔搭在振铃芯片的⑤脚接地端
6
5
⑤
①

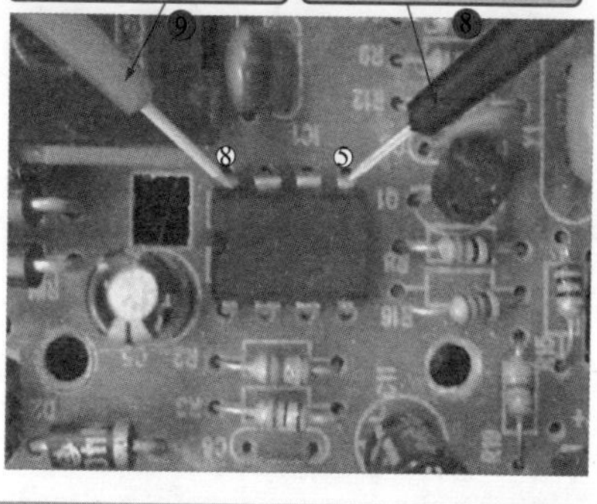
将万用表的红表笔搭在振铃芯片的⑧脚输出端
将万用表的黑表笔搭在振铃芯片的⑤脚接地端
9
8
⑧
⑤

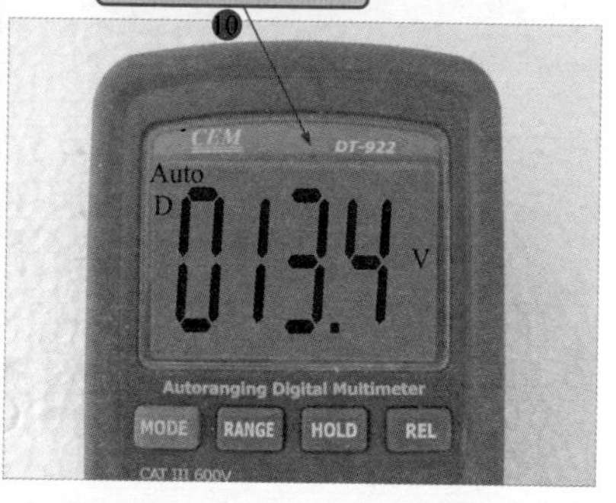
观察万用表显示屏读出实测数值为直流26.1V
7
观察万用表显示屏读出实测数值为直流13.4V
10
CEM
DT-922
Auto
013.4
V
Autoranging Digital Multimeter
MODE
RANGE
HOLD
REL

图 9-32　万用表检测振铃芯片的方法（续）

若振铃芯片输入电压正常，而无输出，则说明振铃芯片损坏；若实际检测各引脚电压与参考值偏差较大，则多为振铃芯片本身损坏。

第 10 章 万用表检测吸尘器的应用实例

10.1 吸尘器的特点

10.1.1 吸尘器的结构组成

吸尘器是借助吸气作用吸走灰尘或干的污物（如线、纸屑、头发等）的清洁电器。

图 10-1 为典型吸尘器的结构。

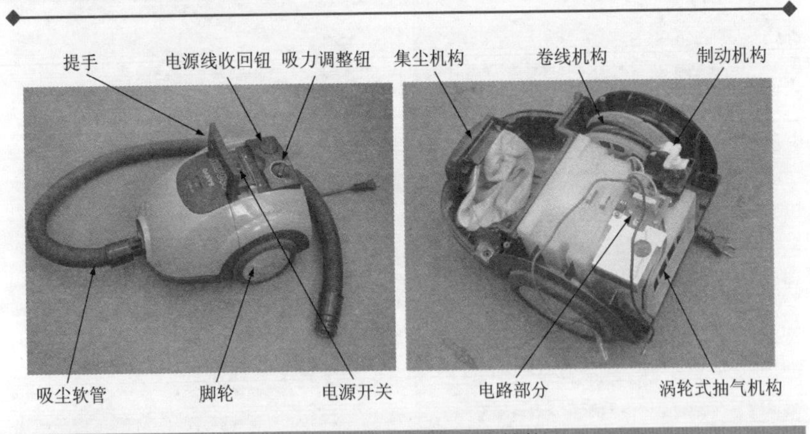

提手
电源线收回钮
吸力调整钮
集尘机构
卷线机构
制动机构
吸尘软管
脚轮
电源开关
电路部分
涡轮式抽气机构

图 10-1 典型吸尘器的结构

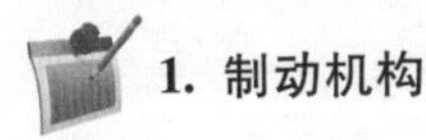

1. 制动机构

吸尘器的制动机构是用于辅助卷线机构进行卷线工作的部件，该机构主要是由制动轮、制动杠杆、制动弹簧等构成。

图 10-2 为典型吸尘器的制动机构。

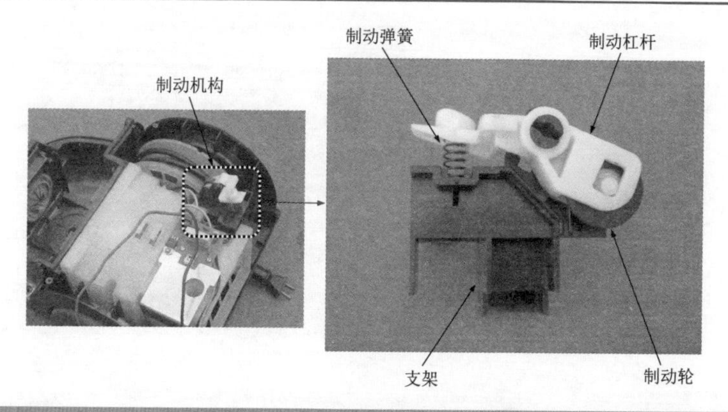
制动机构
制动弹簧
制动杠杆
支架
制动轮

图 10-2　典型吸尘器的制动机构

2. 卷线机构

图 10-3 为典型吸尘器的卷线机构。卷线机构是用于收卷电源线的部件，可以使吸尘器的外观更加美观，该机构主要由电源触片、摩擦轮、轴杆、护盖、螺旋弹簧、电源线等构成。

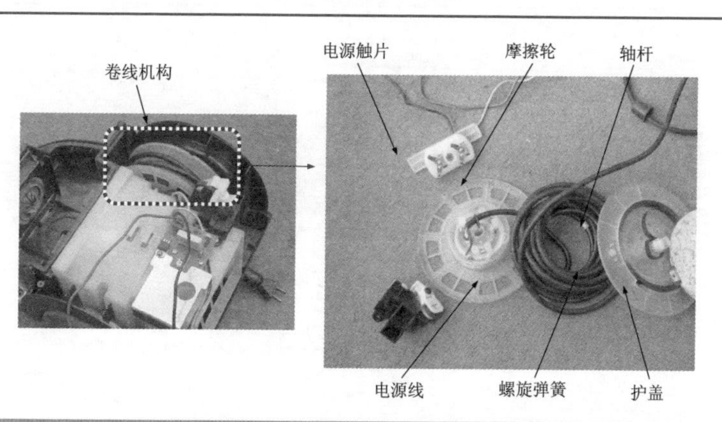
卷线机构
电源触片
摩擦轮
轴杆
电源线
螺旋弹簧
护盖

图 10-3　典型吸尘器的卷线机构

3. 集尘机构

图 10-4 为典型吸尘器的集尘机构。集尘机构主要用于存放吸尘器吸进的污物，该机构主要由吸风口、密封条、集尘室、集尘袋等构成。

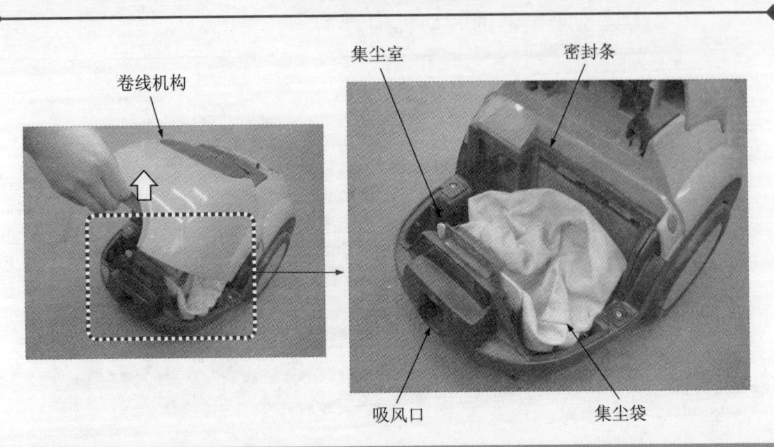
卷线机构
集尘室
密封条
吸风口
集尘袋

图 10-4 典型吸尘器的集尘机构

4. 涡轮式抽气机构

图 10-5 为典型吸尘器的涡轮式抽气机构。涡轮式抽气机构是吸尘器中进行吸尘工作的重要部件，该机构主要由涡轮抽气机驱动电动机和涡轮抽气装置构成的。

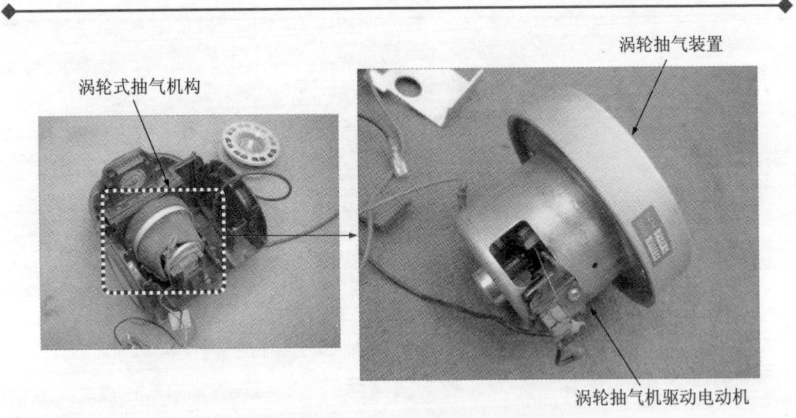
涡轮式抽气机构
涡轮抽气装置
涡轮抽气机驱动电动机

图 10-5 典型吸尘器的涡轮式抽气机构

5. 电路部分

图 10-6 为典型吸尘器的电路部分。电路部分主要用于控制涡轮式抽气机运转，调整电动机的旋转速度控制吸尘器吸力的大小，该电路主要是由双

向二极管、双向晶闸管、电容器、电阻器以及调速电位器连接端等构成。

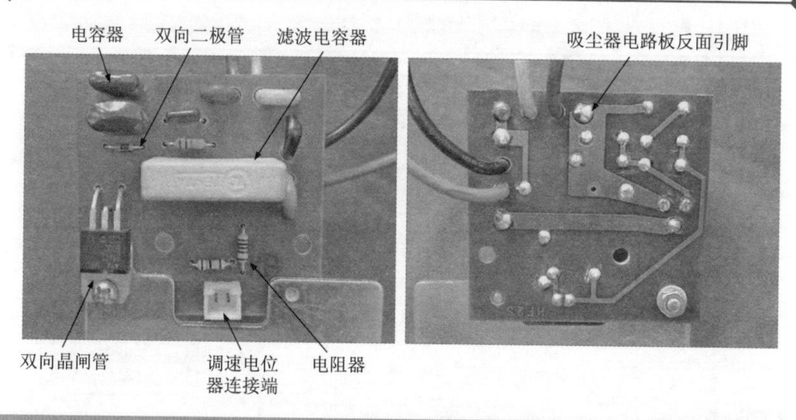
电容器
双向二极管
滤波电容器
吸尘器电路板反面引脚
双向晶闸管
调速电位
器连接端
电阻器

图 10-6 典型吸尘器的电路部分

10. 1. 2 吸尘器的工作原理

图 10-7 为典型吸尘器的整机工作过程。

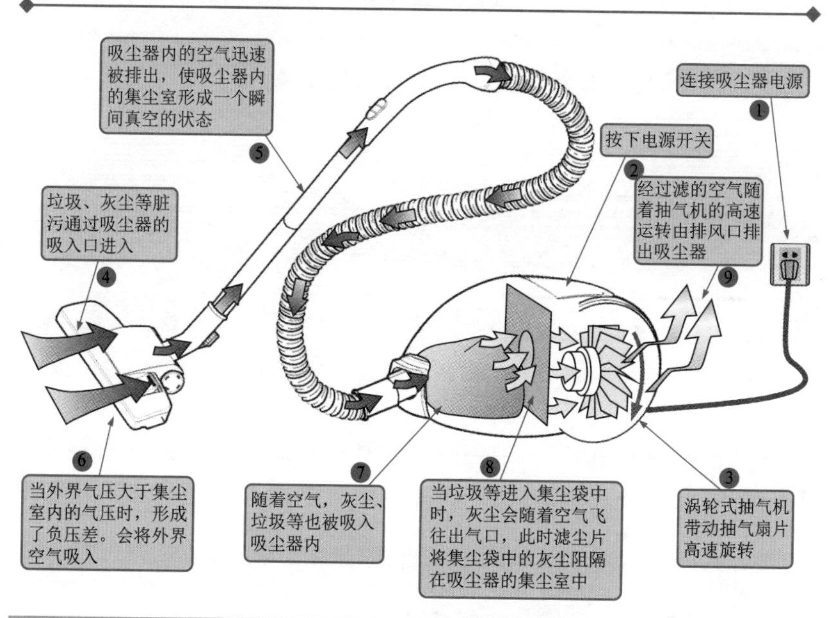
吸尘器内的空气迅速被排出，使吸尘器内的集尘室形成一个瞬间真空的状态
5
连接吸尘器电源
1
按下电源开关
2
经过滤的空气随着抽气机的高速运转由排风口排出吸尘器
9
垃圾、灰尘等脏污通过吸尘器的吸入口进入
4
6
当外界气压大于集尘室内的气压时，形成了负压差。会将外界空气吸入
7
随着空气，灰尘、垃圾等也被吸入吸尘器内
8
当垃圾等进入集尘袋中时，灰尘会随着空气飞往出气口，此时滤尘片将集尘袋中的灰尘阻隔在吸尘器的集尘室中
3
涡轮式抽气机带动抽气扇片高速旋转

图 10-7 典型吸尘器的整机工作过程

吸尘器的整机工作过程都是通过电路板进行控制的。

图 10-8 为典型吸尘器的电路控制过程。

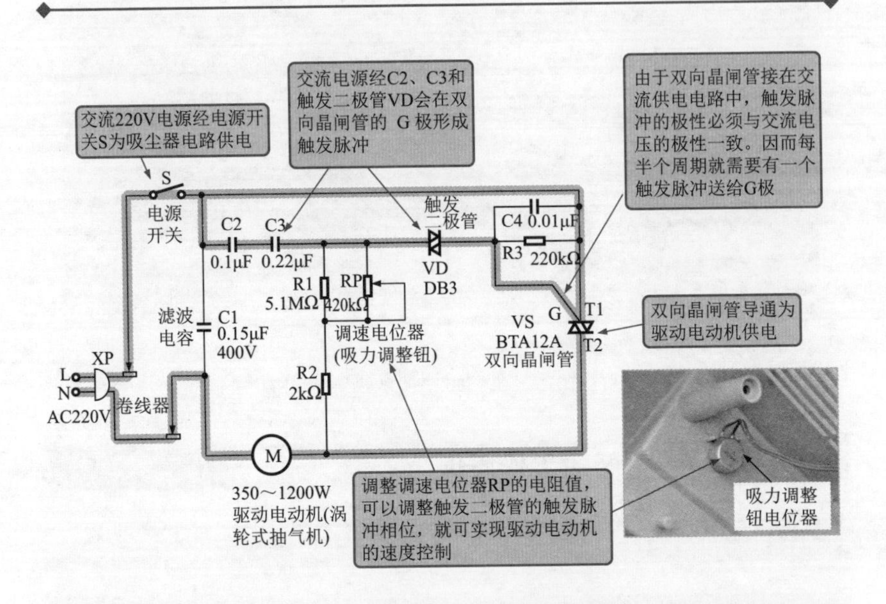

交流220V电源经电源开关S为吸尘器电路供电
交流电源经C2、C3和触发二极管VD会在双向晶闸管的 G 极形成触发脉冲
由于双向晶闸管接在交流供电电路中，触发脉冲的极性必须与交流电压的极性一致。因而每半个周期就需要有一个触发脉冲送给G极
S
电源开关
C2
0.1μF
C3
0.22μF
触发二极管
VD
DB3
C4 0.01μF
R3 220kΩ
R1
5.1MΩ
RP
420kΩ
调速电位器
(吸力调整钮)
R2
2kΩ
滤波电容
C1
0.15μF
400V
XP
L
N
AC220V
卷线器
M
350～1200W
驱动电动机(涡轮式抽气机)
VS
BTA12A
双向晶闸管
G
T1
T2
双向晶闸管导通为驱动电动机供电
调整调速电位器RP的电阻值，可以调整触发二极管的触发脉冲相位，就可实现驱动电动机的速度控制
吸力调整钮电位器

图 10-8 典型吸尘器的电路控制过程

10.2 万用表检测吸尘器

10.2.1 万用表检测吸尘器的电源开关

电源开关是控制吸尘器工作状态的器件。若电源开关不正常，则会引起吸尘器出现不工作或工作后无法正常停止的故障。

使用万用表检测时，可通过检测电源开关通、断状态下的阻值，判断电源开关是否损坏。

图 10-9 为万用表检测电源开关的方法。

若检测电源开关在通、断两种状态下无变化，均说明电源开关已损坏。

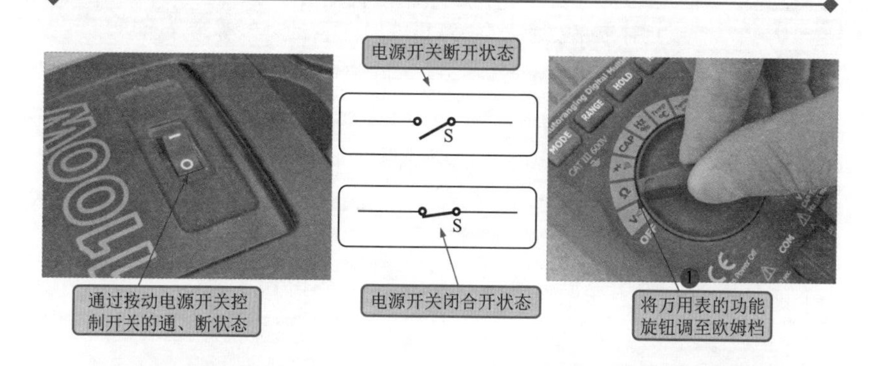
电源开关断开状态
S
S
电源开关闭合开状态
通过按动电源开关控制开关的通、断状态
将万用表的功能旋钮调至欧姆档

将万用表的红 、黑表笔分别搭在电源开关的两个接线端

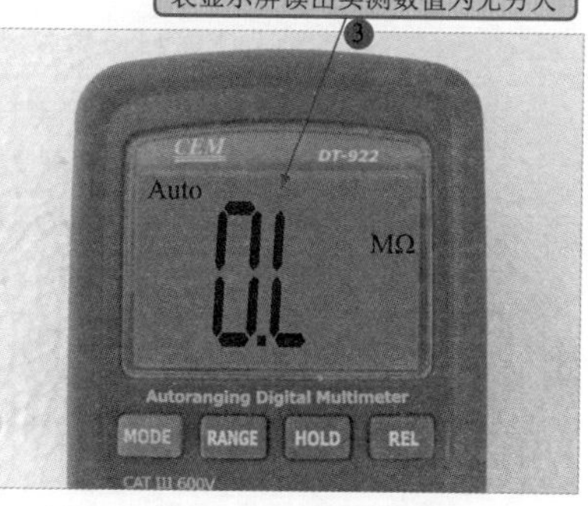
观察电源开关断开状态下，万用表显示屏读出实测数值为无穷大
CEM
DT-922
Auto
0.L
MΩ
Autoranging Digital Multimeter
MODE
RANGE
HOLD
REL

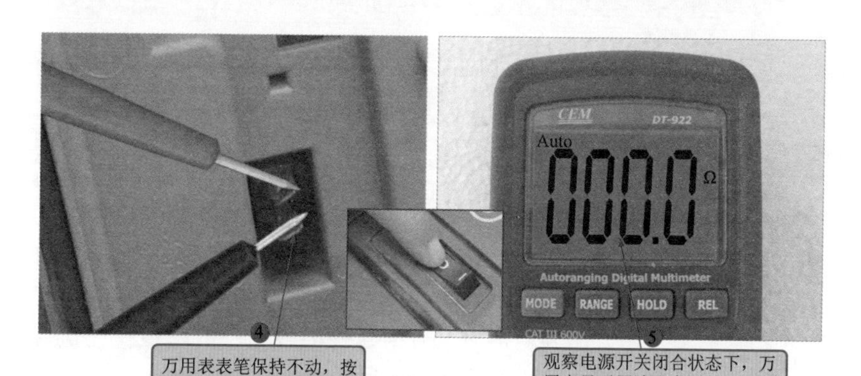
万用表表笔保持不动，按下电源开关，使开关处于闭合状态
CEM
DT-922
Auto
000.0
Ω
Autoranging Digital Multimeter
MODE
RANGE
HOLD
REL
观察电源开关闭合状态下，万用表显示屏读出实测数值为零

图 10-9 万用表检测电源开关的方法

10.2.2 万用表检测吸尘器的供电电压

吸尘器的供电电压是吸尘器正常工作的前提，当供电电压不正常时，吸尘机便不能起动工作。

使用万用表检测时，可通过检测两根电源线与吸尘器的连接点处的电压，来判断供电电压是否正常，同时也能够判断电源线是否损坏。

万用表检测吸尘器供电电压的方法如图10-10所示。

将万用表的两表笔分别搭在电源线与吸尘器的连接点处
1

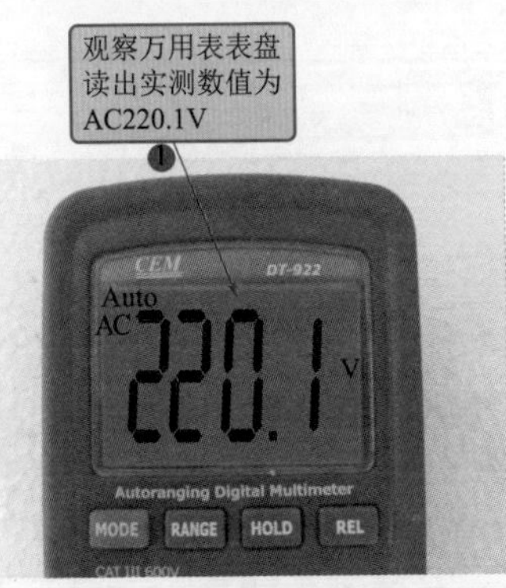
观察万用表表盘读出实测数值为AC220.1V
1
CEM
DT-922
Auto
AC
220.1
V
Autoranging Digital Multimeter
MODE
RANGE
HOLD
REL

图10-10 万用表检测吸尘器供电电压的方法

若无交流220V电压，则说明吸尘器电源线或供电电源存在异常。

10.2.3 万用表检测吸尘器的吸力调整钮电位器

吸力调整钮电位器主要用来调整涡轮式抽气驱动电动机的风力大小。当吸力调整钮电位器损坏时，会引起吸尘器出现无法改变吸力的故障。

扫一扫看视频

使用万用表检测时，可通过检测各档位的阻值变化，判断吸力调整钮电位器是否损坏。

万用表检测吸力调整钮电位器的方法如图10-11所示。

正常情况下，吸力调整钮电位器会随吸力调整钮的旋转而变化；若无变化，则说明吸力调整钮电位器损坏。

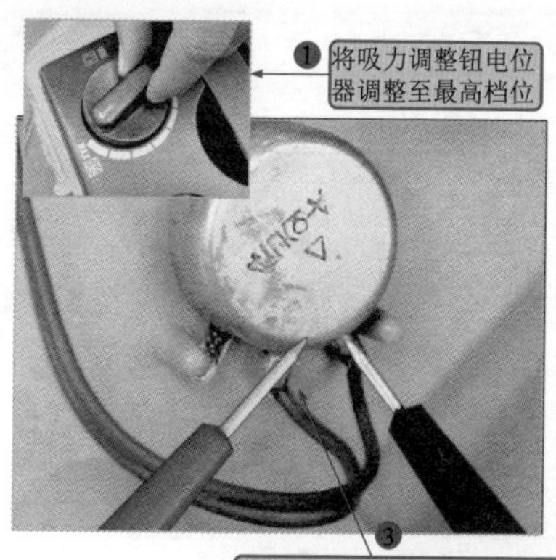
①将吸力调整钮电位器调整至最高档位
③将万用表的红、黑表笔分别搭在吸力调整钮电位器的两引脚端

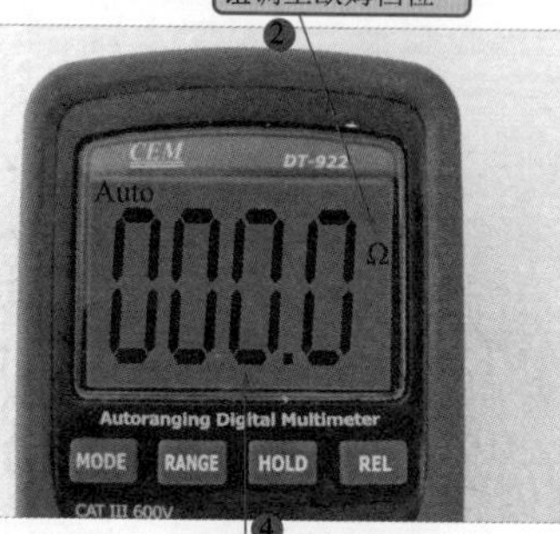
②将万用表的功能旋钮调至欧姆档位
CEM
DT-922
Auto
000.0
Ω
Autoranging Digital Multimeter
MODE
RANGE
HOLD
REL
CAT III 600V
④观察万用表显示屏读出实测数值为零

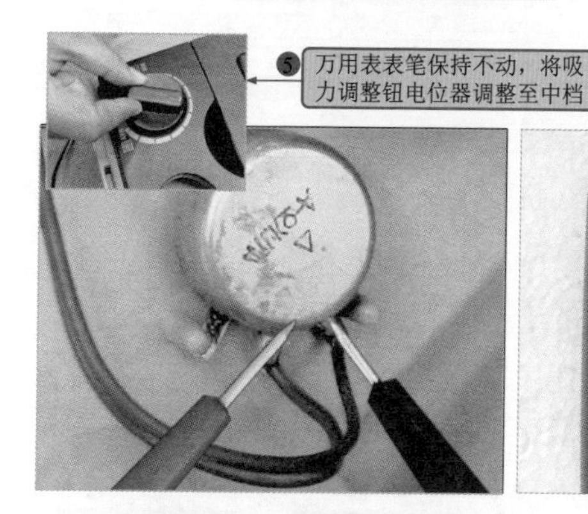
⑤万用表表笔保持不动，将吸力调整钮电位器调整至中档

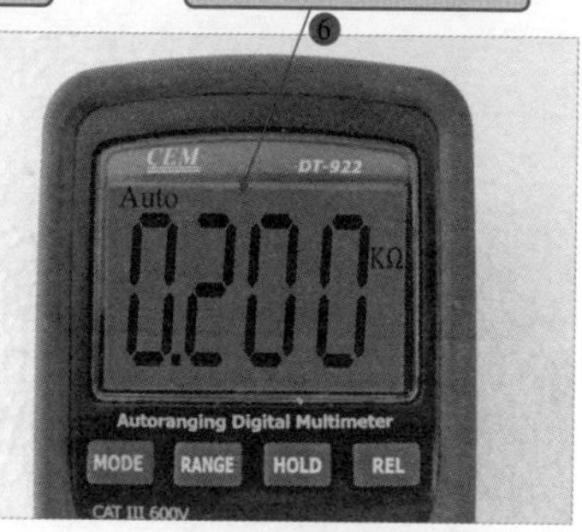
⑥观察万用表显示屏读出实测数值为0.200kΩ=200Ω
CEM
DT-922
Auto
0.200
KΩ
Autoranging Digital Multimeter
MODE
RANGE
HOLD
REL
CAT III 600V

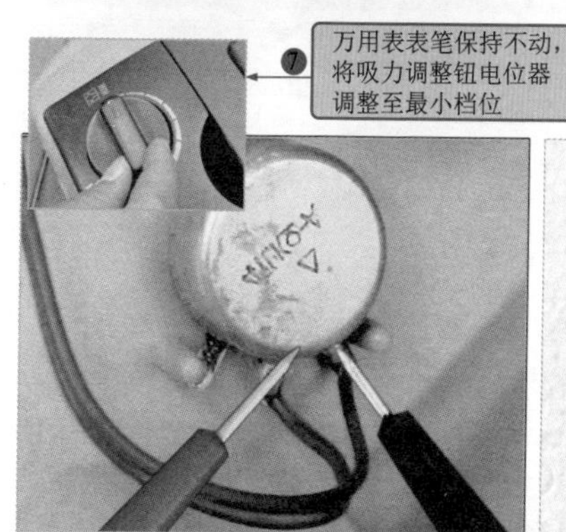
⑦万用表表笔保持不动，将吸力调整钮电位器调整至最小档位

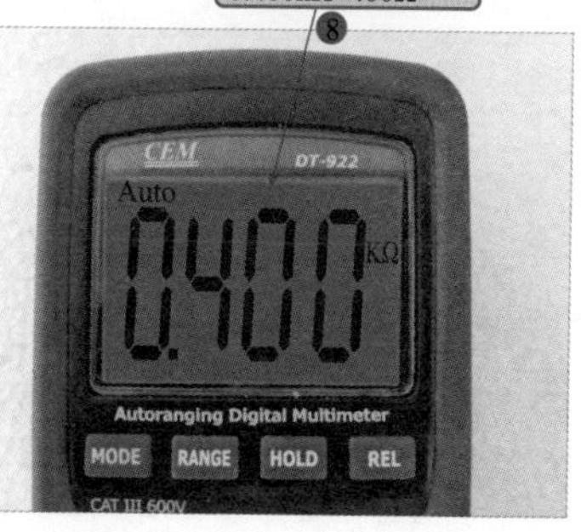
⑧观察万用表显示屏读出实测数值为0.400kΩ=400Ω
CEM
DT-922
Auto
0.400
KΩ
Autoranging Digital Multimeter
MODE
RANGE
HOLD
REL
CAT III 600V

图 10-11　万用表检测吸力调整钮电位器的方法

10.2.4 万用表检测吸尘器的涡轮式抽气机

涡轮式抽气机是吸尘器中进行吸尘工作的重要部件。当涡轮式抽气机损坏，将引起吸尘器出现吸力减弱只能清洁较轻的灰尘或无法进行吸尘工作。

扫一扫看视频

使用万用表检测时，可通过检测涡轮式抽气机绕组之间的阻值，判断涡轮式抽气机是否损坏。

万用表检测涡轮式抽气机的方法如图 10-12 所示。

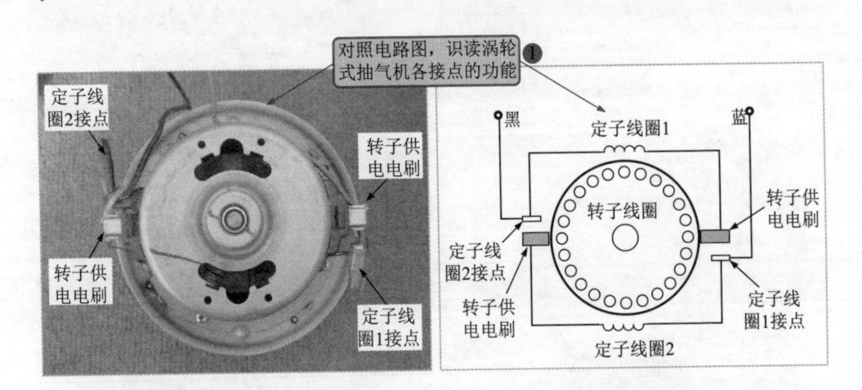
对照电路图，识读涡轮式抽气机各接点的功能
1
定子线圈2接点
转子供电电刷
转子供电电刷
定子线圈1接点
黑
蓝
定子线圈1
转子线圈
转子供电电刷
定子线圈2接点
转子供电电刷
定子线圈1接点
定子线圈2

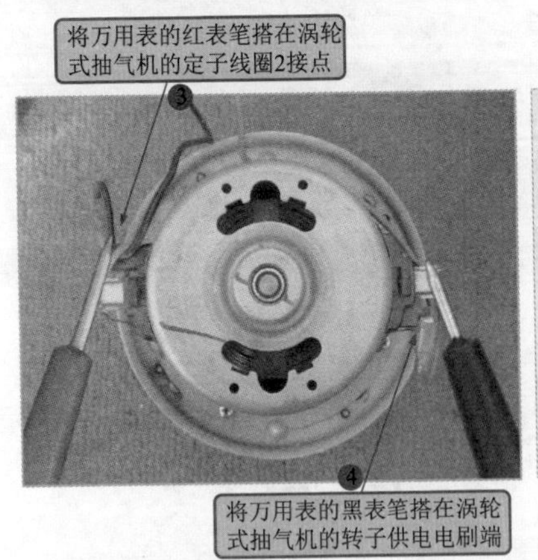
将万用表的红表笔搭在涡轮式抽气机的定子线圈2接点
3
4
将万用表的黑表笔搭在涡轮式抽气机的转子供电电刷端

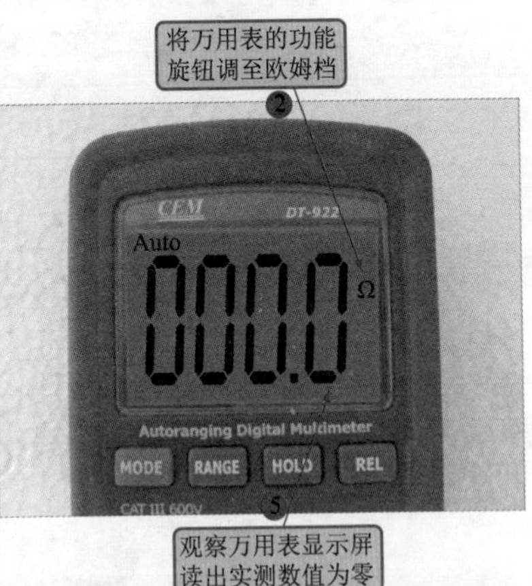
将万用表的功能旋钮调至欧姆档
2
CEM
DT-922
Auto
000.0
Ω
Autoranging Digital Multimeter
MODE
RANGE
HOLD
REL
5
观察万用表显示屏读出实测数值为零

图 10-12 万用表检测涡轮式抽气机的方法

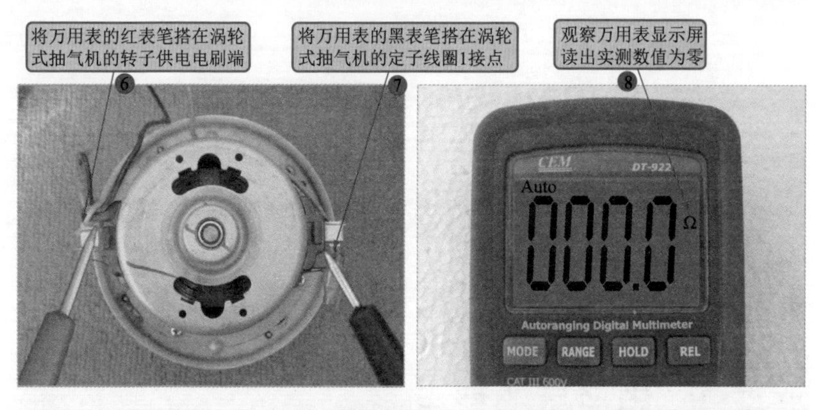
将万用表的红表笔搭在涡轮式抽气机的转子供电电刷端
6
将万用表的黑表笔搭在涡轮式抽气机的定子线圈1接点
7
观察万用表显示屏读出实测数值为零
8
CEM
DT-922
Auto
000.0
Ω
Autoranging Digital Multimeter
MODE
RANGE
HOLD
REL

图 10-12　万用表检测涡轮式抽气机的方法（续）

正常情况下，涡轮式抽气机两个定子绕组的阻值均为零，若所测阻值为无穷大，则说明涡轮式抽气机损坏。

第 11 章 万用表检测电风扇的应用实例

11.1 电风扇的特点

11.1.1 电风扇的结构组成

电风扇是用于增强室内空气的流动，达到清凉目的的一种家用电器。图 11-1 为典型电风扇的外部结构。

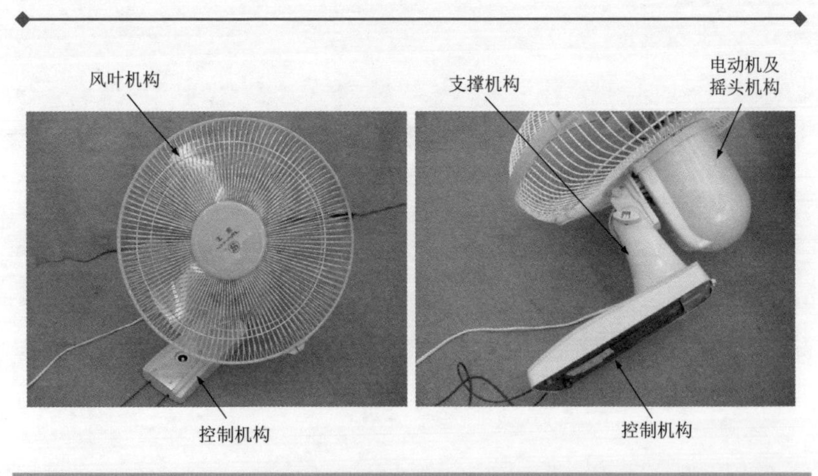

风叶机构
支撑机构
电动机及
摇头机构
控制机构
控制机构

图 11-1　典型电风扇的外部结构

1. 风叶机构

图 11-2 为典型电风扇的风叶机构。电风扇的风叶机构主要由网罩、网罩箍、风叶等构成。电风扇起动时由电动机带动扇叶高速旋转，通过

切割空气促使空气加速流通。

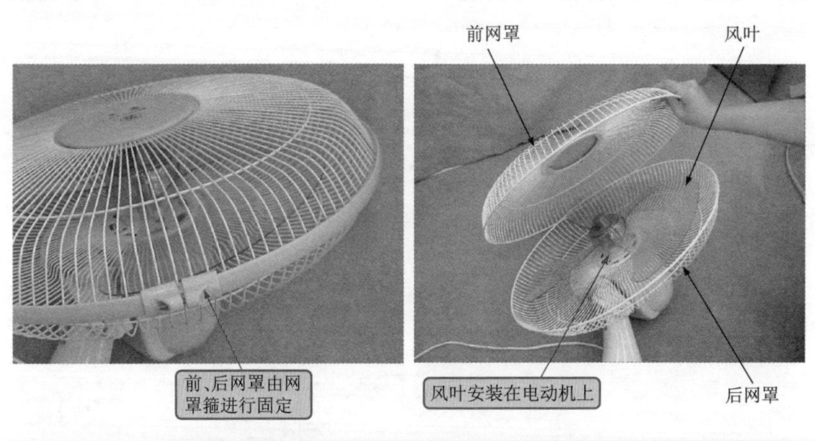
前网罩
风叶
前、后网罩由网罩箍进行固定
风叶安装在电动机上
后网罩

图 11-2　典型电风扇的风叶机构

2. 电动机机构

图 11-3 为典型电风扇的电动机机构。它是电风扇的动力源，主要由风扇电动机和起动电容器构成。

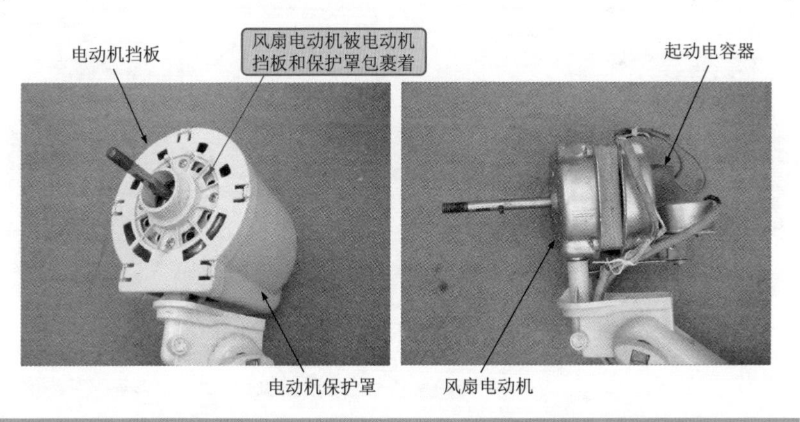
电动机挡板
风扇电动机被电动机挡板和保护罩包裹着
起动电容器
电动机保护罩
风扇电动机

图 11-3　典型电风扇的电动机机构

3. 摇头机构

图 11-4 为典型电风扇的摇头机构。电风扇的摇头机构用来控制电

风扇摇头，以实现电风扇向不同方向送风的目的。该机构主要由摇头电动机、偏心轮、连杆构成。

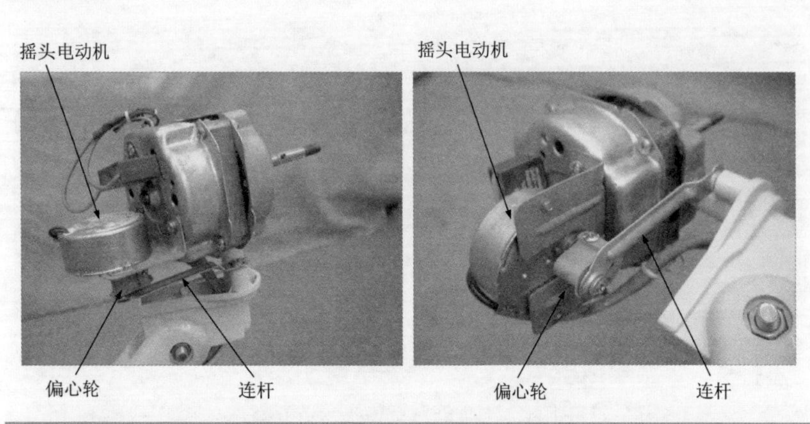
摇头电动机
偏心轮
连杆
摇头电动机
偏心轮
连杆

图 11-4　典型电风扇的摇头机构

4. 控制机构

图 11-5 为典型电风扇的控制机构。控制机构主要用于实现调速和摇头的控制，主要由摇头开关和调速开关构成。

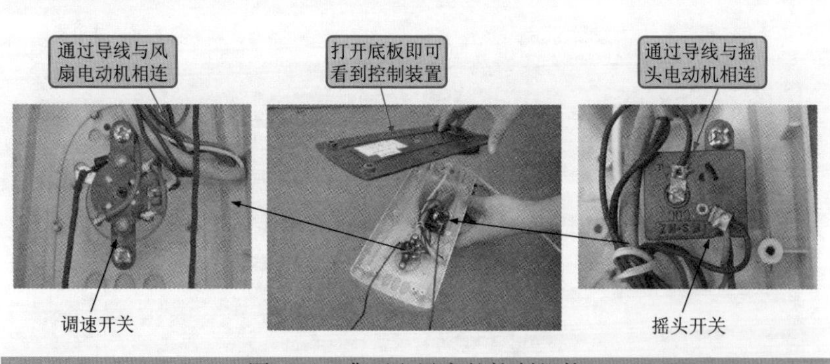
通过导线与风扇电动机相连
打开底板即可看到控制装置
通过导线与摇头电动机相连
调速开关
摇头开关

图 11-5　典型电风扇的控制机构

11.1.2　电风扇的工作原理

图 11-6 为典型电风扇的工作过程。

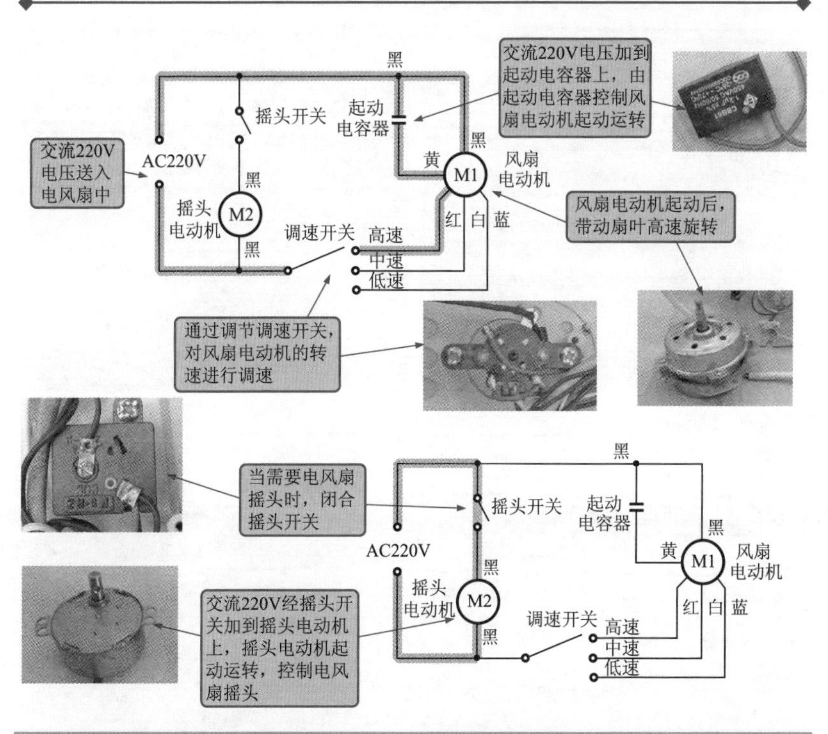

黑
交流220V电压加到起动电容器上，由起动电容器控制风扇电动机起动运转
摇头开关
起动电容器
黑
交流220V电压送入电风扇中
AC220V
黄
M1
风扇电动机
黑
摇头电动机
M2
风扇电动机起动后，带动扇叶高速旋转
红 白 蓝
调速开关
高速
中速
低速
黑
通过调节调速开关，对风扇电动机的转速进行调速
当需要电风扇摇头时，闭合摇头开关
AC220V
交流220V经摇头开关加到摇头电动机上，摇头电动机起动运转，控制电风扇摇头

图 11-6 典型电风扇的工作过程

11.2 万用表检测电风扇

11.2.1 万用表检测电风扇的起动电容器

起动电容器用于为风扇电动机提供起动电压，是控制风扇电动机起动运转的重要部件，若起动电容器出现故障，将导致开机电风扇没有任何反应或只摇头扇叶不运转。

使用万用表检测时，可通过检测起动电容器的电容量，判断起动电容器是否损坏。万用表检测起动电容器的方法如图 11-7 所示。

若实测数值与起动电容器的标称值相差较大，则说明起动电容器性能不良。

识读待测起动电容器的
标称电容量:1.2μF±5%

CBB61
1.2μF ±5%
450VAC 50/60Hz
-25°C ~ +70°C
CQC03000003149

将万用表的功能
旋钮调至电容档

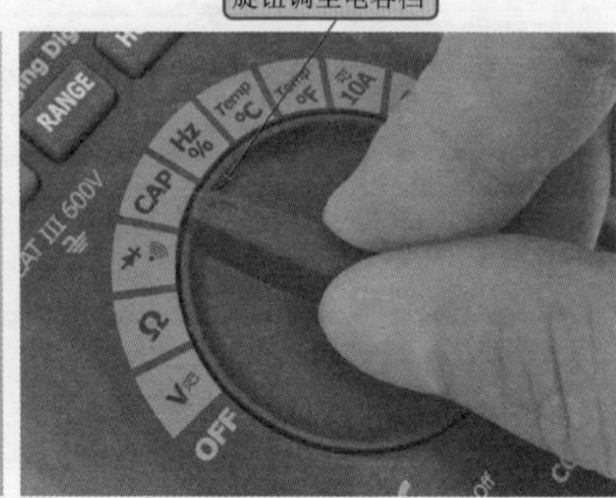
RANGE
Temp °C
Temp °F
10A
Hz %
CAP
Ω
OFF
CAT III 600V

扫一扫看视频

将万用表的红、黑表笔分别
搭在起动电容器的两引脚端

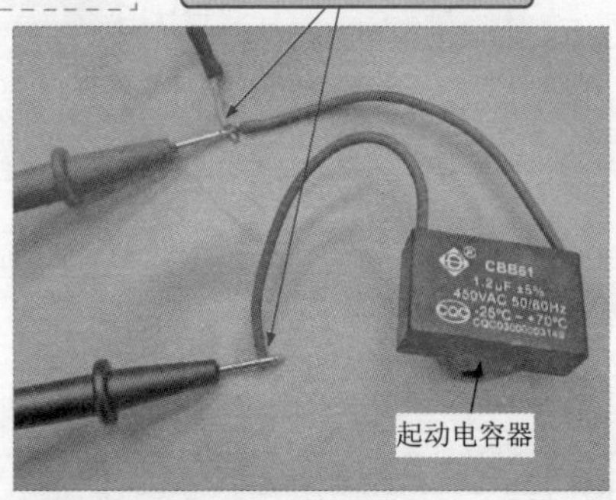
起动电容器

观察万用表显示屏读
出实测数值为1.2μF

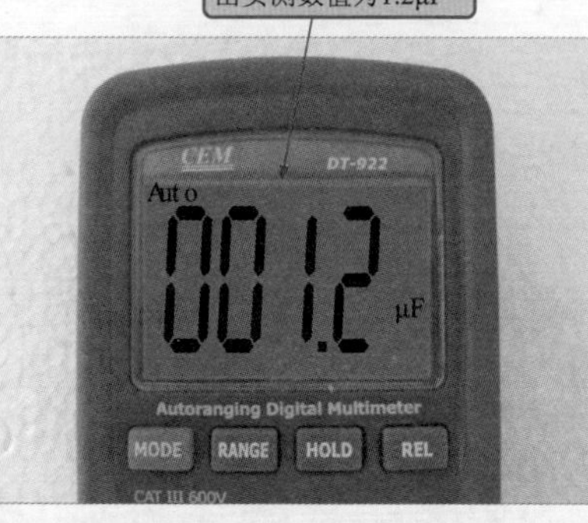
CEM
DT-922
Auto
001.2
μF
Autoranging Digital Multimeter
MODE
RANGE
HOLD
REL
CAT III 600V

图 11-7　万用表检测起动电容器的方法

要点说明

由于在路检测起动电容器无法准确地检测起动电容器是否损坏，因此需要将起动电容器导线与风扇电动机导线的其中一个连接端断开，进行开路检测。

11.2.2　万用表检测电风扇的电动机

风扇电动机是电风扇的动力源，与风扇相连，带动风叶转动。若风扇电动机出现故障时，开机运行电风扇没有任何反应。

使用万用表检测时，可通过检测风扇电动机各绕组之间的阻值，判断风扇电动机是否损坏。

万用表检测风扇电动机的方法如图 11-8 所示。

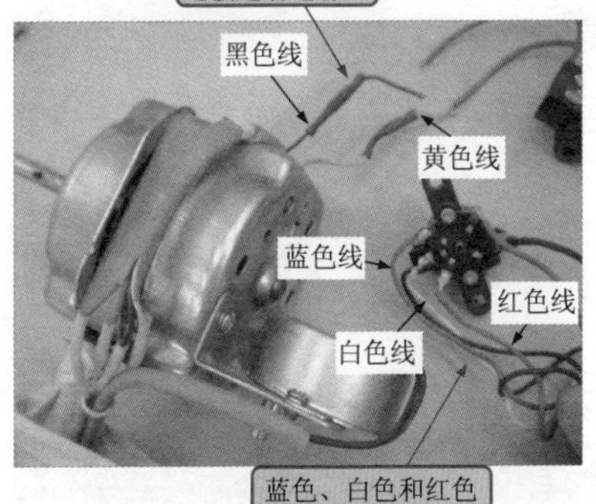
黑色线和黄色线连接起动电容
黑色线
黄色线
蓝色线
红色线
白色线
蓝色、白色和红色线连接的调速开关

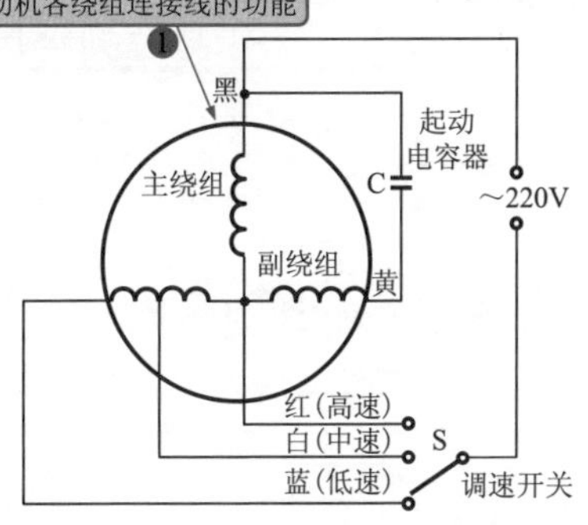
对照电路图，识读风扇电动机各绕组连接线的功能
1
黑
起动电容器
主绕组
C
~220V
副绕组
黄
红（高速）
白（中速）
蓝（低速）
S
调速开关

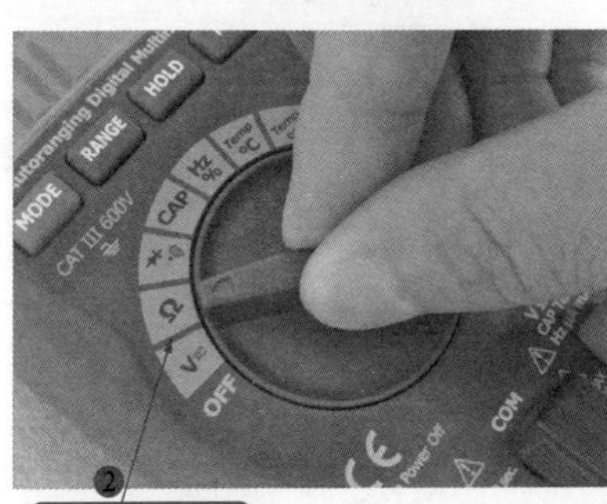
2
将万用表的功能旋钮调至欧姆档

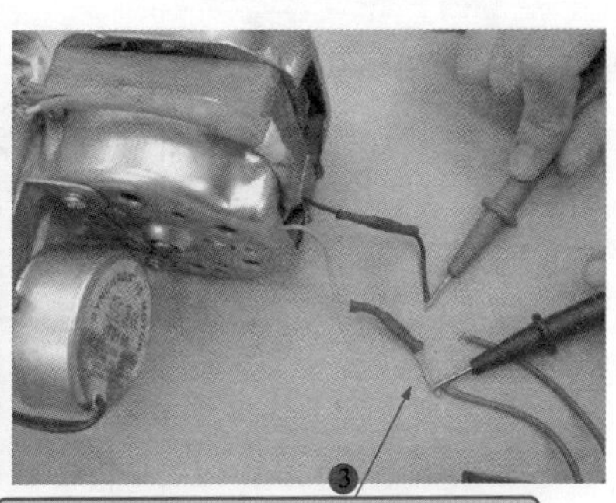
3
将万用表的红、黑表笔分别接在黑色线和其他线上，检测黑色线与其他线之间的阻值

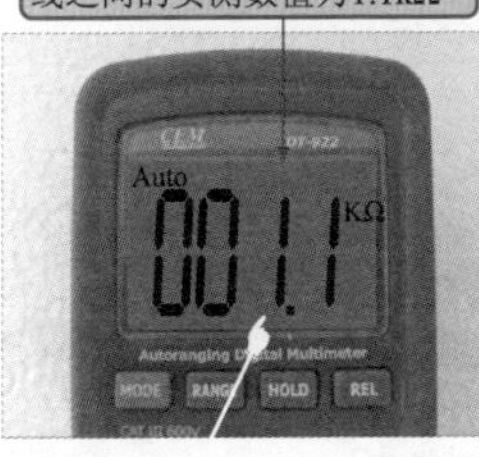
观察万用表显示屏读出黑-黄线之间的实测数值为1.1kΩ
Auto
001.1
KΩ

观察万用表显示屏读出黑-白、黑-蓝线之间的实测数值为0.6kΩ
Auto
0.600
KΩ

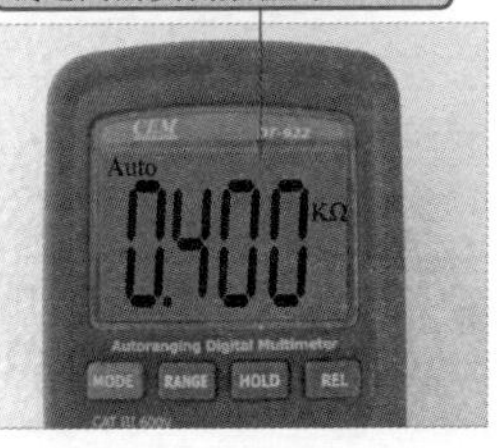
观察万用表显示屏读出黑-红线之间的实测数值为0.4kΩ
Auto
0.400
KΩ

图 11-8　万用表检测风扇电动机的方法

正常情况下，黑色线与其他引线之间的阻值为几百欧姆至几千欧姆，并且黑色线与黄色线之间的阻值始终为最大阻值。

若检测中，万用表读数为零或无穷大，或所测得的阻值与正常值偏差很大，均表明风扇电动机损坏。

11.2.3 万用表检测电风扇的摇头开关

电风扇的摇头工作主要是由摇头开关进行控制的，若摇头开关不正常，则电风扇只能保持在一个角度进行送风。

使用万用表检测时，可通过检测摇头开关通、断状态下的阻值，判断摇头开关是否损坏。

万用表检测摇头开关的方法如图 11-9 所示。

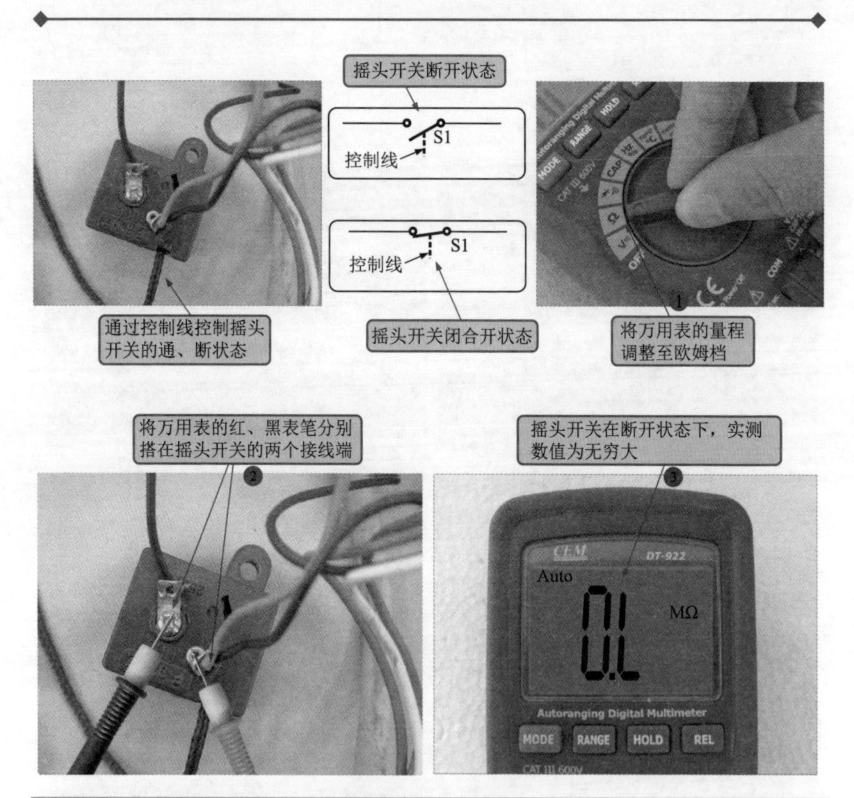

摇头开关断开状态
S1
控制线
S1
控制线
通过控制线控制摇头开关的通、断状态
摇头开关闭合开状态
将万用表的量程调整至欧姆档
将万用表的红、黑表笔分别搭在摇头开关的两个接线端
摇头开关在断开状态下，实测数值为无穷大
CEM
DT-922
Auto
0.L
MΩ
Autoranging Digital Multimeter
MODE
RANGE
HOLD
REL

图 11-9 万用表检测摇头开关的方法

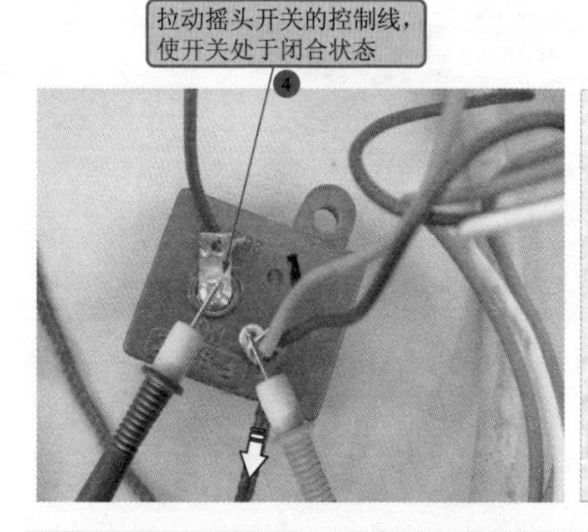
拉动摇头开关的控制线，使开关处于闭合状态
4

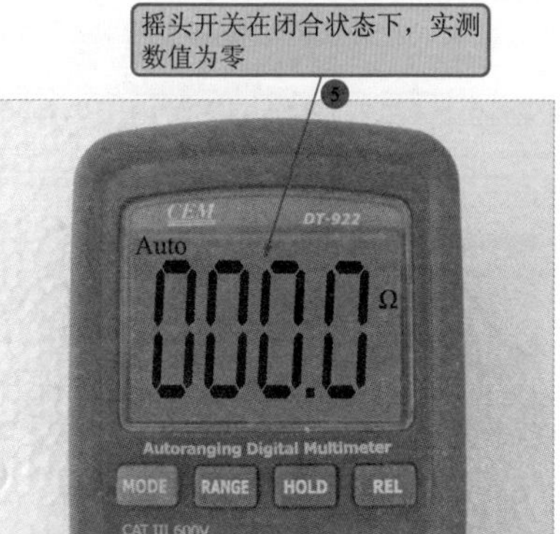
摇头开关在闭合状态下，实测数值为零
5
CEM
DT-922
Auto
000.0
Ω
Autoranging Digital Multimeter
MODE
RANGE
HOLD
REL
CAT III 600V

图 11-9　万用表检测摇头开关的方法（续）

若检测摇头开关在通、断两种状态下无变化，均说明摇头开关已损坏。

11.2.4　万用表检测电风扇的调速开关

电风扇的风速主要是由调速开关进行控制的。当调速开关损坏时，经常会引起电风扇扇叶不转动、无法改变电风扇风速的故障。

使用万用表检测时，可通过检测各档位开关通、断状态下的阻值，判断调速开关是否损坏。

万用表检测调速开关的方法如图 11-10 所示。

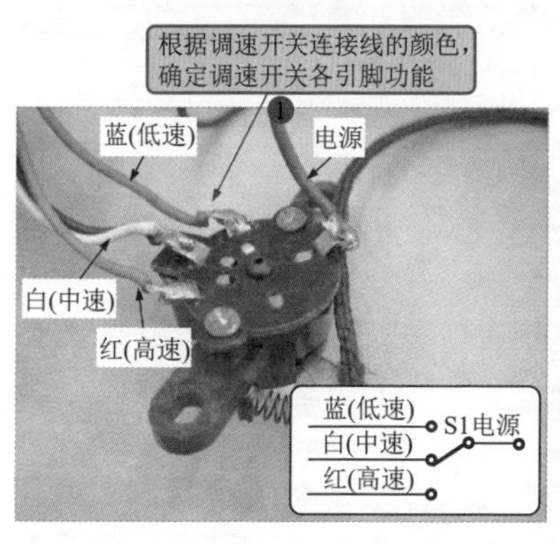
根据调速开关连接线的颜色，确定调速开关各引脚功能
1
蓝(低速)
电源
白(中速)
红(高速)
蓝(低速)
白(中速)
红(高速)
S1电源

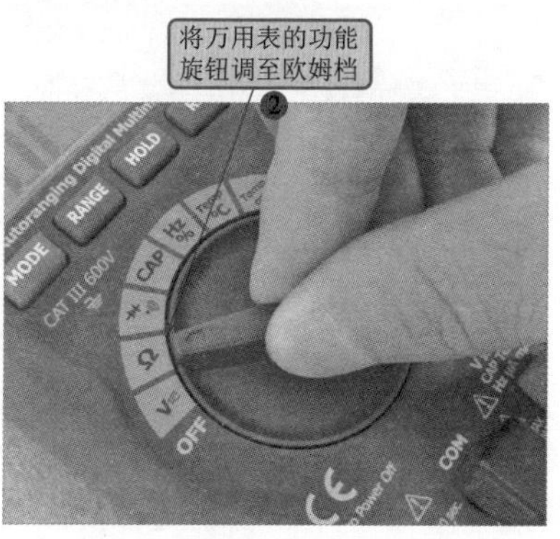
将万用表的功能旋钮调至欧姆档
2
MODE
RANGE
HOLD
CAP
OFF
COM
CAT III 600V

图 11-10　万用表检测调速开关的方法

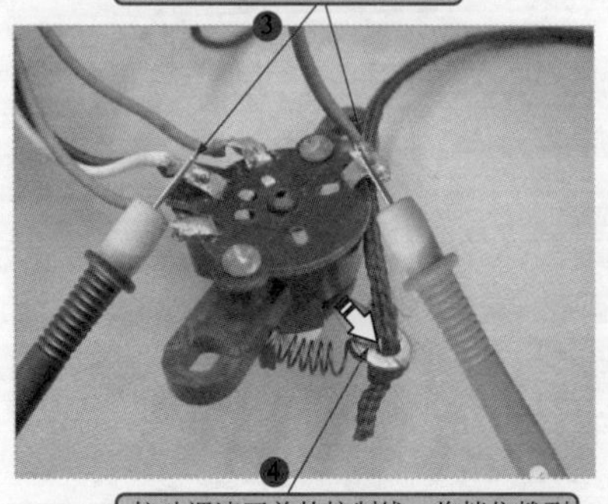
将万用表的红、黑表笔分别
搭在电源和一个档位引脚端
③
④
拉动调速开关的控制线，将档位拨到
该引脚上，使该引脚处于闭合状态

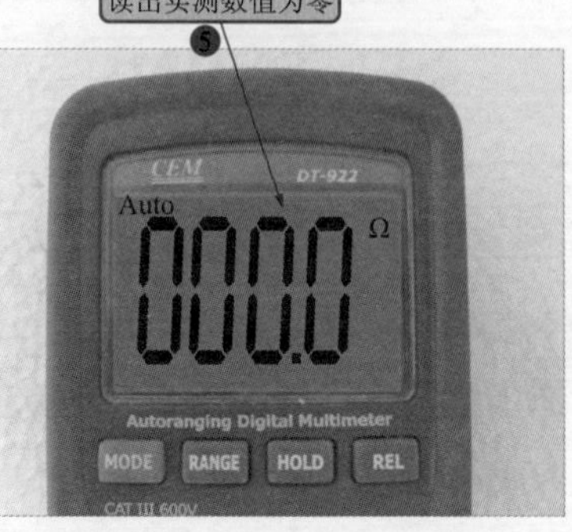
观察万用表显示屏
读出实测数值为零
⑤
CEM
DT-922
Auto
000.0
Ω
Autoranging Digital Multimeter
MODE
RANGE
HOLD
REL
CAT III 600V

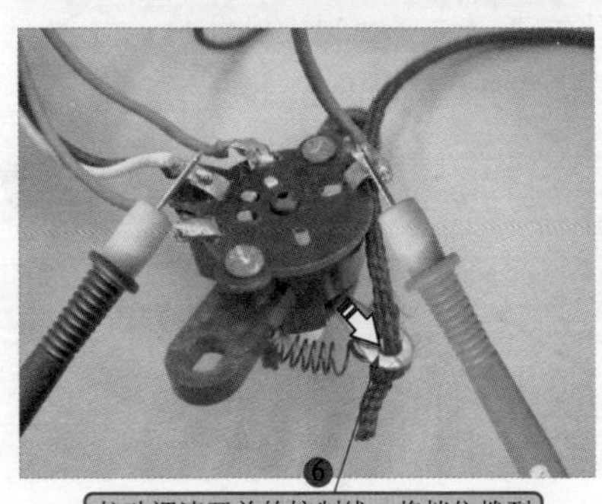
⑥
拉动调速开关的控制线，将档位拨到
其他引脚上，使该引脚处于断开状态

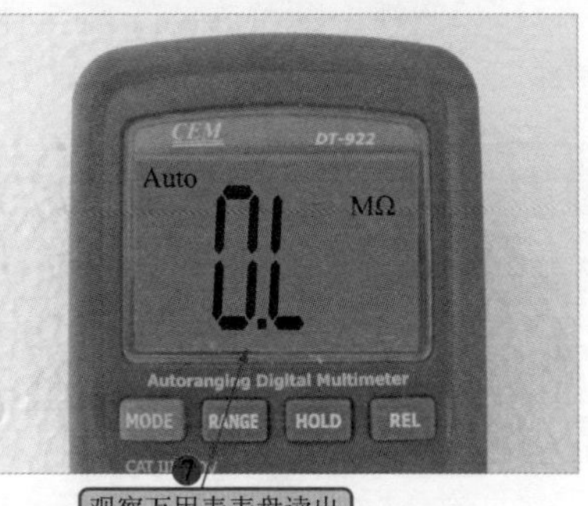
CEM
DT-922
Auto
0.L
MΩ
Autoranging Digital Multimeter
MODE
RANGE
HOLD
REL
⑦
观察万用表表盘读出
实测数值为无穷大

图 11-10 万用表检测调速开关的方法（续）

若检测调速开关在任意档位通、断两种状态下无变化，均说明调速开关已损坏。

相关资料

风扇电动机的调速采用绕组抽头的方法比较多，即绕组抽头与调速开关的不同档位相连，通过改变绕组的数量，使定子绕组所产生磁场强度发生变化，从而实现速度调整。如图 11-11 所示为典型电风扇电动机绕组的结构，运行绕组中设有两个抽头，这样就可以实现三速可变的风扇电动机。由于两组绕组接成 L 形，也就被称为 L 形绕组结构。若两组绕组接成 T 形，便被称为 T 形绕组结构。

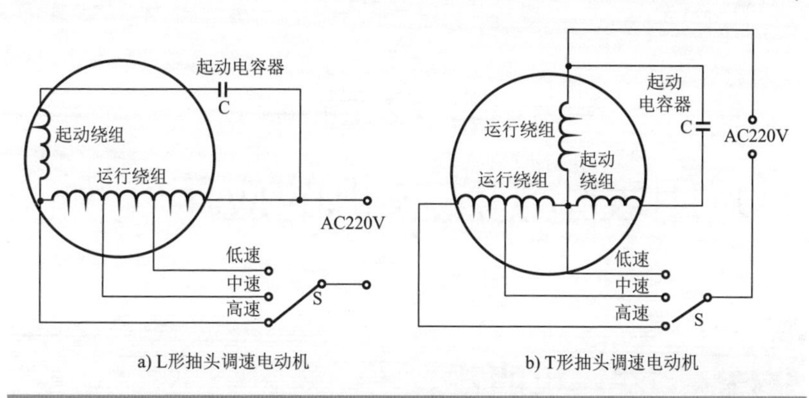
起动电容器
C
起动绕组
运行绕组
AC220V
低速
中速
高速
S
a) L形抽头调速电动机
起动
电容器
C
AC220V
运行绕组
起动
绕组
运行绕组
低速
中速
高速
S
b) T形抽头调速电动机

图 11-11　L 形抽头调速电动机和 T 形抽头调速电动机

第 12 章 万用表检测洗衣机的应用实例

12.1 洗衣机的特点

12.1.1 洗衣机的结构组成

洗衣机是一种清洗衣物的家用电器，它是典型的机电一体化设备。通过相应的控制按钮，控制电动机的起停运转，从而带动洗衣机波轮的转动，进而带动水流旋转，最终完成洗衣工作。图 12-1 所示为典型洗衣

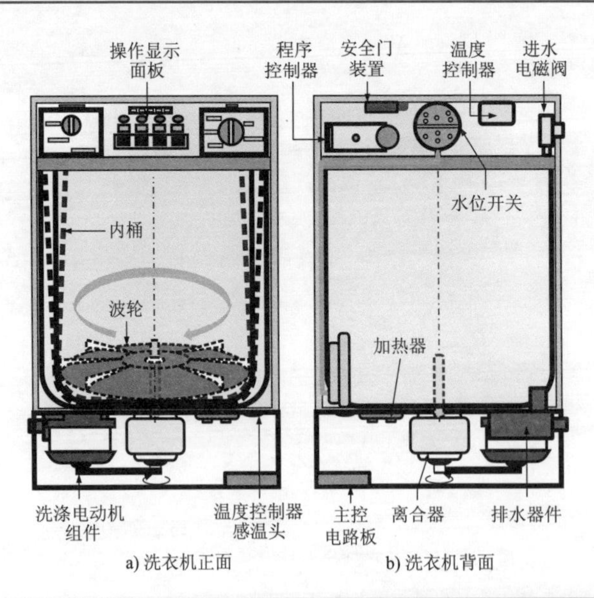

操作显示面板
程序控制器
安全门装置
温度控制器
进水电磁阀
水位开关
内桶
波轮
加热器
洗涤电动机组件
温度控制器感温头
主控电路板
离合器
排水器件

a) 洗衣机正面　b) 洗衣机背面

图 12-1　典型洗衣机的整机结构

机的整机结构。一般来说，洗衣机主要是由进水电磁阀、水位开关、排水器件、程序控制器、操作显示面板、主控电路板、洗涤电动机、安全门装置、加热器及温度控制器等构成的。

（1）进水电磁阀

进水电磁阀是用于对洗衣机进行自动注水和自动停止注水的部件，通常安装在洗衣机的进水口处，如图 12-2 所示。

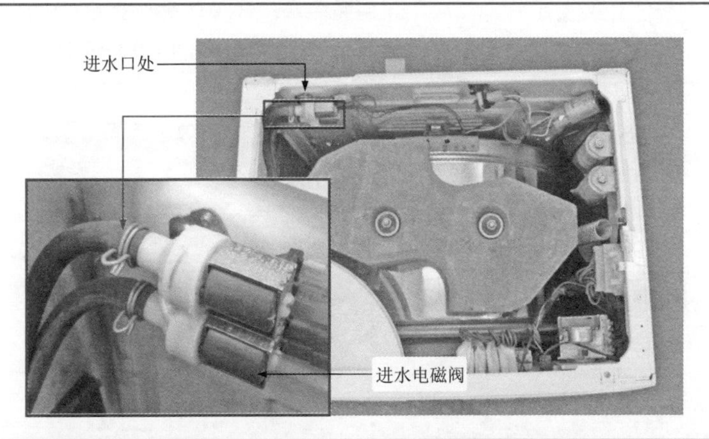
进水口处
进水电磁阀

图 12-2　进水电磁阀的安装位置

进水电磁阀主要是由电磁线圈、出水口和进水口等组成的。通过控制电磁线圈，控制铁心的运动，从而实现对进水阀的控制，达到控制进水的目的。图 12-3 所示为典型进水电磁阀实物外形。

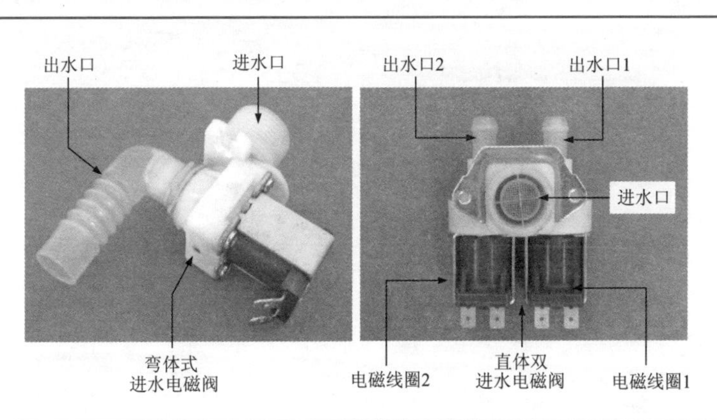
出水口
进水口
出水口2
出水口1
进水口
弯体式
进水电磁阀
电磁线圈2
直体双
进水电磁阀
电磁线圈1

图 12-3　典型进水电磁阀实物外形

进水电磁阀通过控制内部铁心动作实现洗衣机自动注水和自动停止注水功能。通过水位开关将检测到的水位信号送给程序控制器，进而控制进水电磁阀的通、断电。

（2）水位开关

水位开关是用于检测洗衣机水位的部件，通过检测洗衣机内部的水量，控制洗衣机进水电磁阀的动作，通常安装在洗衣机的上部，如图 12-4 所示。水位开关主要分为单水位开关和多水位开关两种，单水位开关主要应用在波轮式洗衣机中，多水位开关主要应用在滚筒式洗衣机中。

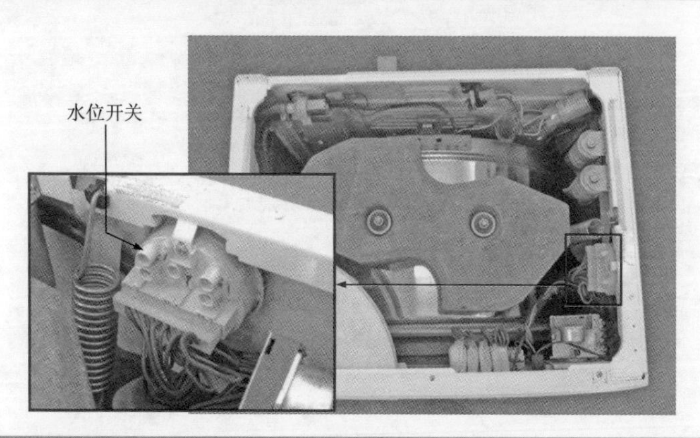
水位开关

图 12-4 水位开关的安装位置

图 12-5 所示为水位开关的实物外形。

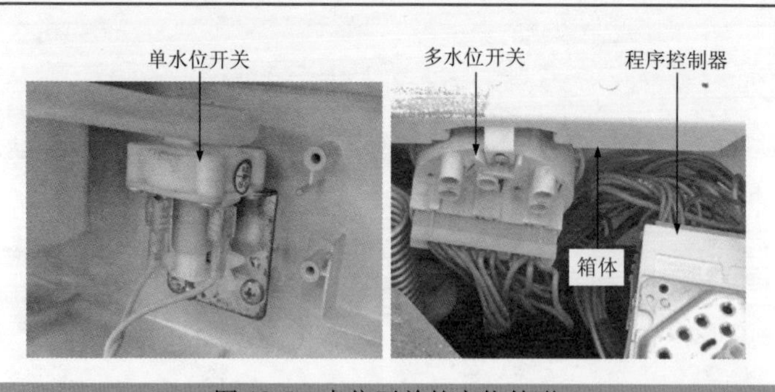
单水位开关
多水位开关
程序控制器
箱体

图 12-5 水位开关的实物外形

（3）排水器件

排水器件用于控制洗衣机的自动排水。由水位开关检测洗衣机内部水量后，控制排水器件的起停。排水器件主要有排水泵、电磁牵引式排水阀和电动机牵引式排水阀三种类型，一般安装在洗衣机的底部，图 12-6 所示为排水器件的安装位置。

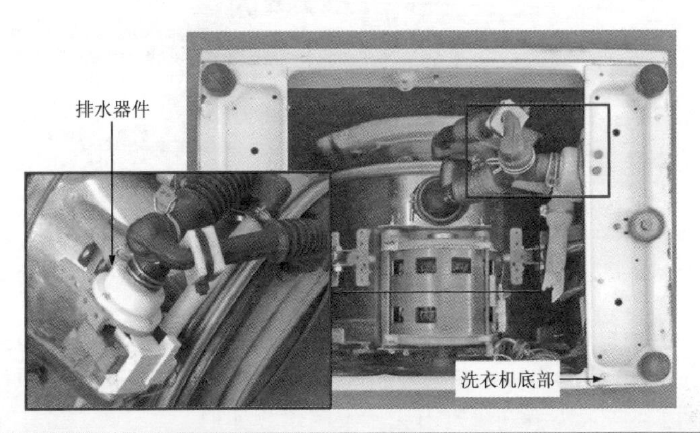
排水器件
洗衣机底部

图 12-6 排水器件的安装位置

1）排水泵。排水泵由风扇、定子铁心、叶轮室盖、绕组线圈和接线端等构成，由这些器件相互作用实现排水泵的排水功能，图 12-7 所示为排水泵实物外形。

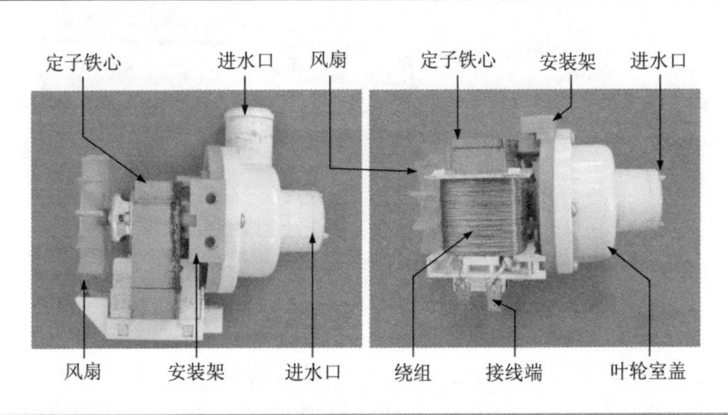
定子铁心
进水口
风扇
定子铁心
安装架
进水口
风扇
安装架
进水口
绕组
接线端
叶轮室盖

图 12-7 排水泵实物外形

2）电磁牵引式排水阀。电磁牵引式排水阀是由电磁铁牵引器和排水阀组成的，通过电磁牵引器控制排水阀的工作状态，实现排水功能，图 12-8 所示为电磁牵引式排水阀实物外形。

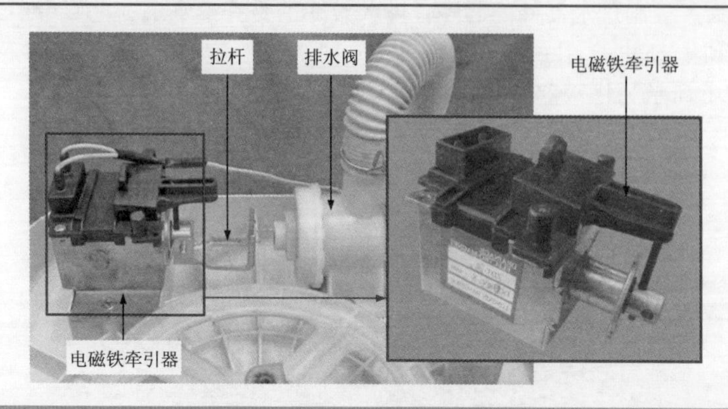
拉杆
排水阀
电磁铁牵引器
电磁铁牵引器

图 12-8　电磁牵引式排水阀实物外形

3）电动机牵引式排水阀。电动机牵引式排水阀由牵引器和排水阀组成，通过电动机旋转力矩来控制排水阀的工作状态，从而实现排水功能。图 12-9 所示为电动机牵引式排水阀实物外形。

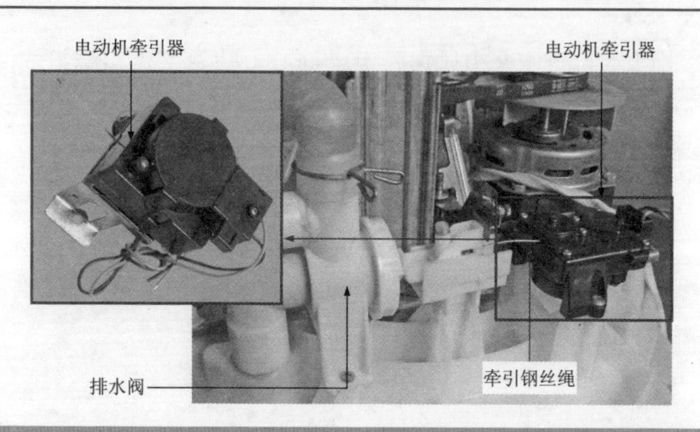
电动机牵引器
电动机牵引器
排水阀
牵引钢丝绳

图 12-9　电动机牵引式排水阀实物外形

（4）程序控制器

程序控制器是用于设定洗衣机工作模式的部件，将人工指令传送给洗衣机的主控电路，使洗衣机工作，通常安装在操作显示面板的后面，如图 12-10 所示。

程序控制器由同步电动机、定时控制轴、连接插件及其内部的凸轮齿轮组构成，通过旋转定时控制轴带动程序控制器工作，实现对洗衣机的控制功能。

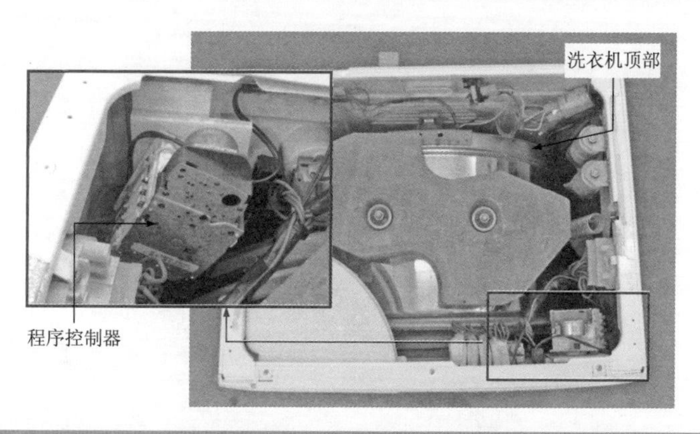
洗衣机顶部
程序控制器

图 12-10　程序控制器的安装位置

图 12-11 所示为程序控制器实物外形。

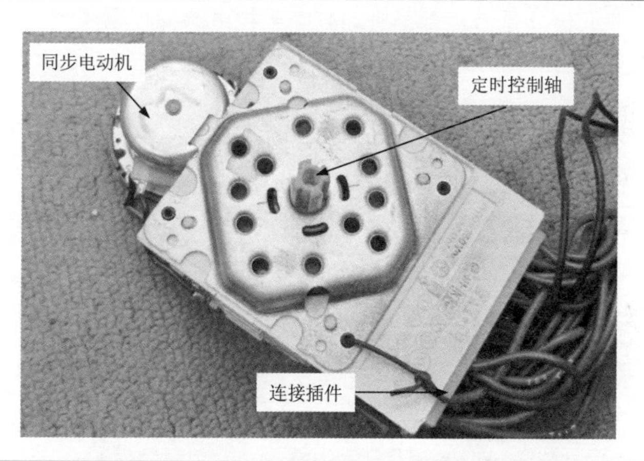
同步电动机
定时控制轴
连接插件

图 12-11　程序控制器的实物外形

（5）主控电路板

主控电路板是洗衣机的核心控制部件，由其内部的微处理器控制该电路的工作。主控电路板通常安装在洗衣机的底部，如图 12-12 所示。

主控电路板在工作时，通过程序控制器（或操作显示电路）可以为微处理器输入人工指令，微处理器收到人工指令后，根据程序输出控制信号，对洗涤电动机、进水电磁阀和排水泵等部分进行控制，使之协调动作完成洗涤工作。

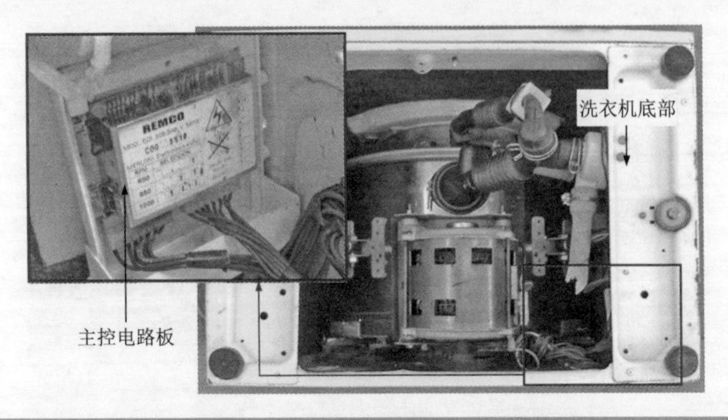
洗衣机底部
主控电路板

图 12-12　主控电路板的安装位置

图 12-13 所示为主控电路板的外形结构。主控电路板出现故障后，可检测晶体振荡器、微处理器（IC1）、稳压二极管和水泥电阻器等，通过判断这些元器件是否正常，进而判断主控电路的故障。

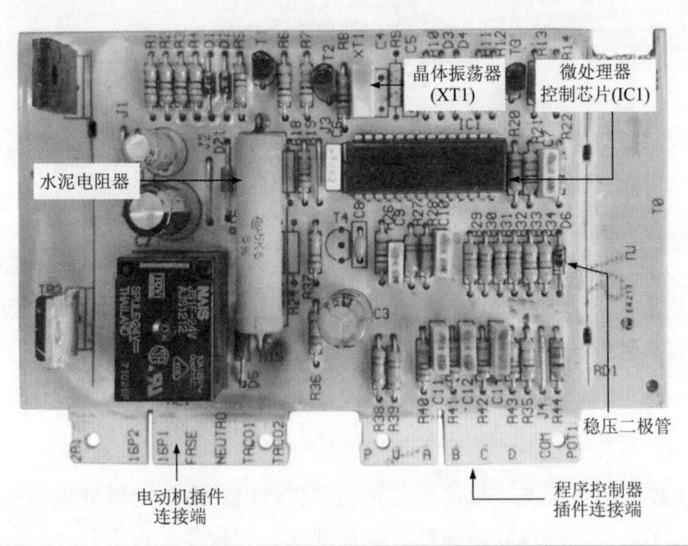
晶体振荡器
(XT1)
微处理器
控制芯片(IC1)
水泥电阻器
稳压二极管
电动机插件
连接端
程序控制器
插件连接端

图 12-13　主控电路板的外形结构

（6）洗涤电动机

洗涤电动机是洗衣机的动力源，用于带动洗衣机的波轮运转，以实现洗衣机的洗涤功能。洗涤电动机有单相异步电动机、电容运转式双速电动机两种，通常安装在洗衣机的底部，如图 12-14 所示。

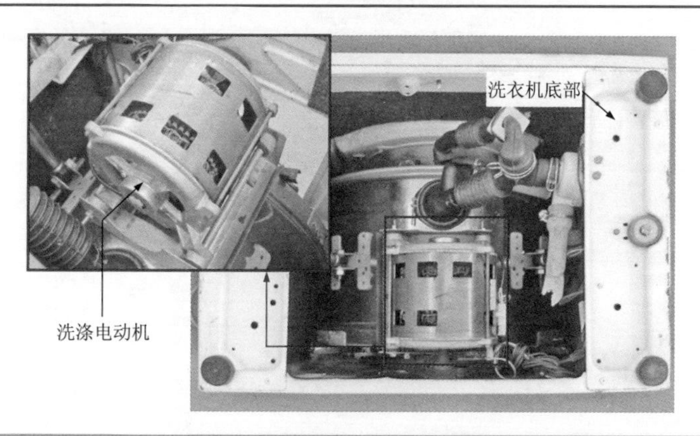
洗衣机底部
洗涤电动机

图 12-14 洗涤电动机的安装位置

1）单相异步电动机。单相异步电动机由带轮、风叶轮、铁心、连接引脚等组成，借助起动电容器起动后，开始工作，实现洗衣机的洗涤功能，如图 12-15 所示。

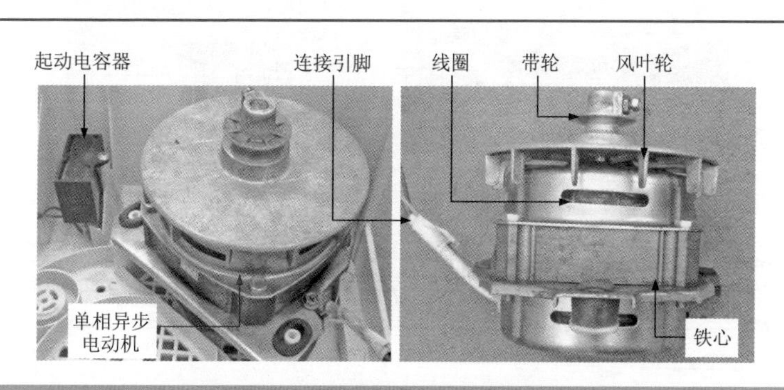
起动电容器
连接引脚
线圈
带轮
风叶轮
单相异步
电动机
铁心

图 12-15 单相异步电动机外形结构

2）电容运转式双速电动机。电容运转式双速电动机由外壳、绕组、接线端和过热保护器等构成，通过起动电容器起动后，开始工作，实现洗衣机的洗涤功能，如图 12-16 所示。

（7）起动电容器

起动电容器用于控制洗涤电动机的起停工作，通过起动电容器将起动电流加到洗涤电动机的起动绕组上进行起动。图 12-17 所示为起动电容器的外形结构。

绕组
外壳
过热保护器
接线端
电容运转式
双速电动机

图 12-16　电容运转式双速电动机外形结构

起动电容器
起动电容器

图 12-17　起动电容器的外形结构

（8）安全门装置

安全门装置可在洗衣机通电状态下，起安全保护的作用，也可以直接控制电动机的电源通断。图 12-18 所示为安全门装置的安装位置及外形结构。

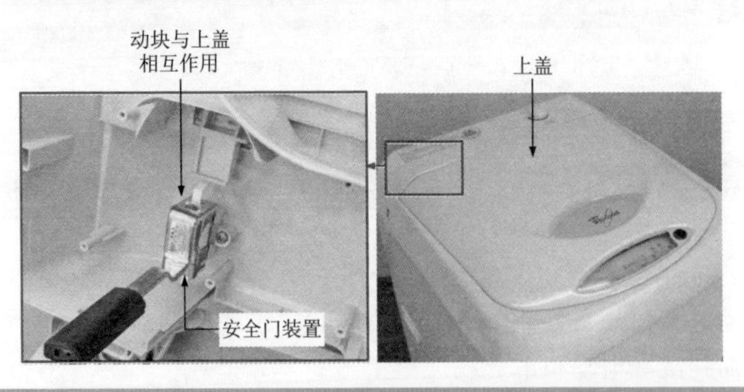
动块与上盖
相互作用
上盖
安全门装置

图 12-18　安全门装置的安装位置及外形结构

要点说明

安全门装置通常安装在洗衣机围框的后面，受控于洗衣机的上盖。当上盖关闭时，动块与上盖相互作用。若上盖打开，动块与上盖撤销作用。

（9）加热器及温度控制器

加热器及温度控制器用于对洗涤液进行加热控制，通常安装在洗衣机背部的下方，如图 12-19 所示。加热器用于对洗涤液进行加热，提高洗衣机的洗涤效果，且由温度控制器控制加热的温度。

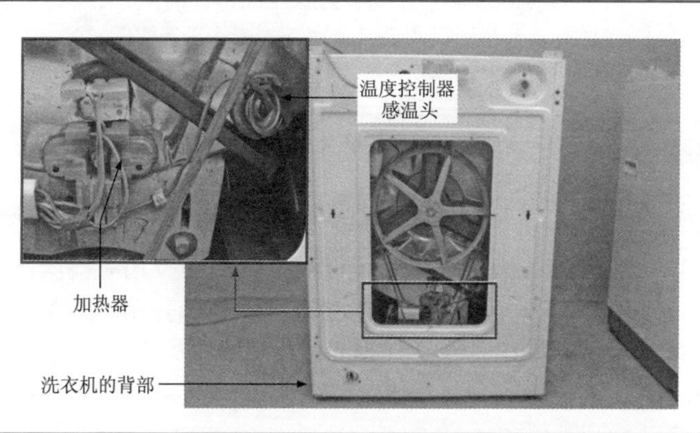
温度控制器
感温头
加热器
洗衣机的背部

图 12-19　加热器及温度控制器的安装位置

图 12-20 所示为加热器及温度控制器的实物外形。

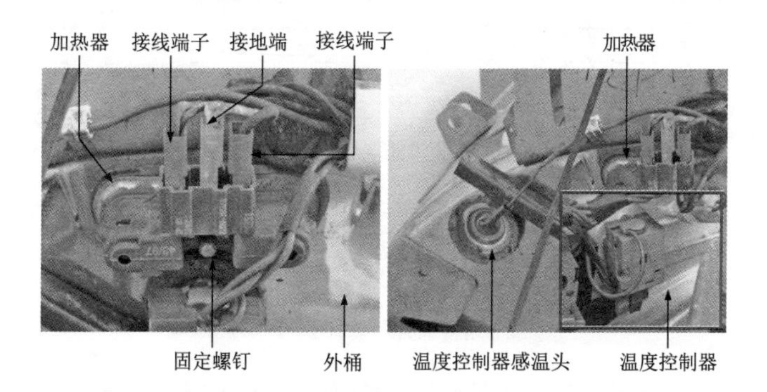
加热器
接线端子
接地端
接线端子
加热器
固定螺钉
外桶
温度控制器感温头
温度控制器

图 12-20　加热器及温度控制器的实物外形

（10）操作显示电路

操作显示电路用于输入人工指令和输出工作状态，通常安装在洗衣机的操作面板上，如图 12-21 所示。在操作显示电路中，除了有操作按钮、指示灯外，还带有与其他部件的连接接口等。

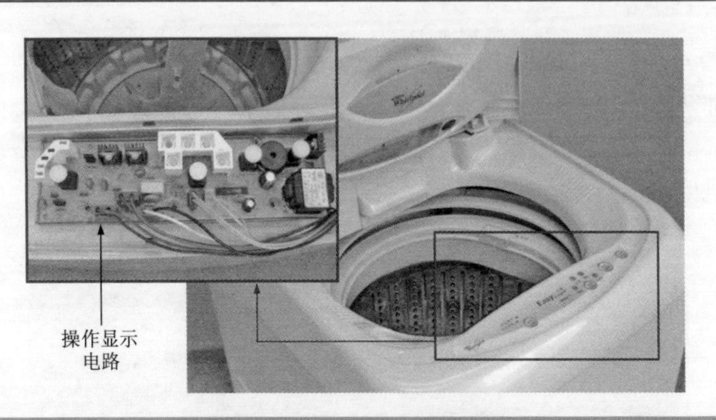
操作显示
电路

图 12-21 操作显示电路的安装位置

图 12-22 所示为操作显示电路的实物外形。用万用表检测操作显示电路时，可重点检测操作显示电路中连接接口的电压值。通常，进水电磁阀端电压为交流 220V、安全门装置接口端电压为直流 5V、水位开关接口端电压为直流 5V、排水泵接口端电压为交流 220V、洗涤电动机接口端为交流 220V 间歇供电电压。

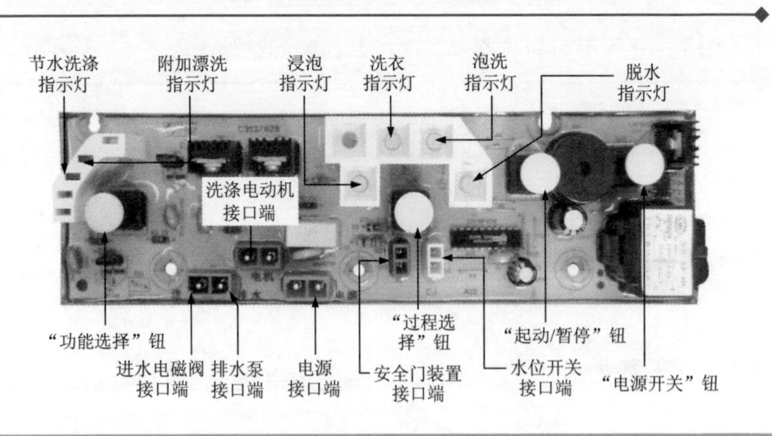
节水洗涤
指示灯
附加漂洗
指示灯
浸泡
指示灯
洗衣
指示灯
泡洗
指示灯
脱水
指示灯
洗涤电动机
接口端
“功能选择”钮
进水电磁阀
接口端
排水泵
接口端
电源
接口端
“过程选
择”钮
安全门装置
接口端
水位开关
接口端
“起动/暂停”钮
“电源开关”钮

图 12-22 操作显示电路的实物外形

12.1.2　洗衣机的工作原理

洗衣机中的主要部件与众多电子元器件相互连接组合形成单元电路（或功能电路）。工作时，各单元电路（功能电路）相互配合协调工作。图12-23所示为典型洗衣机的整机电路。

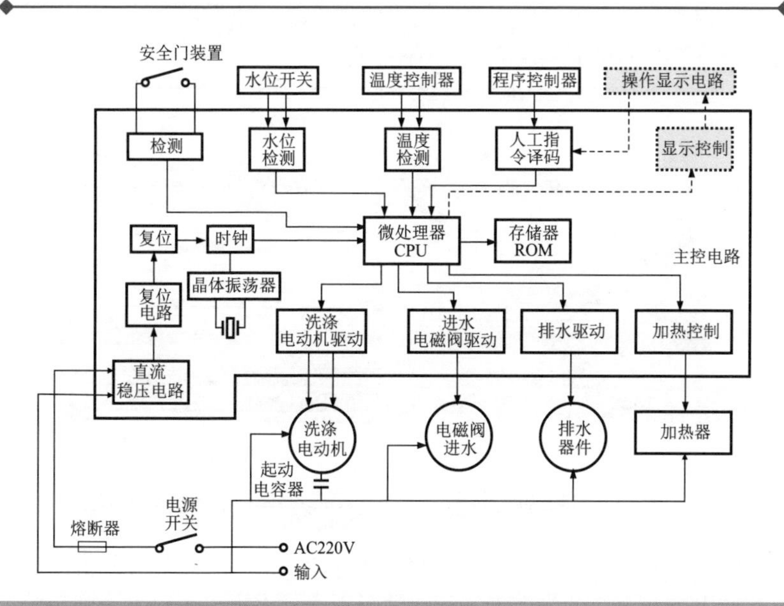

安全门装置
水位开关
温度控制器
程序控制器
操作显示电路
检测
水位检测
温度检测
人工指令译码
显示控制
复位
时钟
微处理器CPU
存储器ROM
主控电路
晶体振荡器
复位电路
洗涤电动机驱动
进水电磁阀驱动
排水驱动
加热控制
直流稳压电路
洗涤电动机
电磁阀进水
排水器件
加热器
起动电容器
电源开关
熔断器
AC220V
输入

图12-23　典型洗衣机的整机电路

主控电路为洗衣机的核心控制部分，经程序控制器（或操作显示电路）将人工指令送入控制电路的微处理器（CPU）中，由微处理器（CPU）控制电磁阀进水、洗涤电动机运转、排水器件脱水、加热器加热等。

主控电路中的微处理器（CPU）接收由水位开关送入的水位检测信号和温度控制器传输的温度检测信号，对洗衣机的水位、温度等进行控制。

12.2　万用表检测洗衣机

12.2.1　万用表检测洗衣机的进水电磁阀

用万用表检测进水电磁阀时，可重点检测进水电磁阀的供电电压和线圈阻值（通常，进水电磁阀的供电电压为交流 220V，电磁线圈阻值为 3. 5kΩ）。

用万用表检测洗衣机的进水电磁阀，要先将洗衣机设置在“洗衣”状态，然后再检测进水电磁阀供电端的电压。

如图 12-24 所示，将万用表量程调至 AC 250V 交流电压档，红、黑表笔分别搭在进水电磁阀电磁线圈 1 的供电端。正常情况下，进水电磁阀电磁线圈 1 的供电电压应为 220V 左右。

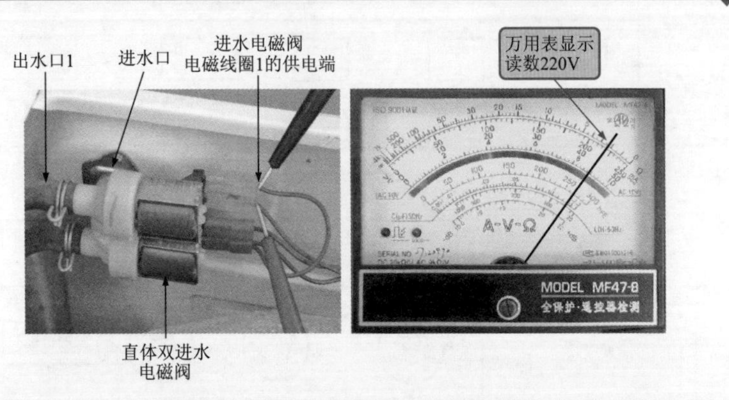
出水口1
进水口
进水电磁阀
电磁线圈1的供电端
万用表显示
读数220V
A-V-Ω
MODEL MF47-B
全保护·遥控器检测
直体双进水
电磁阀

图 12-24　进水电磁阀电磁线圈 1 的供电电压检测操作

将万用表量程调至 AC 250V 交流电压档，红、黑表笔分别搭在进水电磁阀电磁线圈 2 的供电端。正常情况下，进水电磁阀电磁线圈 2 的供电电压应为 220V 左右，如图 12-25 所示。

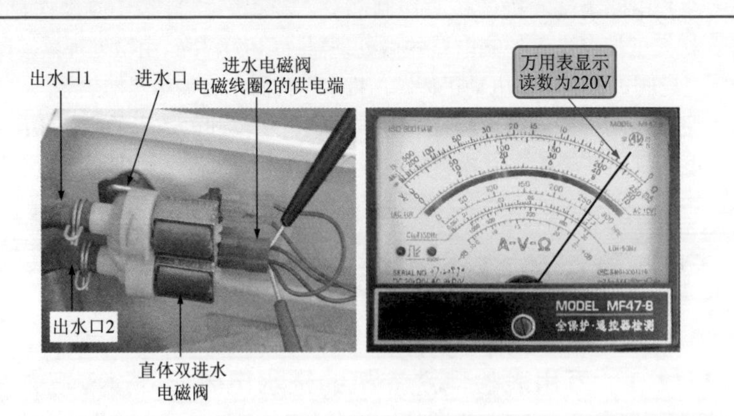
出水口1
进水口
进水电磁阀
电磁线圈2的供电端
万用表显示
读数为220V
出水口2
A-V-Ω
MODEL MF47-B
全保护·遥控器检测
直体双进水
电磁阀

图 12-25　进水电磁阀电磁线圈 2 的供电电压检测操作

若进水电磁阀的供电电压正常，应继续对进水电磁阀电磁线圈的阻值进行进一步检测。检测时，将万用表量程调至“×1k”欧姆档，红、黑表笔分别搭在进水电磁阀电磁线圈 1 的连接端。正常情况下，进水电磁阀电磁线圈 1 的绕组阻值为 3. 5kΩ 左右，如图 12-26 所示。

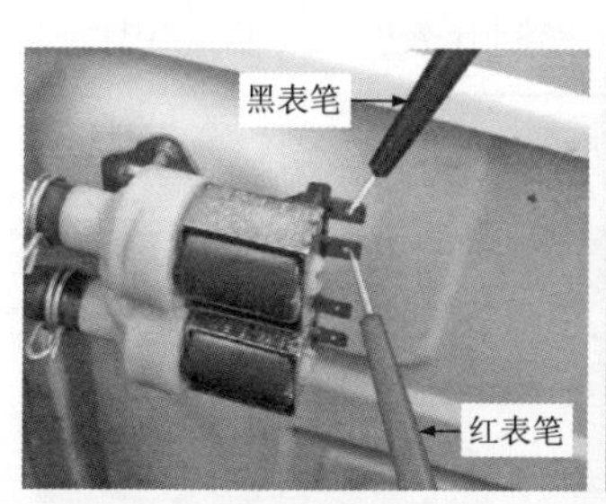
黑表笔
红表笔

万用表显示读数3.5kΩ
A-V-Ω
MODEL MF47-B
全保护·遥控器检测

图 12-26　进水电磁阀电磁线圈 1 阻值的检测操作

将万用表量程调至“×1k”欧姆档，红、黑表笔分别搭在进水电磁阀电磁线圈 2 的连接端。正常情况下，进水电磁阀电磁线圈 2 的阻值应为 3. 5kΩ 左右，如图 12-27 所示。

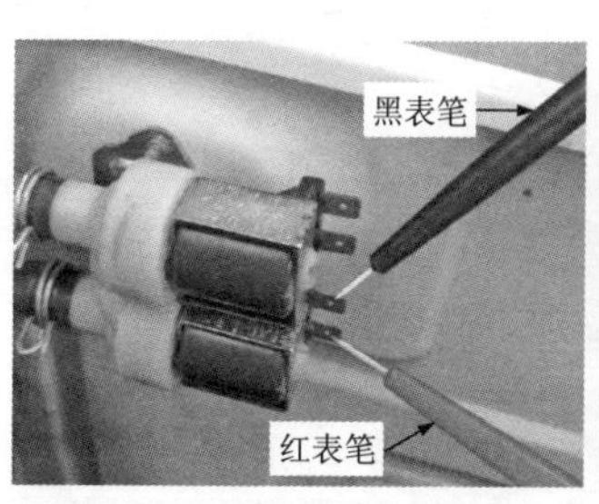
黑表笔
红表笔

万用表显示读数3.5kΩ
A-V-Ω
MODEL MF47-B
全保护·遥控器检测

图 12-27　进水电磁阀电磁线圈 2 阻值的检测操作

要点说明

用万用表测量电阻时，每切换一次量程都要进行一次零欧姆校正。因此，这项调整在测量时要经常进行。

12.2.2 万用表检测洗衣机的水位开关

用万用表检测水位开关时，可重点检测水位开关触点间的阻值（通常，水位开关触点接通时电阻值为0Ω）。

如图12-28所示，使用万用表检测水位开关时，将万用表量程调至“×1”欧姆档，红、黑表笔分别搭在水位开关的低水位控制开关的连接端。正常情况下，水位开关的低水位控制开关的阻值应为0Ω。

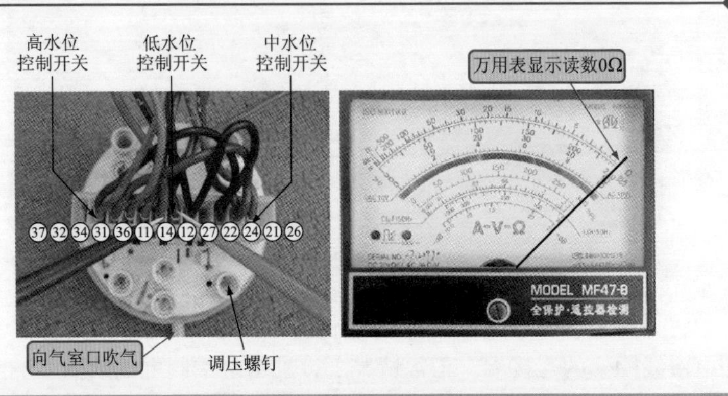
高水位
控制开关
低水位
控制开关
中水位
控制开关
万用表显示读数0Ω
37 32 34 31 36 11 14 12 27 22 24 21 26
A-V-Ω
MODEL MF47-B
全保护·遥控器检测
向气室口吹气
调压螺钉

图12-28 水位开关的低水位控制开关阻值的检测操作

若水位开关的低水位控制开关正常，应继续对水位开关的中水位控制开关的阻值进行检测。检测时，将万用表量程调至“×1”欧姆档，红、黑表笔分别搭在水位开关的中水位控制开关的连接端。正常情况下，水位开关的中水位控制开关的阻值应为0Ω，如图12-29所示。

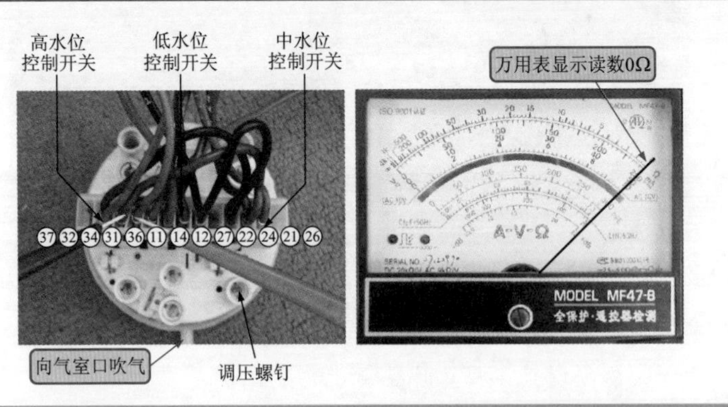
高水位
控制开关
低水位
控制开关
中水位
控制开关
万用表显示读数0Ω
37 32 34 31 36 11 14 12 27 22 24 21 26
A-V-Ω
MODEL MF47-B
全保护·遥控器检测
向气室口吹气
调压螺钉

图12-29 水位开关的中水位控制开关阻值的检测操作

若水位开关的低、中水位控制开关均正常，应继续对水位开关的高水位控制开关的阻值进行检测。检测时，将万用表量程调至“×1”欧姆档，红、黑表笔分别搭在水位开关的高水位控制开关的连接端，正常情况下，水位开关的高水位控制开关的阻值应为0Ω，如图12-30所示。

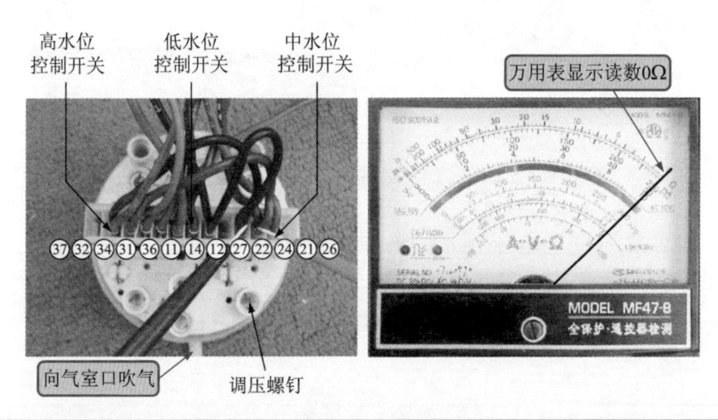
高水位
控制开关
低水位
控制开关
中水位
控制开关
万用表显示读数0Ω
37 32 34 31 36 11 14 12 27 22 24 21 26
MODEL MF47-B
全保护·遥控器检测
向气室口吹气
调压螺钉

图12-30 水位开关的高水位控制开关阻值的检测操作

要点说明

在区分高中低水位开关时，要先将洗衣机断电，通过向气室口吹气，根据吹气的“小、中、大”使水位开关处于低水位控制、中水位控制、高水位控制状态，再分别检测水位开关的低水位控制开关、中水位控制开关、高水位控制开关的阻值。

12.2.3 万用表检测洗衣机的排水泵

用万用表检测排水泵时，可重点检测排水泵的供电电压和绕组阻值（通常，排水泵的供电电压为交流220V、电阻值为22Ω左右）。

检测排水泵前，要先将洗衣机设置在“脱水”状态，然后再检测排水泵供电端的电压。检测时，将万用表量程调至AC 250V交流电压档，红、黑表笔分别搭在排水泵的供电端。正常情况下，排水泵的供电电压应为220V左右，如图12-31所示。

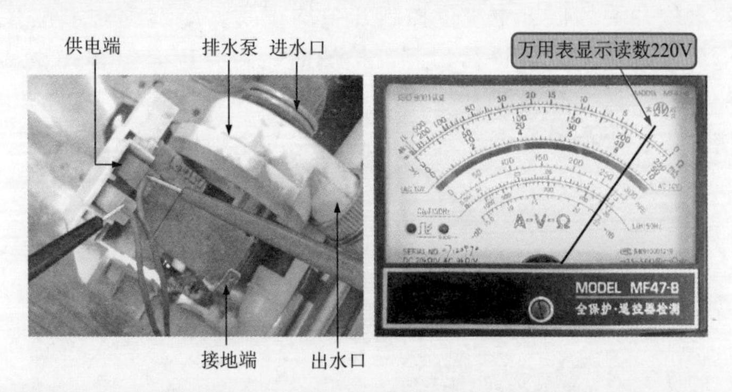
供电端
排水泵
进水口
万用表显示读数220V
MODEL MF47-B
全保护·遥控器检测
接地端
出水口

图 12-31 排水泵供电电压的检测操作

若排水泵的供电电压正常，应继续对排水泵的绕组阻值进行进一步检测。检测时，将万用表量程调至“×1k”欧姆档，红、黑表笔分别搭在排水泵的连接端，正常情况下，水泵的绕组阻值应为 22kΩ 左右，如图 12-32 所示。

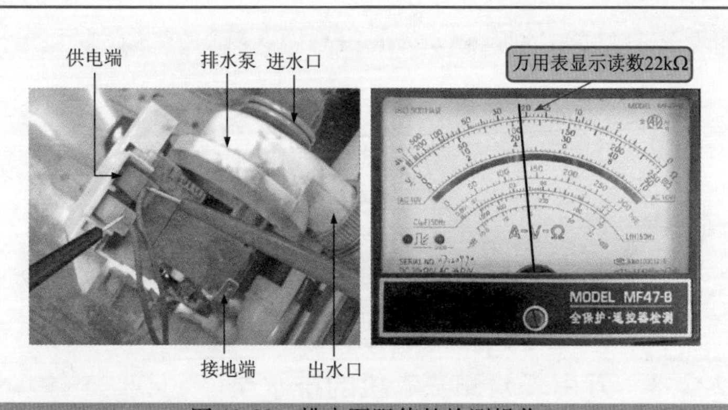
供电端
排水泵
进水口
万用表显示读数22kΩ
MODEL MF47-B
全保护·遥控器检测
接地端
出水口

图 12-32 排水泵阻值的检测操作

12.2.4 万用表检测洗衣机的电磁牵引式排水阀

用万用表检测电磁牵引式排水阀时，可重点检测电磁铁牵引器的供电电压和阻值（通常，电磁铁牵引器的供电电压为交流 180~220V；在未按下微动开关压钮时，电磁牵引器的阻值约为 114Ω，按下微动开关压钮时，电磁牵引器的阻值约为 3. 2kΩ）。

检测电磁铁牵引式排水阀前，要先将洗衣机设置在“脱水”状态，然后再检测电磁铁牵引器供电端的电压。检测时，将万用表量程调至 AC250 交流电压档，红、黑表笔分别搭在电磁牵引器的供电端。正常情况下，电磁牵引器的供电电压应为 220V 左右，如图 12-33 所示。

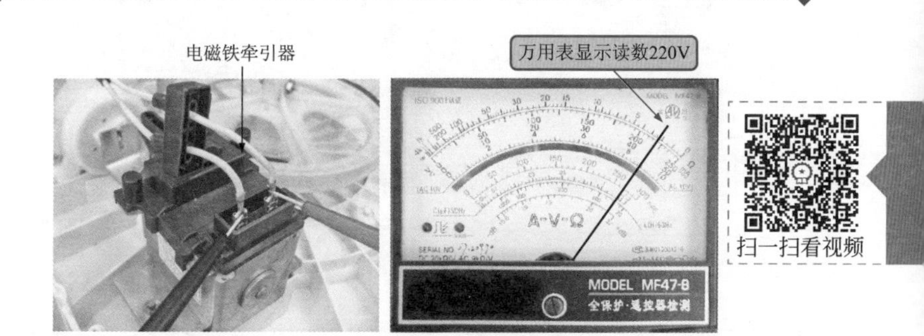
电磁铁牵引器
万用表显示读数220V
MODEL MF47-B
全保护·遥控器检测
扫一扫看视频

图 12-33 电磁铁牵引式排水阀中电磁铁牵引器供电电压的检测操作

若电磁铁牵引器的供电电压正常，应继续对电磁铁牵引式排水阀中电磁铁牵引器的阻值进行进一步检测。检测时，将万用表量程调至“×10”欧姆档，红、黑表笔分别搭在电磁铁牵引器的连接端。正常情况下，电磁铁牵引器的阻值应为 114Ω 左右，如图 12-34 所示。

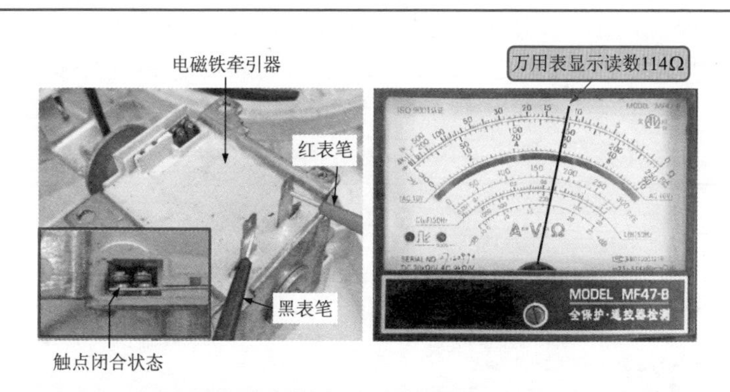
电磁铁牵引器
万用表显示读数114Ω
红表笔
黑表笔
触点闭合状态
MODEL MF47-B
全保护·遥控器检测

图 12-34 电磁铁牵引器转换触点闭合时阻值的检测操作

若电磁铁牵引器在触点闭合时，阻值正常，应继续对其在触点断开时的阻值进行进一步检测。检测时，将万用表量程调至“×1k”欧姆档，红、黑表笔分别搭在电磁铁牵引器的连接端。正常情况下，电磁铁牵引器的阻值应为 3. 2kΩ 左右，如图 12-35 所示。

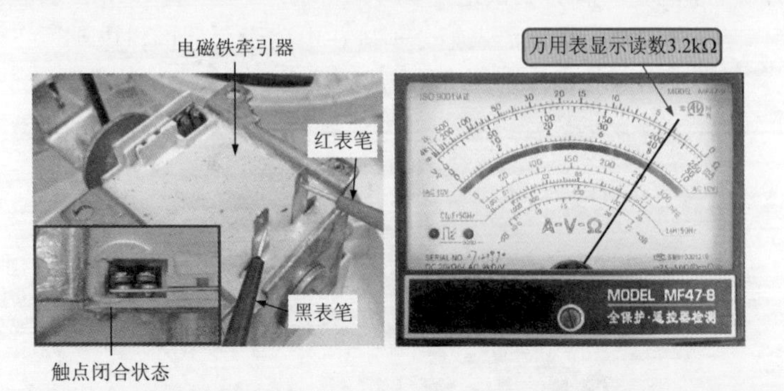
电磁铁牵引器
万用表显示读数3.2kΩ
红表笔
黑表笔
触点闭合状态
MODEL MF47-8
全保护·遥控器检测

图 12-35 电磁铁牵引式排水阀中电磁铁牵引器阻值的检测操作

12.2.5 万用表检测洗衣机的电动机牵引式排水阀

用万用表检测电动机牵引式排水阀时，可重点检测电动机牵引器的供电电压和阻值（通常，电动机牵引器的供电电压为交流 180～220V；在行程开关处于关闭状态时，电动机牵引器的阻值约为 3kΩ，在行程开关处于打开状态时，电动机牵引器的阻值约为 8kΩ）。

检测电动机牵引式排水阀前，要先将洗衣机设置在“脱水”状态，然后再检测电动机牵引器供电端的电压。检测时，将万用表量程调至 AC 250V 交流电压档，红、黑表笔分别搭在电动机牵引器的供电端。正常情况下，电动机牵引式排水阀中的电动机牵引器的供电电压应为 220V 左右，如图 12-36 所示。

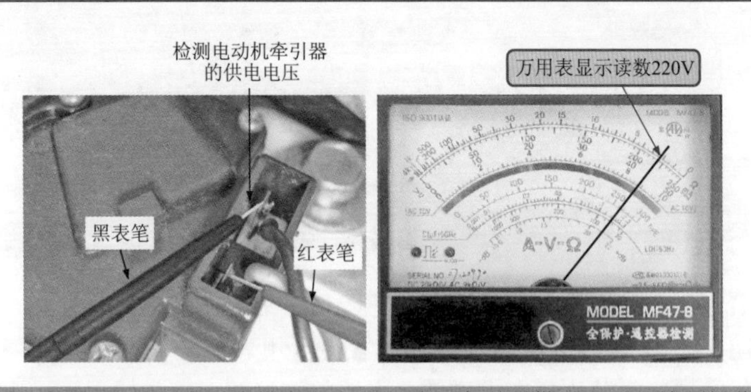
检测电动机牵引器
的供电电压
万用表显示读数220V
黑表笔
红表笔
MODEL MF47-8
全保护·遥控器检测

图 12-36 电动机牵引式排水阀中的电动机牵引器供电电压的检测操作

若电动机牵引式排水阀的供电电压正常，应继续对电动机牵引器的阻值进行进一步检测。检测时，将万用表量程调至“×1k”欧姆档，红、黑表笔分别搭在电动机牵引器的连接端。正常情况下，电动机牵引器的阻值应为3kΩ左右，如图12-37所示。

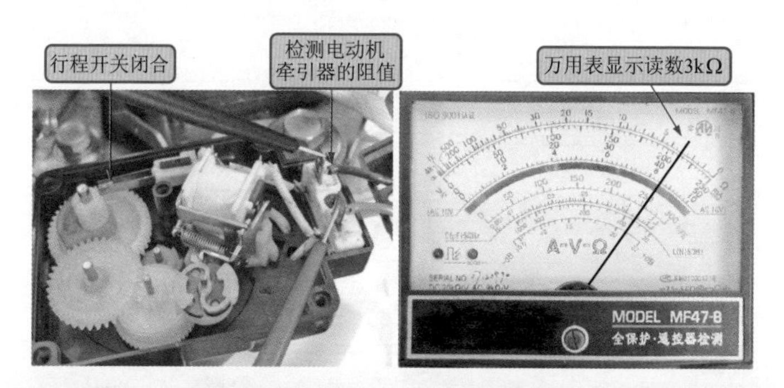
行程开关闭合
检测电动机牵引器的阻值
万用表显示读数3kΩ
MODEL MF47-B
全保护·遥控器检测

图12-37 电动机牵引器行程开关闭合时阻值的检测操作

若电动机牵引器在行程开关闭合时，阻值正常，应继续对其在行程开关断开时的阻值进行进一步检测。检测时，将万用表量程调至“×1k”欧姆档，红、黑表笔分别搭在电动机牵引器的连接端。正常情况下，电动机牵引器的阻值应为8kΩ左右，如图12-38所示。

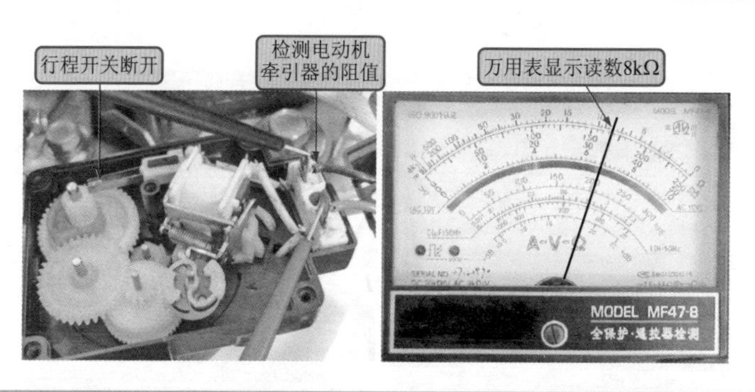
行程开关断开
检测电动机牵引器的阻值
万用表显示读数8kΩ
MODEL MF47-B
全保护·遥控器检测

图12-38 电动机牵引器行程开关断开时阻值的检测操作

12.2.6 万用表检测洗衣机的洗涤电动机

在使用万用表检测洗涤电动机的过程中，应重点对洗涤电动机的供电电压和绕组阻值进行检测。以单相异步电动机为例。

用万用表检测单相异步电动机时，可重点检测单相异步电动机的绕组阻值。

检测单相异步电动机前，要先将洗衣机断电，然后再检测单相异步电动机的三端的绕组阻值。检测时将红表笔搭在黑色导线上，黑表笔搭在棕色导线上，其阻值为 35Ω，如图 12-39 所示。

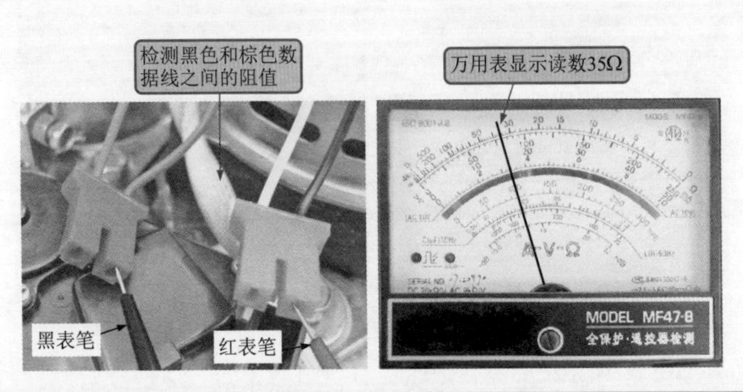
检测黑色和棕色数据线之间的阻值
万用表显示读数35Ω
黑表笔
红表笔
MODEL MF47-B
全保护·遥控器检测

图 12-39　单相异步电动机黑棕导线间绕组阻值的检测操作

将红表笔搭在黑色导线上，黑表笔搭在红色导线上，其阻值为 35Ω，如图 12-40 所示。

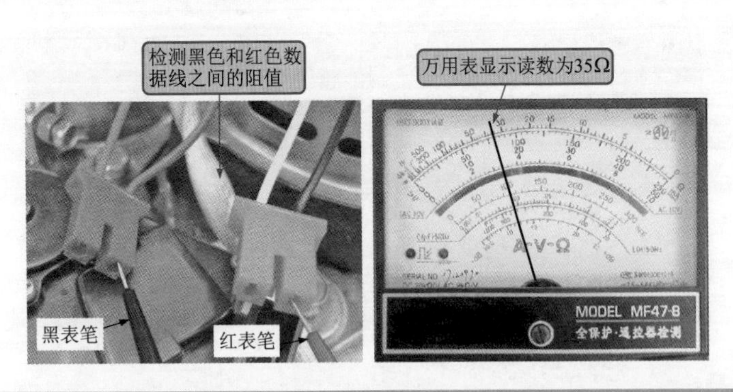
检测黑色和红色数据线之间的阻值
万用表显示读数为35Ω
黑表笔
红表笔
MODEL MF47-B
全保护·遥控器检测

图 12-40　单相异步电动机黑红导线间绕组阻值的检测操作

将红表笔搭在红色导线上，黑表笔搭在棕色导线上，其阻值为 70Ω，如图 12-41 所示。

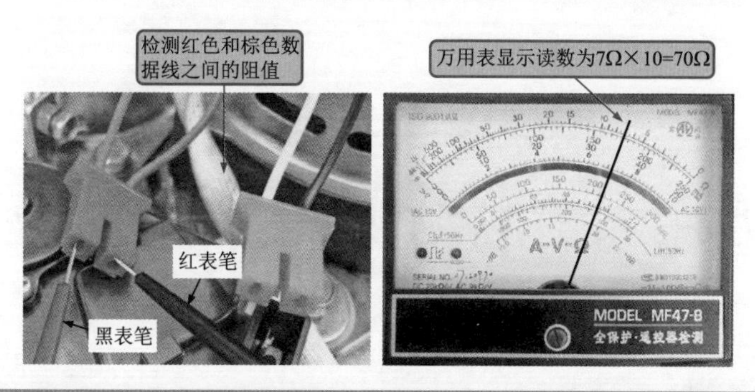
检测红色和棕色数据线之间的阻值
红表笔
黑表笔
万用表显示读数为7Ω×10=70Ω
MODEL MF47-B
全保护·遥控器检测

图 12-41 单相异步电动机红棕导线间绕组阻值的检测操作

第 13 章 万用表检测电饭煲的应用实例

13.1 电饭煲的特点

13.1.1 电饭煲的结构组成

电饭煲俗称电饭锅，是家庭中常用的电炊具之一，是可根据操控指令自动完成烧饭、加热功能的家用电器产品。在使用万用表对其进行检测训练前，我们首先了解一下它的结构，图 13-1 为典型电饭煲的结构。

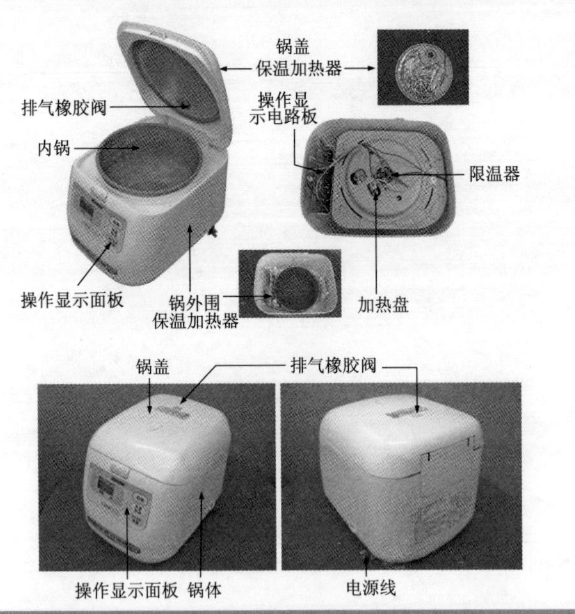
锅盖
保温加热器
排气橡胶阀
操作显
示电路板
内锅
限温器
操作显示面板
锅外围
保温加热器
加热盘
锅盖
排气橡胶阀
操作显示面板
锅体
电源线

图 13-1 典型电饭煲的结构

加热盘是电饭煲的主要部件之一，是用来为电饭煲提供热源的部件。供电端位于加热盘的底部，通过连接片与供电端导线相连。图 13-2 为典型电饭煲的加热盘。

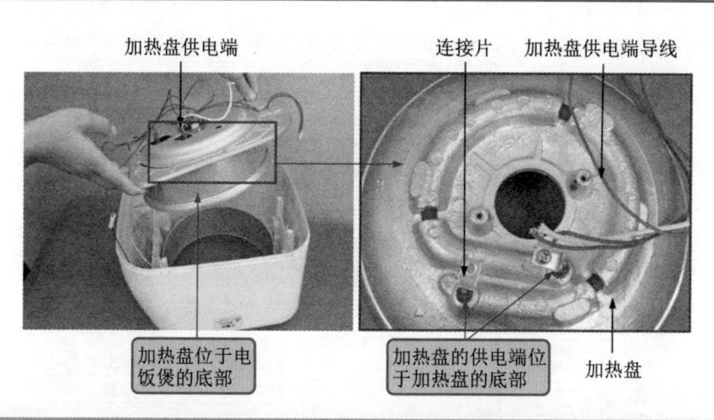
加热盘供电端
连接片
加热盘供电端导线
加热盘位于电饭煲的底部
加热盘的供电端位于加热盘的底部
加热盘

图 13-2　典型电饭煲的加热盘

限温器是电饭煲煮饭自动断电装置，用来感应内锅的热量，从而判断锅内食物是否加热完成。限温器安装在电饭煲底部的加热盘中心位置，与内锅直接接触。图 13-3 为典型电饭煲的限温器。

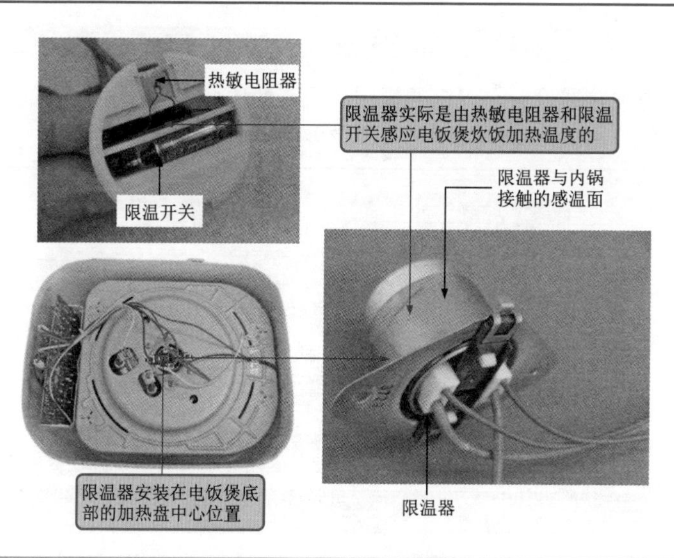
热敏电阻器
限温器实际是由热敏电阻器和限温开关感应电饭煲炊饭加热温度的
限温器与内锅接触的感温面
限温开关
限温器安装在电饭煲底部的加热盘中心位置
限温器

图 13-3　典型电饭煲的限温器

相关资料

有些电饭煲中限温器是通过面板的杠杆开关进行控制的，该类限温器通常采用磁钢限温器，它是通过炊饭开关的上下运动对其进行控制，如图 13-4 所示。机械式电饭煲与微处理器式电饭煲的主要区别就是控制方式的不同。

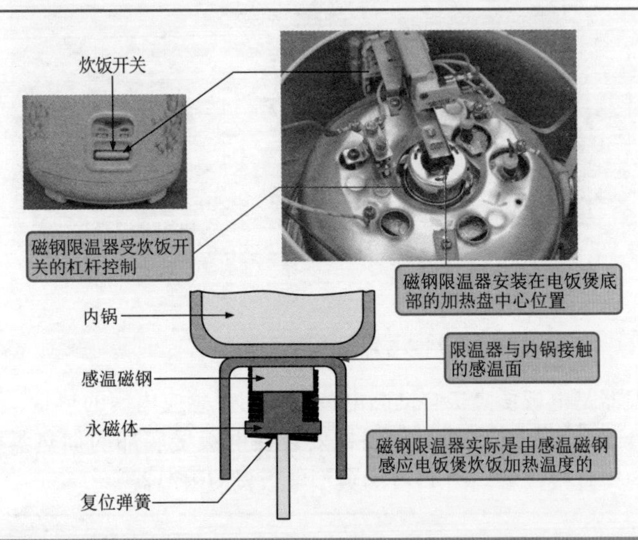
炊饭开关
磁钢限温器受炊饭开关的杠杆控制
磁钢限温器安装在电饭煲底部的加热盘中心位置
内锅
限温器与内锅接触的感温面
感温磁钢
永磁体
磁钢限温器实际是由感温磁钢感应电饭煲炊饭加热温度的
复位弹簧

图 13-4　磁钢限温器

保温加热器设置在内锅的周围和锅盖的内侧，用于对锅内的食物起到保温的作用。图 13-5 为典型电饭煲的保温加热器。

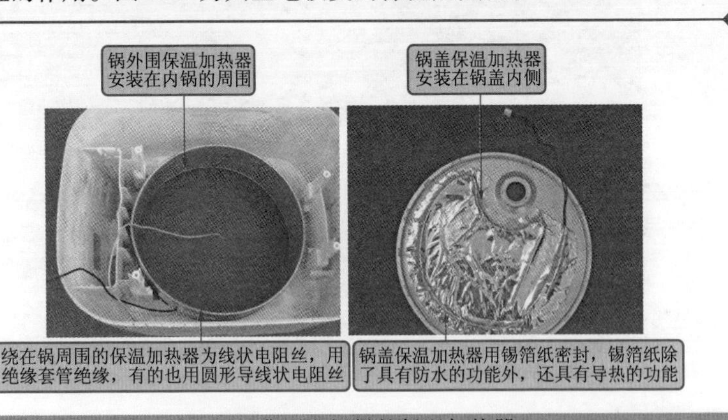
锅外围保温加热器安装在内锅的周围
锅盖保温加热器安装在锅盖内侧
绕在锅周围的保温加热器为线状电阻丝，用绝缘套管绝缘，有的也用圆形导线状电阻丝
锅盖保温加热器用锡箔纸密封，锡箔纸除了具有防水的功能外，还具有导热的功能

图 13-5　典型电饭煲的保温加热器

操作显示电路位于电饭煲前端的锅体壳内，用户可以根据需要对电饭煲进行控制，并由指示部分显示电饭煲的当前工作状态。图 13-6 为典型电饭煲的操作显示电路。

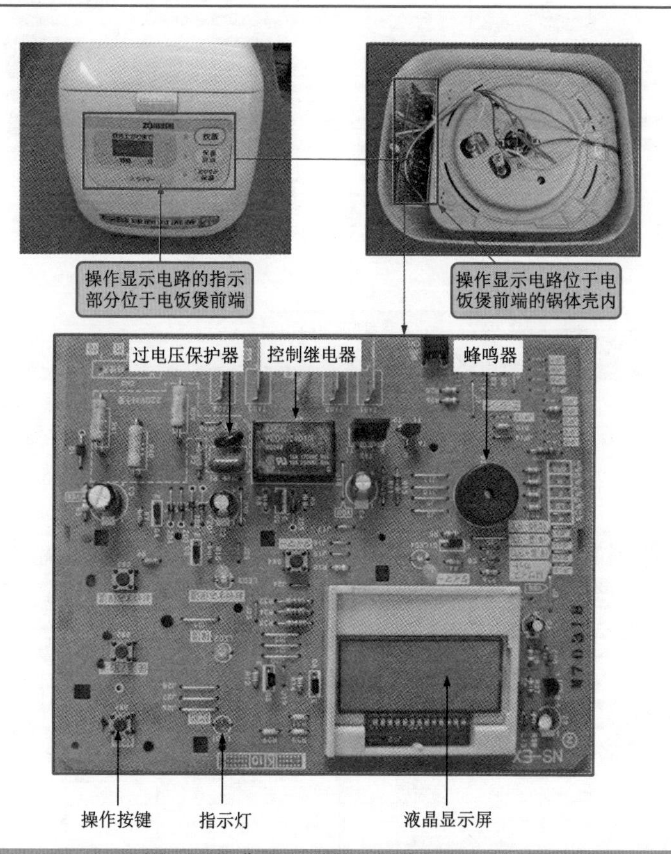
操作显示电路的指示部分位于电饭煲前端
操作显示电路位于电饭煲前端的锅体壳内
过电压保护器
控制继电器
蜂鸣器
操作按键
指示灯
液晶显示屏

图 13-6　典型电饭煲的操作显示电路

13.1.2　电饭煲的工作原理

图 13-7 所示为典型机械式电饭煲的工作过程。

图 13-8 为典型微处理器式电饭煲的工作过程。

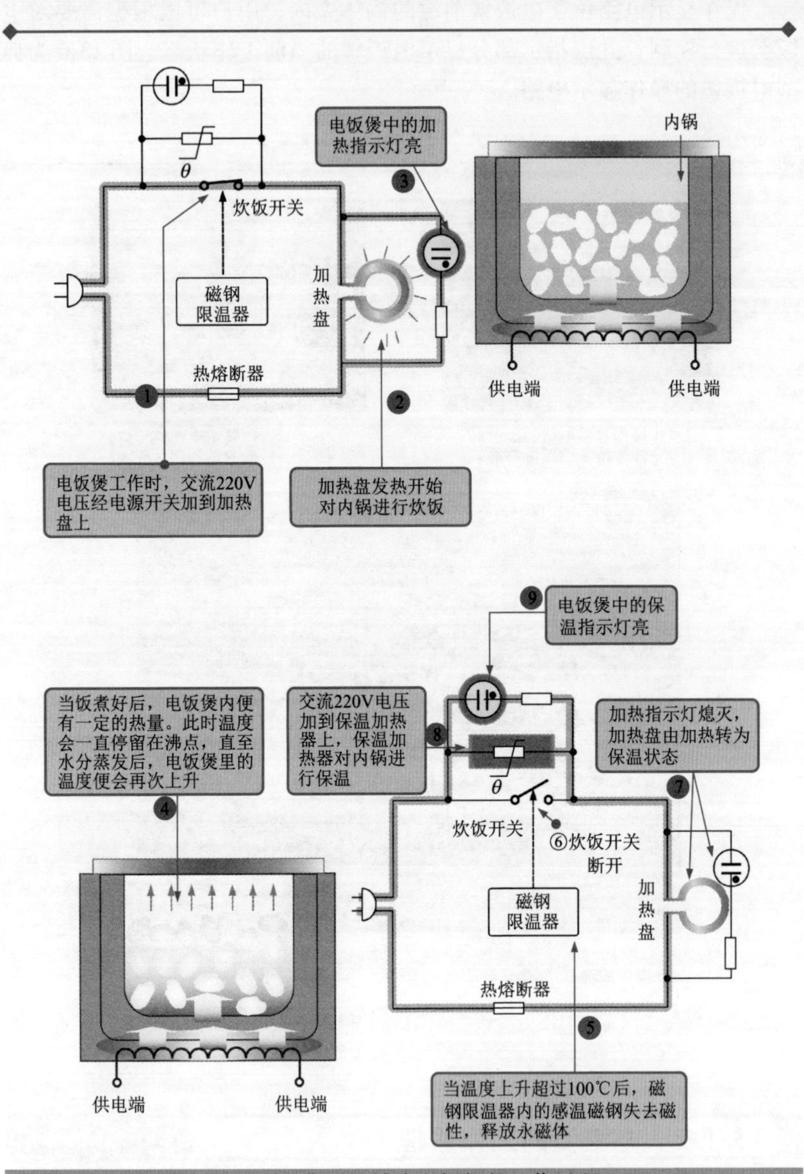
电饭煲中的加热指示灯亮
内锅
θ
炊饭开关
加热盘
磁钢限温器
热熔断器
供电端
供电端
电饭煲工作时，交流220V电压经电源开关加到加热盘上
加热盘发热开始对内锅进行炊饭
电饭煲中的保温指示灯亮
当饭煮好后，电饭煲内便有一定的热量。此时温度会一直停留在沸点，直至水分蒸发后，电饭煲里的温度便会再次上升
交流220V电压加到保温加热器上，保温加热器对内锅进行保温
加热指示灯熄灭，加热盘由加热转为保温状态
θ
炊饭开关
⑥炊饭开关断开
磁钢限温器
加热盘
热熔断器
供电端
供电端
当温度上升超过100℃后，磁钢限温器内的感温磁钢失去磁性，释放永磁体

图 13-7　典型机械式电饭煲的工作过程

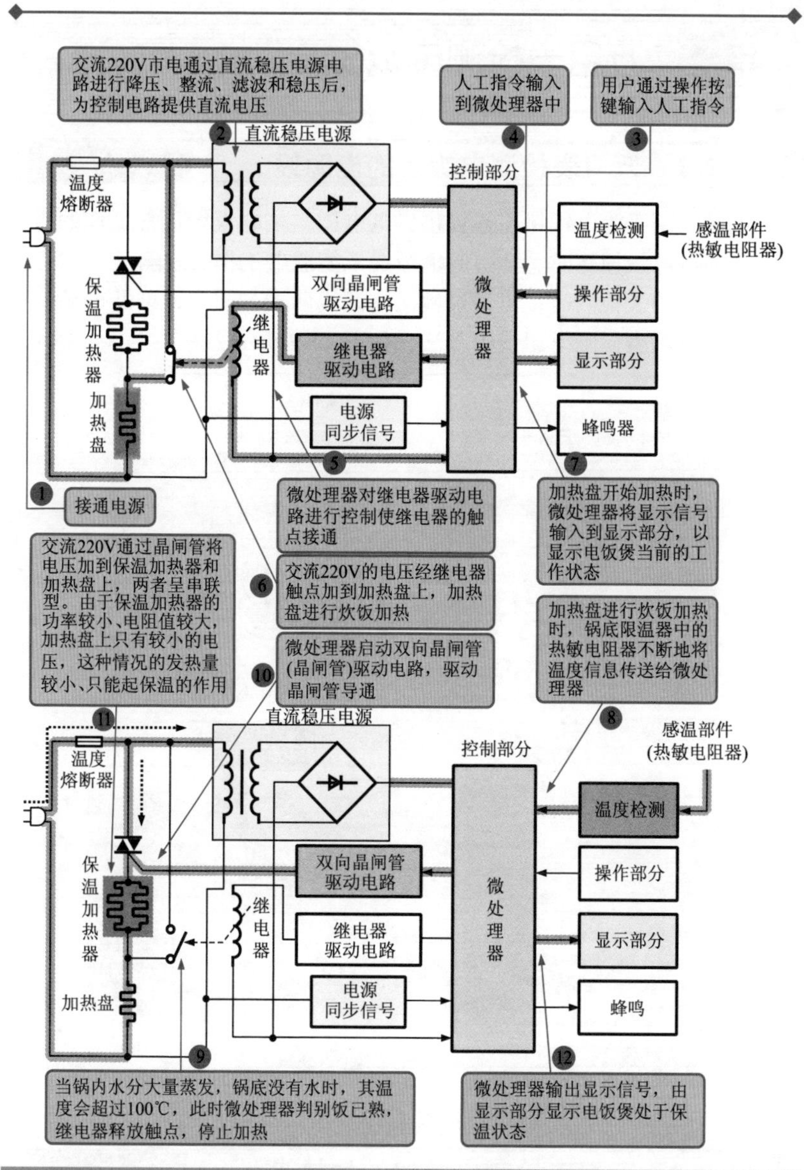

交流220V市电通过直流稳压电源电路进行降压、整流、滤波和稳压后，为控制电路提供直流电压
人工指令输入到微处理器中
用户通过操作按键输入人工指令
直流稳压电源
控制部分
温度熔断器
温度检测
感温部件
(热敏电阻器)
保温加热器
双向晶闸管驱动电路
微处理器
操作部分
继电器
继电器驱动电路
显示部分
加热盘
电源同步信号
蜂鸣器
接通电源
微处理器对继电器驱动电路进行控制使继电器的触点接通
加热盘开始加热时，微处理器将显示信号输入到显示部分，以显示电饭煲当前的工作状态
交流220V通过晶闸管将电压加到保温加热器和加热盘上，两者呈串联型。由于保温加热器的功率较小、电阻值较大，加热盘上只有较小的电压，这种情况的发热量较小、只能起保温的作用
交流220V的电压经继电器触点加到加热盘上，加热盘进行炊饭加热
加热盘进行炊饭加热时，锅底限温器中的热敏电阻器不断地将温度信息传送给微处理器
微处理器启动双向晶闸管(晶闸管)驱动电路，驱动晶闸管导通
蜂鸣
当锅内水分大量蒸发，锅底没有水时，其温度会超过100℃，此时微处理器判别饭已熟，继电器释放触点，停止加热
微处理器输出显示信号，由显示部分显示电饭煲处于保温状态

图 13-8　典型微处理器式电饭煲的工作过程

13.2 万用表检测电饭煲

13.2.1 万用表检测电饭煲的电源线

电源线用于为电饭煲工作提供供电电压，是电饭煲正常工作的重要部件。当电源线损坏时，会引起电饭煲不能通电工作的故障。

使用万用表检测时，可通过检测电源线两端的阻值，判断电源线是否损坏。万用表检测电源线的方法，如图13-9所示。

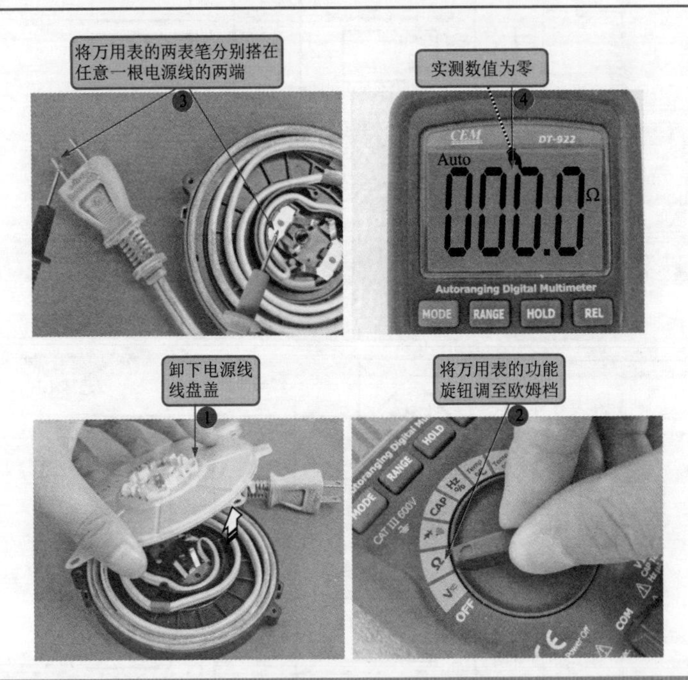

将万用表的两表笔分别搭在任意一根电源线的两端
3
实测数值为零
4
CEM
DT-922
Auto
000.0
Ω
Autoranging Digital Multimeter
MODE
RANGE
HOLD
REL
卸下电源线线盘盖
1
将万用表的功能旋钮调至欧姆档
2

图13-9 万用表检测电源线的方法

若检测电源线两端阻值为无穷大，则说明电源线开路损坏。

13.2.2 万用表检测电饭煲的加热盘

加热盘是用来为电饭煲提供热源的部件。当加热盘损坏，多会引起电饭煲出现不炊饭、炊饭不良等故障。

使用万用表检测时，可通过检测加热盘两端的阻值，来判断加热盘是否损坏。万用表检测加热盘的方法，如图 13-10 所示。

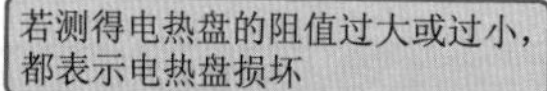
若测得电热盘的阻值过大或过小，都表示电热盘损坏

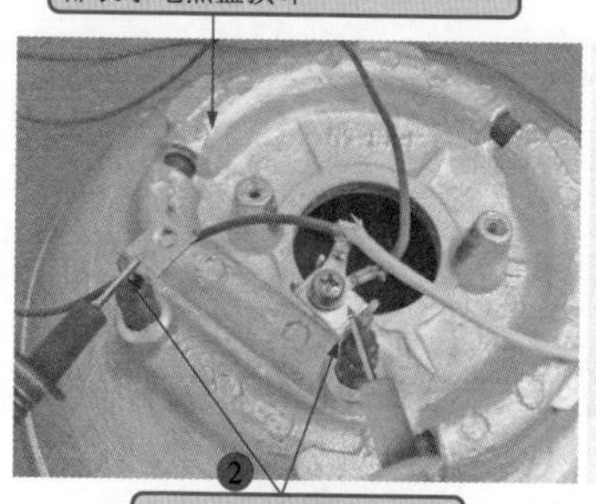
将万用表的功能旋钮调至欧姆档
CEM
DT-922
Auto
013.5
Ω
Autoranging Digital Multimeter
MODE
RANGE
HOLD
REL
将万用表的两表笔分别搭在加热盘的两端
实测数值为13.5Ω

扫一扫看视频

图 13-10　万用表检测加热盘的方法

13.2.3　万用表检测电饭煲的限温器

限温器用于检测电饭煲的锅底温度，并将温度信号送入微处理器中，由微处理器根据接收到的温度信号发出停止炊饭的指令，控制电饭煲的工作状态。若限温器损坏，多会引起电饭煲出现不炊饭、煮不熟饭、一直炊饭等故障。

使用万用表检测时，可通过检测限温器供电引线间和控制引线间的阻值，来判断限温器是否损坏。万用表检测限温器的方法，如图 13-11 所示。

常温情况下，限温器内热敏电阻器的阻值为几十欧姆；放锅时感温面接触热源时其阻值会相应减小。若不符合该规律，则说明限温器损坏。

13.2.4　万用表检测电饭煲的保温加热器

1. 万用表检测锅盖保温加热器

锅盖保温加热器是电饭煲饭熟后的自动保温装置。若锅盖保温加热器不正常，则电饭煲将出现保温效果差、不保温的故障。

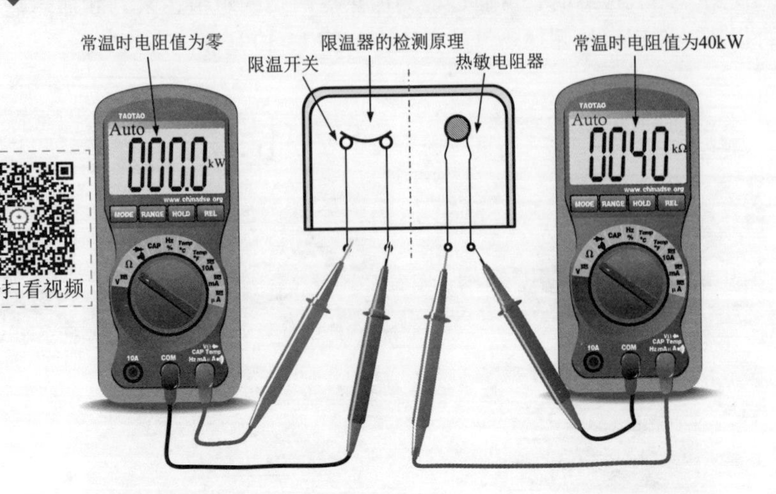
常温时电阻值为零
限温器的检测原理
常温时电阻值为40kW
限温开关
热敏电阻器
Auto
000.0
kW
Auto
0040
kΩ
MODE RANGE HOLD REL
COM
10A

扫一扫看视频

将万用表的两表笔分别搭在限温器的两引线端，对内部限温开关进行检测

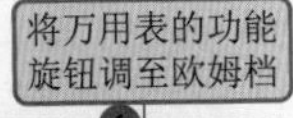
将万用表的功能旋钮调至欧姆档

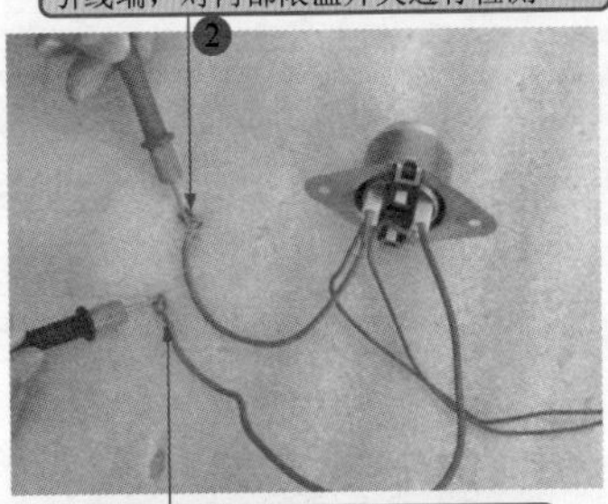

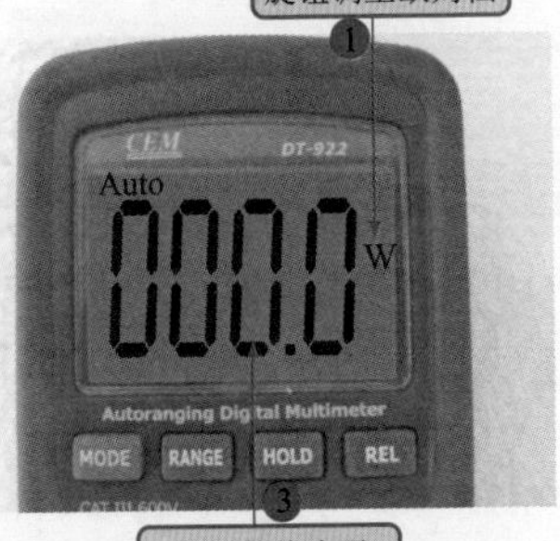
CEM
DT-922
Auto
000.0
W
Autoranging Digital Multimeter
MODE RANGE HOLD REL

若检测限温器内部限温开关的阻值为无穷大，则说明限温器已损坏

实测数值为零

将万用表表笔分别搭在热敏电阻器的两个引线端

实测数值为41.2kW

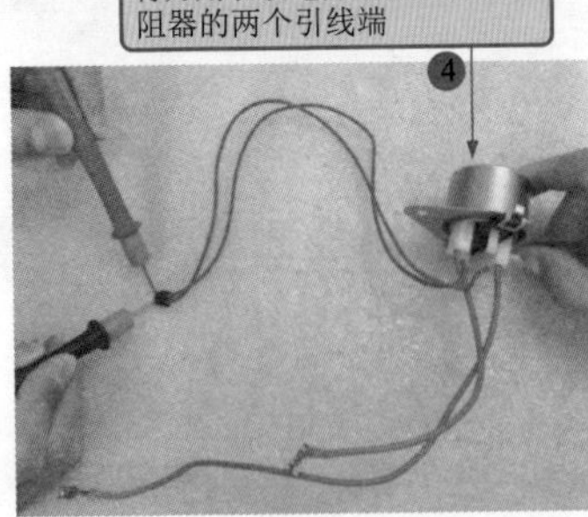

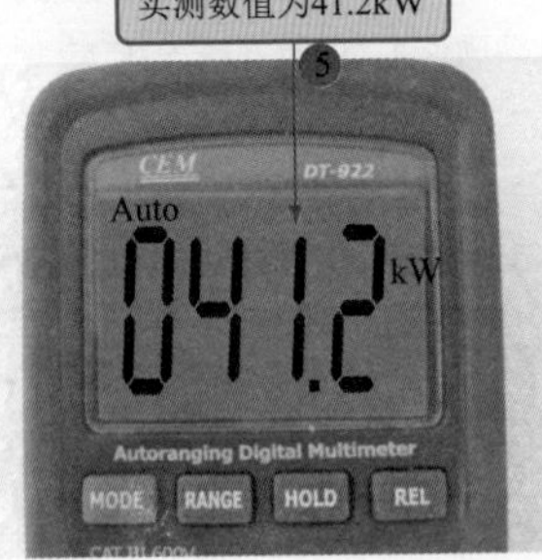
CEM
DT-922
Auto
041.2
kW
Autoranging Digital Multimeter
MODE RANGE HOLD REL

图 13-11 万用表检测限温器的方法

万用表表笔保持不变，按动限温器，人为模拟放锅状态，将限温器的感温面接触盛有热水的杯子

实测数值逐渐减小

图 13-11 万用表检测限温器的方法（续）

使用万用表检测时，可通过检测锅盖保温加热器的阻值，判断锅盖保温加热器是否损坏。检测方法如图 13-12 所示。

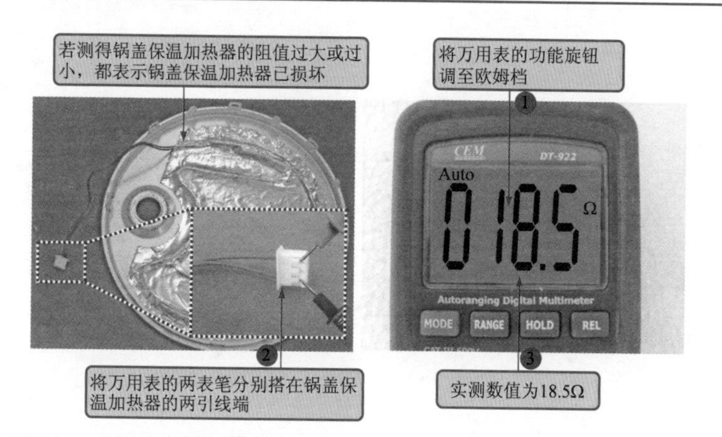
若测得锅盖保温加热器的阻值过大或过小，都表示锅盖保温加热器已损坏
将万用表的功能旋钮调至欧姆档
CEM
DT-922
Auto
018.5
Ω
Autoranging Digital Multimeter
MODE
RANGE
HOLD
REL
将万用表的两表笔分别搭在锅盖保温加热器的两引线端
实测数值为18.5Ω

图 13-12 万用表检测锅盖保温加热器的方法

2. 万用表检测锅外围保温加热器

锅外围保温加热器用于对锅内的食物进行保温。当锅外围保温加热器不正常，则电饭煲将出现保温效果差、不保温的故障。

使用万用表检测时，可通过检测锅外围保温加热器的阻值，判断锅外围保温加热器是否损坏。检测方法如图 13-13 所示。

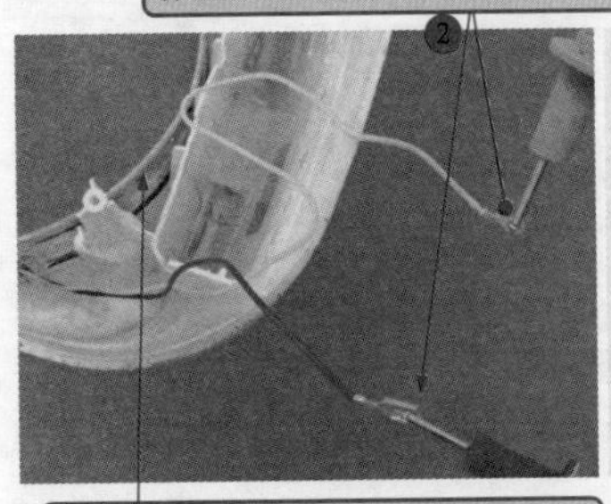
将万用表的两表笔分别搭在锅外围保温加热器的两引线端
2
若测得锅外围保温加热器的阻值过大或过小，均表明锅外围保温加热器已损坏

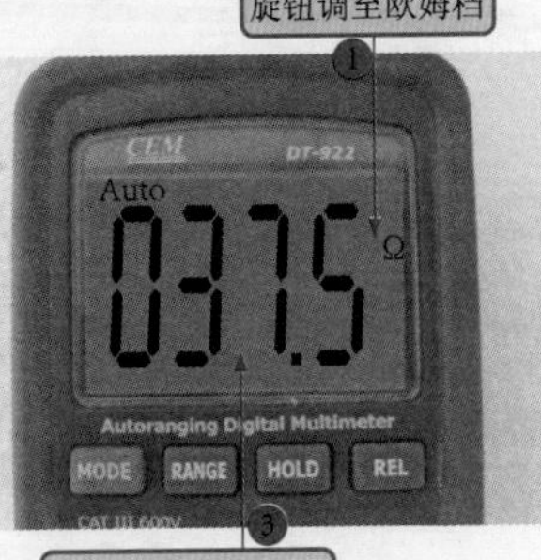
将万用表的功能旋钮调至欧姆档
1
CEM
DT-922
Auto
037.5
Ω
Autoranging Digital Multimeter
MODE
RANGE
HOLD
REL
CAT III 600V
3
实测数值为37.5Ω

图 13-13　万用表检测锅外围保温加热器的方法

第 14 章

万用表检测微波炉的应用实例

14.1 微波炉的特点

14.1.1 微波炉的结构组成

微波炉是使用微波加热食物的现代化厨房电器，其微波的频率一般为 2.4GHz 的电磁波。由于微波频率很高，可以被金属反射，并且可以穿透玻璃、陶瓷、塑料等绝缘材料，所以其工作效率较高，损耗能量较小。图 14-1 为典型微波炉的外部结构。

转盘装置
照明装置
烧烤装置
控制装置
散热装置
保护装置
保护装置
微波发射装置

图 14-1　典型微波炉的外部结构

微波炉中有多个保护装置，包括对电路进行保护的熔断器，起过热保护作用的过热保护开关以及防止微波伤人的门控安全开关组件。图 14-2 为典型微波炉的保护装置。

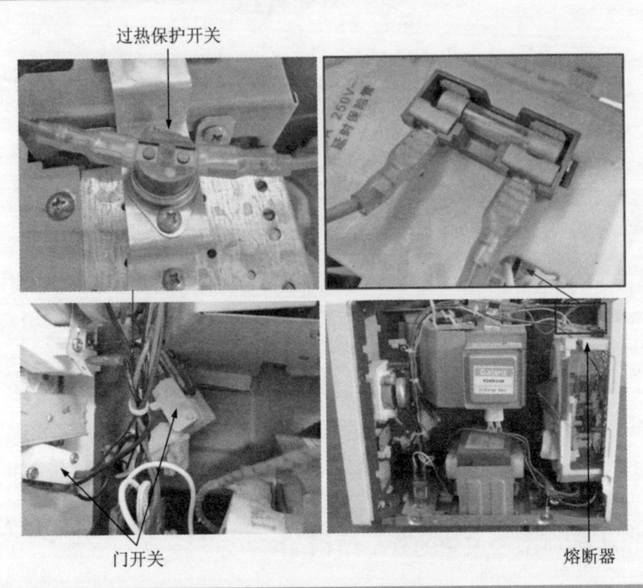
过热保护开关
门开关
熔断器

图 14-2　典型微波炉的保护装置

微波炉的转盘装置主要由转盘电动机、三角驱动轴、滚圈和托盘构成。该装置在转盘电动机的驱动下，带动托盘转动，确保托盘上的食材能够得到均匀加热。图 14-3 为典型微波炉的转盘装置。

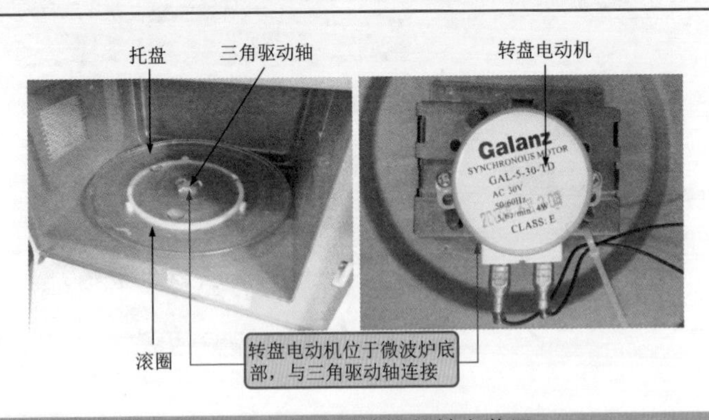
托盘
三角驱动轴
转盘电动机
Galanz
SYNCHRONOUS MOTOR
GAL-5-30-TD
AC 30V
CLASS: E
滚圈
转盘电动机位于微波炉底部，与三角驱动轴连接

图 14-3　典型微波炉的转盘装置

微波炉微波发射装置主要由磁控管、高压变压器、高压电容器和高压二极管组成。该装置主要用来向微波炉内发射微波，对食物进行加热。图 14-4 为典型微波炉的微波发射装置。

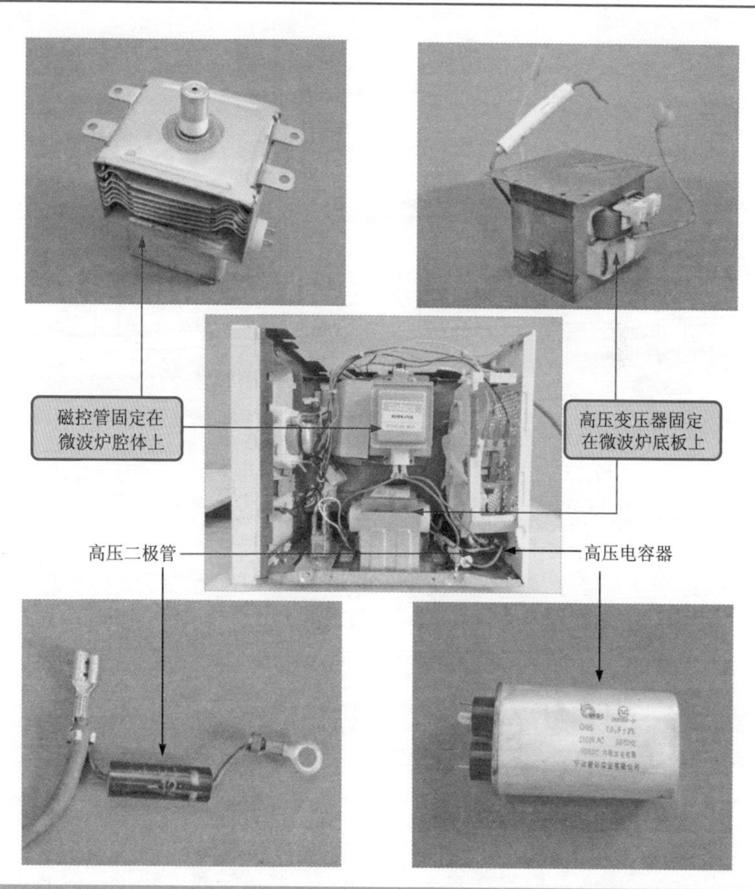
磁控管固定在
微波炉腔体上
高压变压器固定
在微波炉底板上
高压二极管
高压电容器

图 14-4　典型微波炉的微波发射装置

14.1.2　微波炉的工作原理

典型微波炉的工作过程如图 14-5 所示。

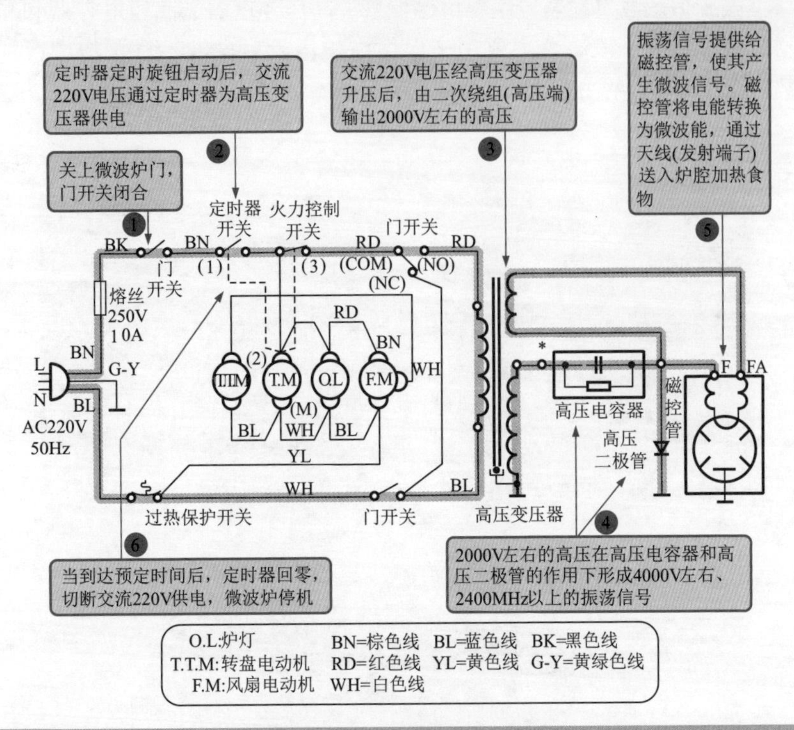
定时器定时旋钮启动后，交流220V电压通过定时器为高压变压器供电
交流220V电压经高压变压器升压后，由二次绕组(高压端)输出2000V左右的高压
振荡信号提供给磁控管，使其产生微波信号。磁控管将电能转换为微波能，通过天线(发射端子)送入炉腔加热食物
关上微波炉门，门开关闭合
定时器开关
火力控制开关
门开关
门开关
熔丝 250V 10A
AC220V 50Hz
高压电容器
高压二极管
磁控管
高压变压器
过热保护开关
2000V左右的高压在高压电容器和高压二极管的作用下形成4000V左右、2400MHz以上的振荡信号
当到达预定时间后，定时器回零，切断交流220V供电，微波炉停机
O.L:炉灯
T.T.M:转盘电动机
F.M:风扇电动机
BN=棕色线 BL=蓝色线 BK=黑色线
RD=红色线 YL=黄色线 G-Y=黄绿色线
WH=白色线

图 14-5 典型微波炉的工作过程

14.2 万用表检测微波炉

14.2.1 万用表检测微波炉的磁控管

磁控管是微波发射装置的主要器件，它通过微波天线将电能转换成微波能，辐射到炉腔中，来对食物进行加热。当磁控管出现故障时，微波炉会出现转盘转动正常，但无法加热食物的故障。

使用万用表检测时，可在断电状态下，通过检测磁控管灯丝端的阻值，来判断磁控管是否损坏。图 14-6 为万用表检测磁控管的方法。

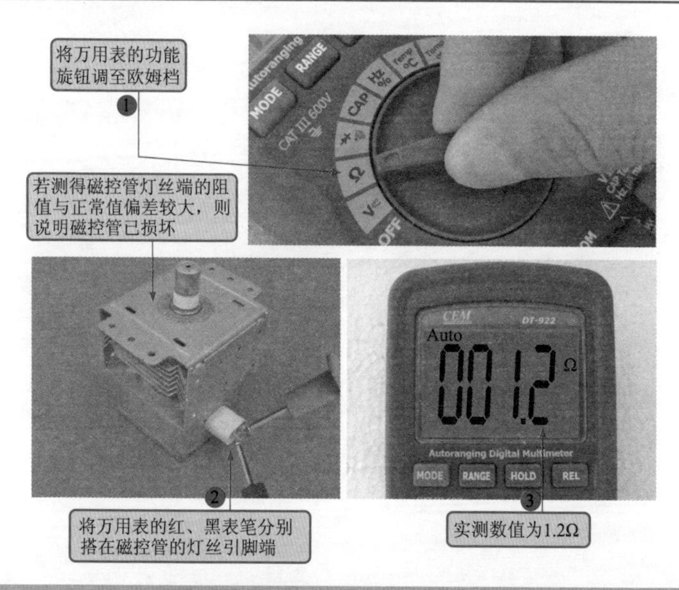
将万用表的功能旋钮调至欧姆档
若测得磁控管灯丝端的阻值与正常值偏差较大，则说明磁控管已损坏
将万用表的红、黑表笔分别搭在磁控管的灯丝引脚端
实测数值为1.2Ω
Autoranging
RANGE
MODE
CAP
Hz %
Temp °C
OFF
CAT III 600V
CEM
DT-922
Auto
0012
Ω
Autoranging Digital Multimeter
MODE
RANGE
HOLD
REL

图 14-6　万用表检测磁控管的方法

14.2.2　万用表检测微波炉的高压变压器

高压变压器是微波发射装置的辅助器件，也称高压稳定变压器。在微波炉中主要用来为磁控管提供高压电压和灯丝电压的。当高压变压器损坏，将引起微波炉不微波的故障。

使用万用表检测时，可在断电状态下，通过检测高压变压器各绕组之间的阻值，判断高压变压器是否损坏。高压变压器的检测方法如图 14-7 所示。

14.2.3　万用表检测微波炉的过热保护开关

过热保护开关可对磁控管的温度进行检测，当磁控管的温度过高时，便断开电路，使微波炉停机保护。若过热保护开关损坏时，常会引起微波炉不开机的故障。

使用万用表检测时，可在断电状态下，通过检测过热保护开关的阻值，来判断性能好坏。万用表检测过热保护开关的方法如图 14-8 所示。

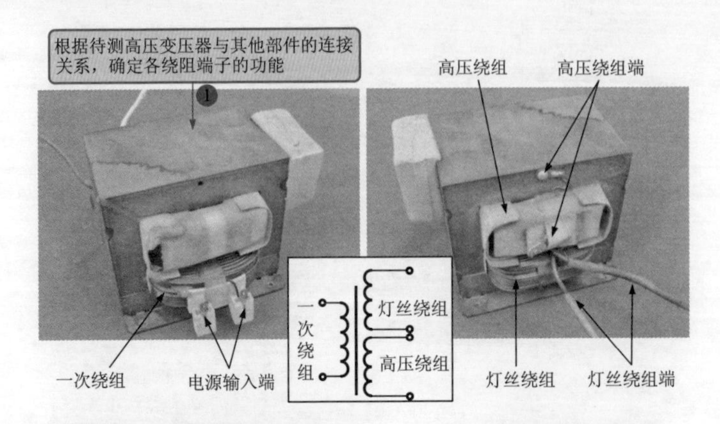
根据待测高压变压器与其他部件的连接关系，确定各绕阻端子的功能
1
一次绕组
电源输入端
一次绕组
灯丝绕组
高压绕组
高压绕组
高压绕组端
灯丝绕组
灯丝绕组端

若测得高压变压器电源输入端阻值为0或无穷大，则说明高压变压器一次绕组出现短路或短路现象

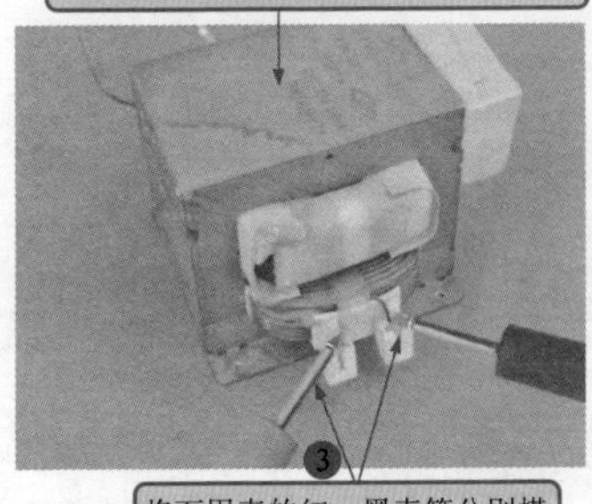

3 将万用表的红、黑表笔分别搭在高压变压器的电源输入端

2 将万用表的功能旋钮调至欧姆档

CEM
Auto
001.1 Ω
Autoranging Digital Multimeter
MODE
RANGE
HOLD
REL

4 实测数值为1.1Ω

正常时高压变压器灯丝绕组端阻值趋于0，若测得的阻值为无穷大，则说明高压变压器灯丝绕组出现断路现象

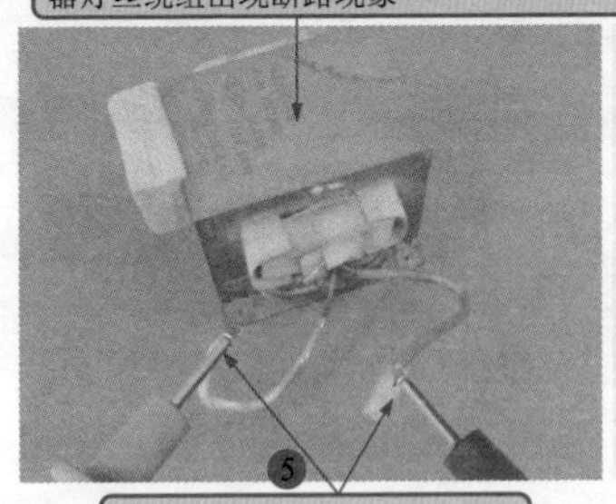

5 将万用表的红、黑表笔分别搭在高压变压器的灯丝绕组端

6 实测数值为0.1Ω

图 14-7 万用表检测高压变压器的方法

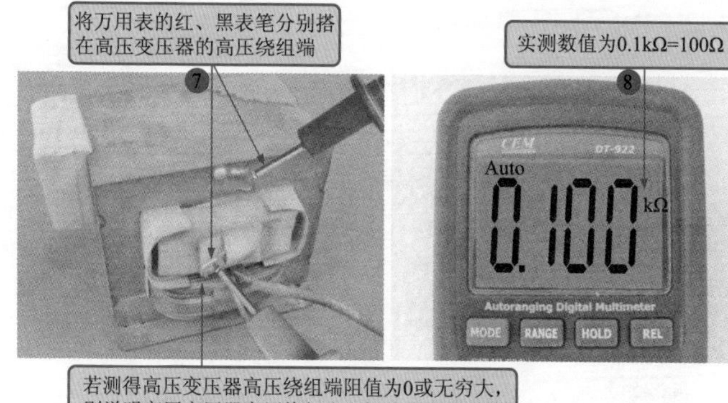
将万用表的红、黑表笔分别搭在高压变压器的高压绕组端
7
实测数值为0.1kΩ=100Ω
8
CEM
DT-922
Auto
0.100
kΩ
Autoranging Digital Multimeter
MODE
RANGE
HOLD
REL
若测得高压变压器高压绕组端阻值为0或无穷大，则说明高压变压器高压绕组出现短路或断路现象

图 14-7 万用表检测高压变压器的方法（续）

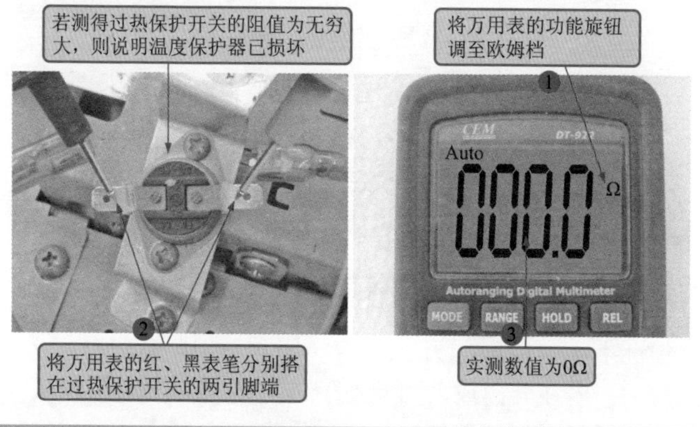
若测得过热保护开关的阻值为无穷大，则说明温度保护器已损坏
将万用表的功能旋钮调至欧姆档
1
CEM
Auto
000.0
Ω
Autoranging Digital Multimeter
MODE
RANGE
HOLD
REL
2
3
将万用表的红、黑表笔分别搭在过热保护开关的两引脚端
实测数值为0Ω

图 14-8 万用表检测过热保护开关的方法

14.2.4 万用表检测微波炉的门开关

门开关是微波炉保护装置中非常重要的器件之一。若门开关损坏，常会引起微波炉不微波的故障。

使用万用表检测时，可在关门和开门两种状态下，检测门开关的通、断状态，判断性能好坏。图 14-9 为万用表检测门开关的方法。

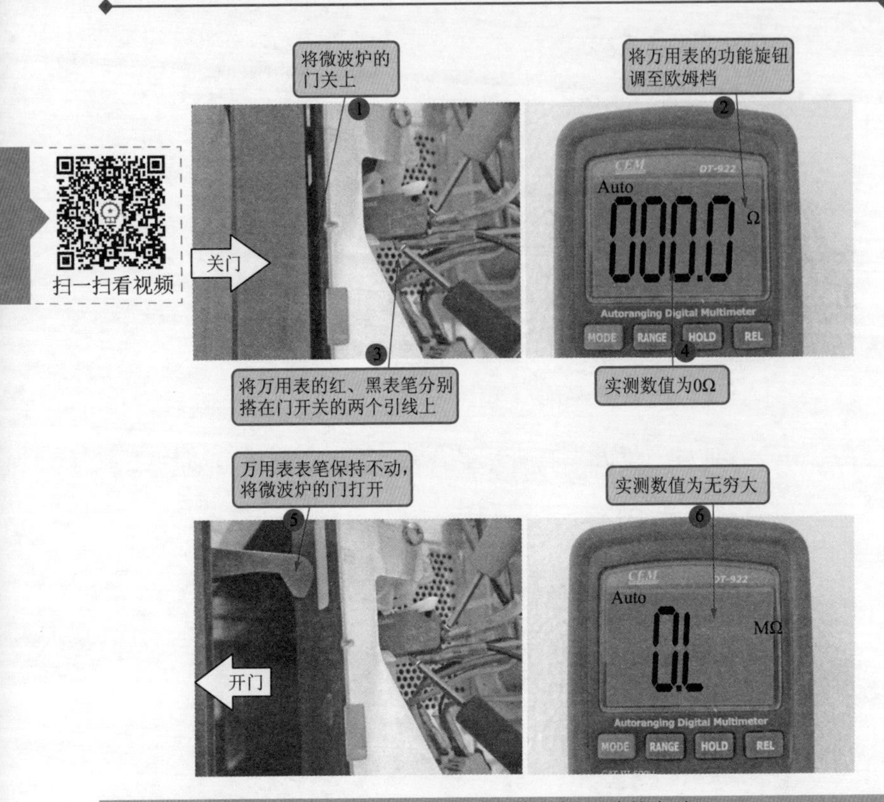

将微波炉的门关上
将万用表的功能旋钮调至欧姆档
扫一扫看视频
关门
Auto
000.0
Ω
Autoranging Digital Multimeter
MODE
RANGE
HOLD
REL
将万用表的红、黑表笔分别搭在门开关的两个引线上
实测数值为0Ω
万用表表笔保持不动，将微波炉的门打开
实测数值为无穷大
开门
0.L
MΩ

图 14-9　万用表检测门开关的方法

正常情况下，关门时门开关闭合，阻值为 0；开门时门开关断开，阻值为无穷大。若在开门或关门状态下，测量门开关均没有从 0 到无穷大的变化，则说明门开关损坏。

第 15 章 万用表检测电磁炉的应用实例

15.1 电磁炉的特点

15.1.1 电磁炉的结构组成

电磁炉（也称电磁灶）是一种利用电磁感应原理进行加热的电炊具，可以进行煎、炒、蒸、煮等各种烹饪。图 15-1 为典型电磁炉的结构。

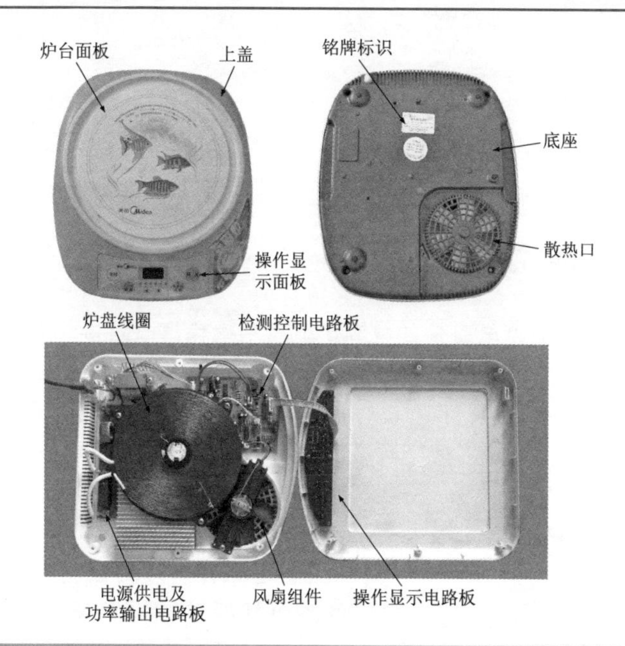
炉台面板
上盖
铭牌标识
底座
散热口
操作显示面板
炉盘线圈
检测控制电路板
电源供电及功率输出电路板
风扇组件
操作显示电路板

扫一扫看视频

图 15-1 典型电磁炉的结构

(1) 炉盘线圈

图 15-2 为典型电磁炉的炉盘线圈。炉盘线圈是电磁炉输出加热功率的器件，实际上是一个圆盘形线绕电感线圈。

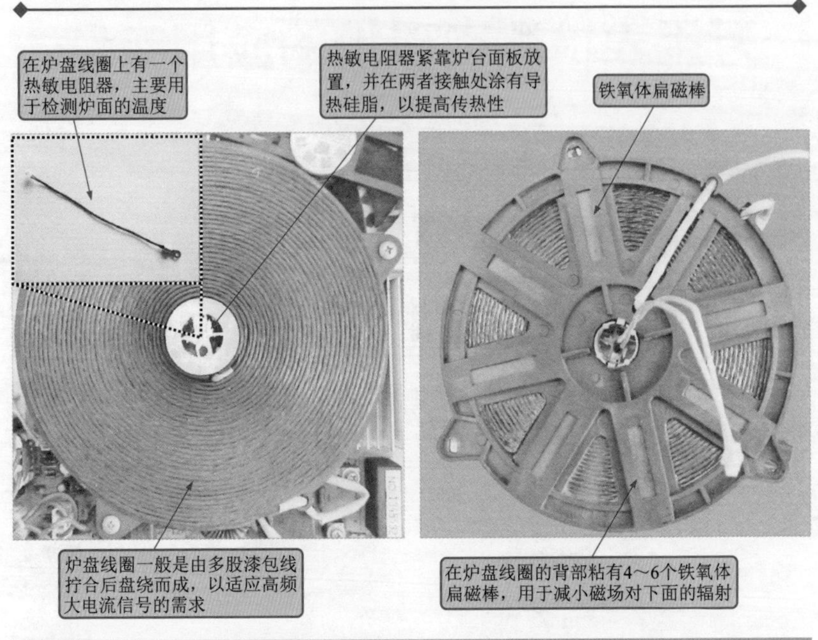
在炉盘线圈上有一个热敏电阻器，主要用于检测炉面的温度
热敏电阻器紧靠炉台面板放置，并在两者接触处涂有导热硅脂，以提高传热性
铁氧体扁磁棒
炉盘线圈一般是由多股漆包线拧合后盘绕而成，以适应高频大电流信号的需求
在炉盘线圈的背部粘有4～6个铁氧体扁磁棒，用于减小磁场对下面的辐射

图 15-2 典型电磁炉的炉盘线圈

(2) 电源供电及功率输出电路板

图 15-3 为典型电磁炉的电源供电及功率输出电路板。电源供电及功率输出电路板将交流 220V 市电提供的电能直接经高压整流滤波电路生成直流 300V 电压并送入功率输出电路，由 IGBT（门控管）、炉盘线圈、谐振电容器形成高频高压的脉冲电流，与铁质炊具进行热能转换。

(3) 检测控制电路板

图 15-4 为典型电磁炉的检测控制电路板。检测控制电路板是由 MCU 智能控制电路对同步振荡电路、PWM 调制电路、IGBT 驱动电路进行控制，使其能够驱动功率输出电路中的 IGBT。

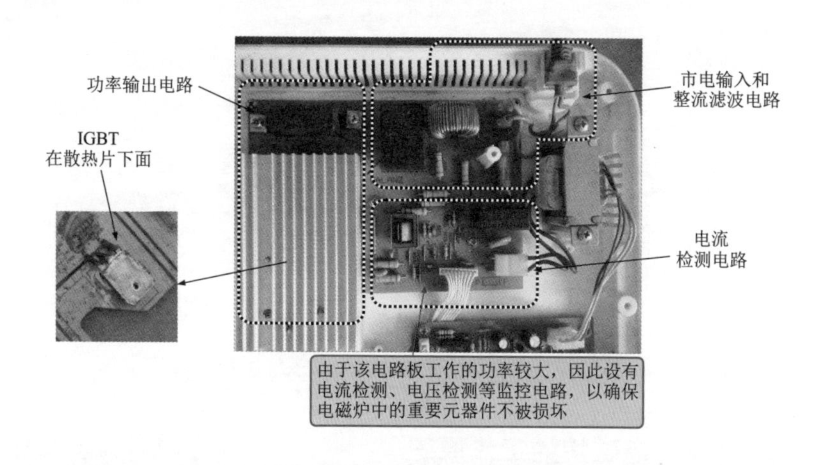
功率输出电路
IGBT
在散热片下面
市电输入和
整流滤波电路
电流
检测电路
由于该电路板工作的功率较大，因此设有电流检测、电压检测等监控电路，以确保电磁炉中的重要元器件不被损坏

图 15-3 典型电磁炉的电源供电及功率输出电路板

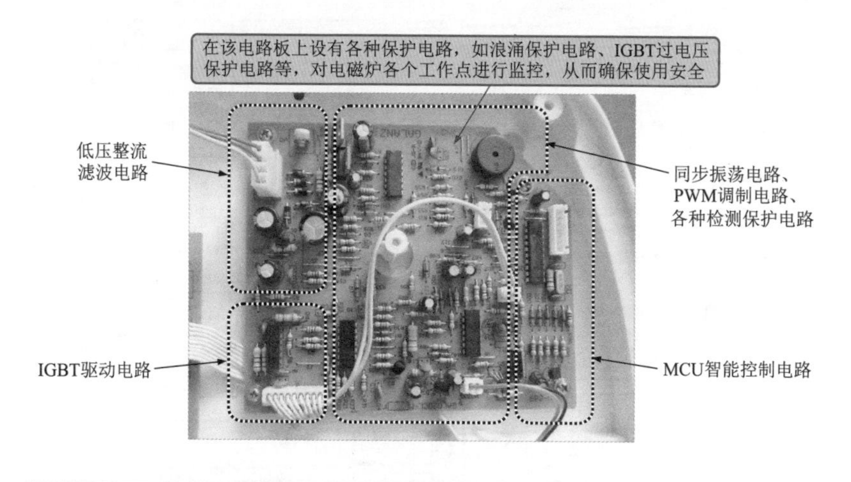
在该电路板上设有各种保护电路，如浪涌保护电路、IGBT过电压保护电路等，对电磁炉各个工作点进行监控，从而确保使用安全
低压整流
滤波电路
同步振荡电路、
PWM调制电路、
各种检测保护电路
IGBT驱动电路
MCU智能控制电路

图 15-4 典型电磁炉的检测控制电路板

（4）操作显示电路板

图 15-5 为典型电磁炉的操作显示电路板。操作显示电路板主要用于接收人工操作指令并送给 MCU 智能控制电路，由 MCU 智能控制电路进行处理，再输出控制指令，如开关机、火力设置、定时操作等，并通过指示灯、显示屏将电磁炉工作状态显示出来。

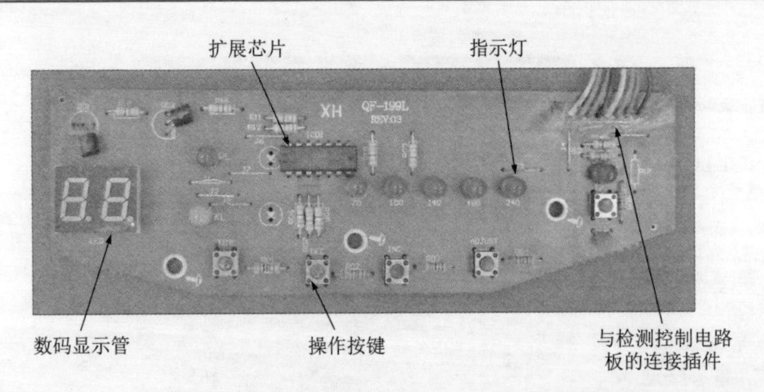
扩展芯片
指示灯
数码显示管
操作按键
与检测控制电路板的连接插件

图 15-5 典型电磁炉的操作显示电路板

15.1.2 电磁炉的工作原理

图 15-6 为典型电磁炉的工作过程。

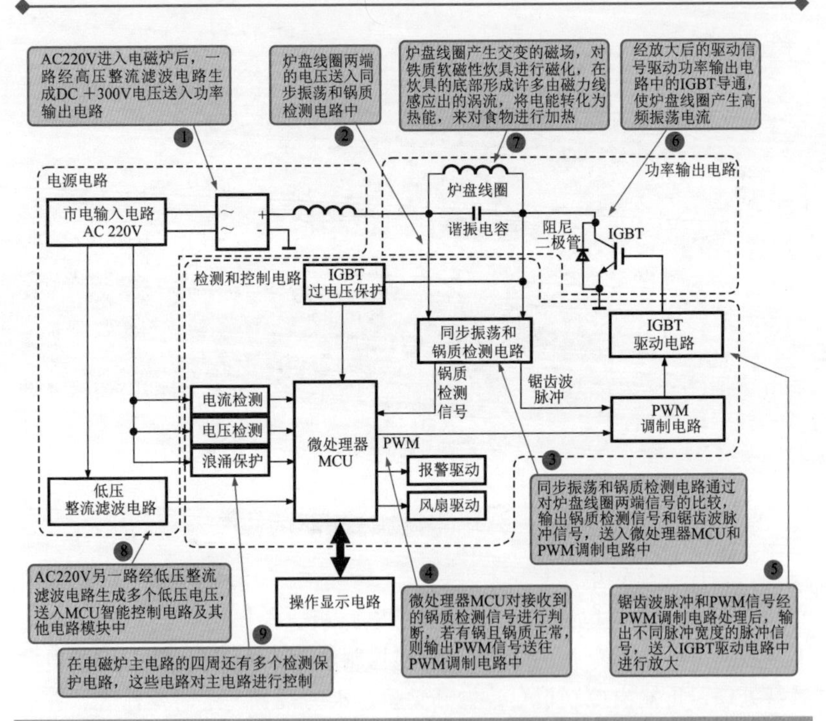
AC220V进入电磁炉后，一路经高压整流滤波电路生成DC +300V电压送入功率输出电路
炉盘线圈两端的电压送入同步振荡和锅质检测电路中
炉盘线圈产生交变的磁场，对铁质软磁性炊具进行磁化，在炊具的底部形成许多由磁力线感应出的涡流，将电能转化为热能，来对食物进行加热
经放大后的驱动信号驱动功率输出电路中的IGBT导通，使炉盘线圈产生高频振荡电流
电源电路
市电输入电路 AC 220V
炉盘线圈
谐振电容
阻尼二极管
IGBT
功率输出电路
检测和控制电路
IGBT过电压保护
同步振荡和锅质检测电路
IGBT驱动电路
锅质检测信号
锯齿波脉冲
电流检测
电压检测
浪涌保护
微处理器MCU
PWM
PWM调制电路
报警驱动
风扇驱动
低压整流滤波电路
同步振荡和锅质检测电路通过对炉盘线圈两端信号的比较，输出锅质检测信号和锯齿波脉冲信号，送入微处理器MCU和PWM调制电路中
AC220V另一路经低压整流滤波电路生成多个低压电压，送入MCU智能控制电路及其他电路模块中
操作显示电路
微处理器MCU对接收到的锅质检测信号进行判断，若有锅且锅质正常，则输出PWM信号送往PWM调制电路中
锯齿波脉冲和PWM信号经PWM调制电路处理后，输出不同脉冲宽度的脉冲信号，送入IGBT驱动电路中进行放大
在电磁炉主电路的四周还有多个检测保护电路，这些电路对主电路进行控制

图 15-6 典型电磁炉的工作过程

15.2 万用表检测电磁炉

15.2.1 万用表检测电磁炉的供电电压

交流 220V 供电电压是电磁炉的工作条件。若电磁炉无交流 220V 电压输入时，开机运行电磁炉没有任何反应。

使用万用表检测时，可通过万用表的电压档，检测电源及功率输出电路的交流 220V 电源输入端的电压值。

使用万用表检测交流 220V 供电电压的方法如图 15-7 所示。

1
将万用表的功能
旋钮调至电压档

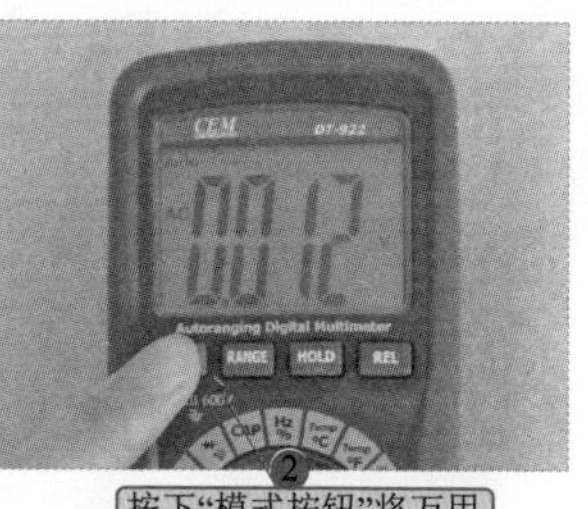
2
按下"模式按钮"将万用
表调至交流测量模式

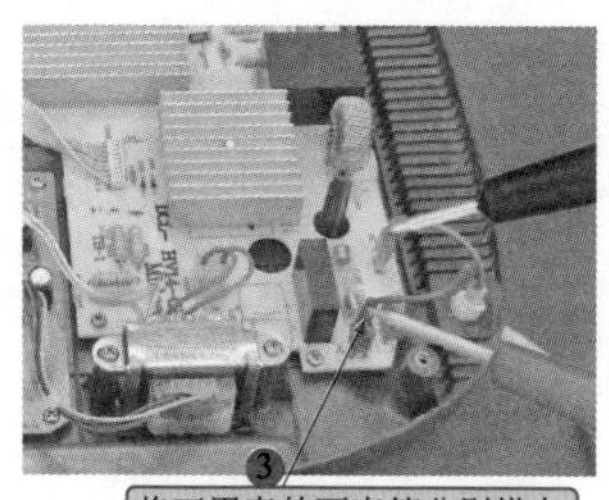
3
将万用表的两表笔分别搭在
交流220V电源输入插座上

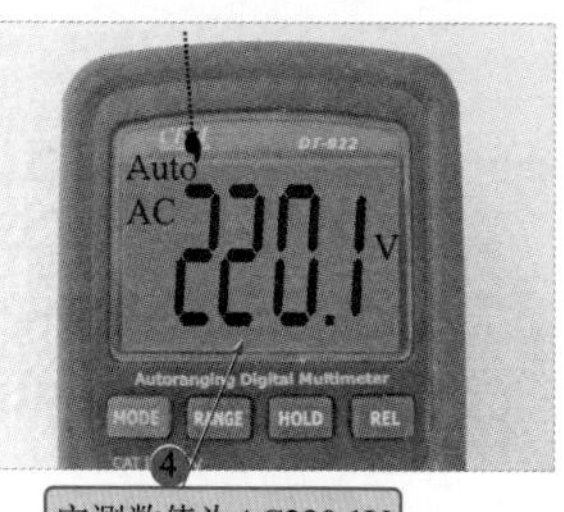
Auto
AC
220.1
V
4
实测数值为AC220.1V

图 15-7 使用万用表检测交流 220V 供电电压的方法

若实际检测无交流 220V 电压，则说明电磁炉电源线或供电电源存在异常。

要点说明

电磁炉电路中很多部位都有可能与交流市电相线相连，对电磁炉进行通电测量时，为了保障人身安全，应使用隔离变压器。交流220V 电源经隔离变压器后，再给电磁炉供电。

15.2.2 万用表检测电磁炉的炉盘线圈

炉盘线圈是电磁炉中的加热器件。若炉盘线圈损坏，将引起电磁炉无法加热的故障。

使用万用表检测时，可通过检测炉盘线圈两端的阻值，来判断其性能好坏。

使用万用表检测炉盘线圈的方法如图 15-8 所示。

扫一扫看视频

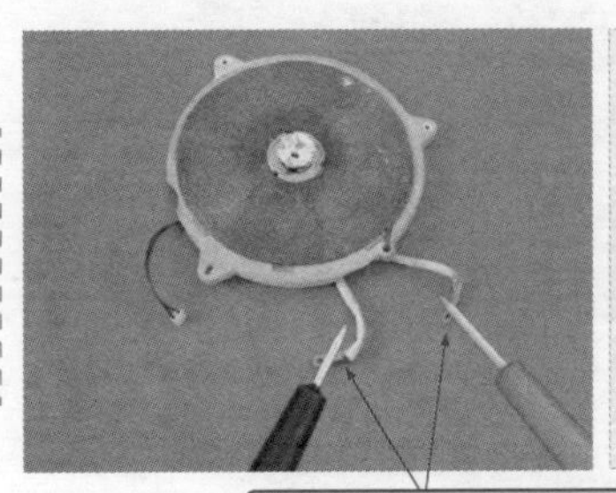

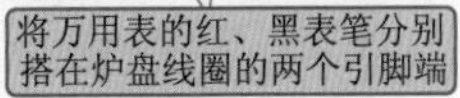
将万用表的红、黑表笔分别
搭在炉盘线圈的两个引脚端

CEM
DT-922
Auto
000.1
Ω
Autoranging Digital Multimeter
MODE
RANGE
HOLD
REL
CAT III 600V
实测数值为0.1Ω

图 15-8 使用万用表检测炉盘线圈的方法

若测得炉盘线圈阻值较大或为无穷大，均说明炉盘线圈已损坏。

15.2.3 万用表检测电磁炉的 IGBT

IGBT 用于控制炉盘线圈的电流，即在高频脉冲信号的驱动下使流过炉盘线圈的电流形成高速开关电流，并使炉盘线圈与并联电容器形成高压谐振。若 IGBT 损坏，将引起电磁炉出现开机跳闸、烧熔丝、无法开机或不加热等故障。

使用万用表检测时，可通过检测 IGBT 各引脚间的正、反向阻值，判断 IGBT 是否损坏。

万用表检测 IGBT 的方法如图 15-9 所示。

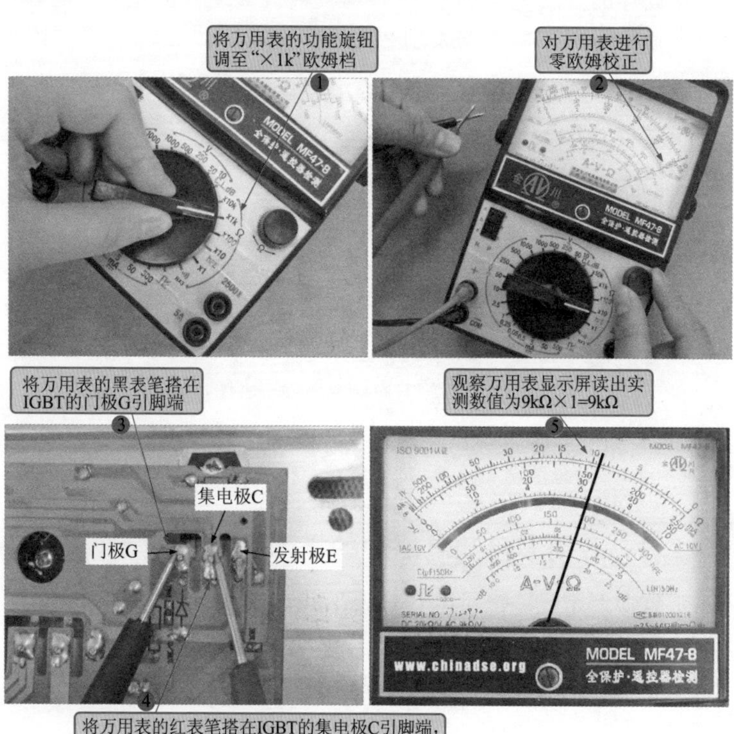
将万用表的功能旋钮调至“×1k”欧姆档
1
对万用表进行零欧姆校正
2
MODEL MF47-8
全保护·遥控器检测
将万用表的黑表笔搭在IGBT的门极G引脚端
3
观察万用表显示屏读出实测数值为9kΩ×1=9kΩ
5
集电极C
门极G
发射极E
4
将万用表的红表笔搭在IGBT的集电极C引脚端，对门极与集电极之间正向阻值进行检测
www.chinadse.org

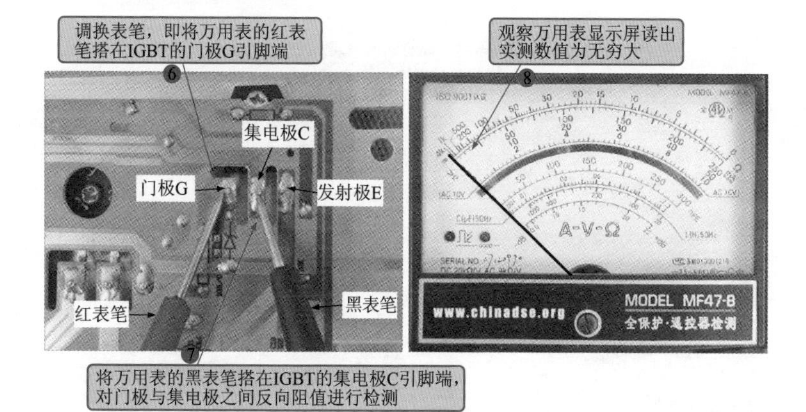
调换表笔，即将万用表的红表笔搭在IGBT的门极G引脚端
6
观察万用表显示屏读出实测数值为无穷大
8
集电极C
门极G
发射极E
红表笔
黑表笔
MODEL MF47-8
www.chinadse.org
全保护·遥控器检测
7
将万用表的黑表笔搭在IGBT的集电极C引脚端，对门极与集电极之间反向阻值进行检测

图 15-9　万用表检测 IGBT 的方法

使用同样的方法对IGBT门极G与发射极E之间的正、反向阻值进行检测。正常情况下门极与发射极之间正向阻值为3kΩ、反向阻值为5kΩ左右。

要点说明

正常情况下，IGBT在路检测时，门极与集电极之间正向阻值为9kΩ左右，反向阻值为无穷大；门极与发射极之间正向阻值为3kΩ、反向阻值为5kΩ左右。若实际检测时，发现检测值与正常值有很大差异，则说明该IGBT损坏。

由于该IGBT内部集成有阻尼二极管，因此检测集电极与发射极之间的阻值受内部阻尼二极管的影响，发射极与集电极之间二极管的正向阻值为3kΩ，反向阻值为无穷大。而单独的IGBT集电极与发射极之间的正、反向阻值均为无穷大。

15.2.4 万用表检测电磁炉的指示灯

指示灯即发光二极管，其用于显示电磁炉的当前工作状态。若指示灯损坏，会引起电磁炉无显示、显示异常等故障。

使用万用表检测时，可通过检测指示灯的正、反向阻值判断其性能好坏。

万用表检测指示灯的方法如图15-10所示。

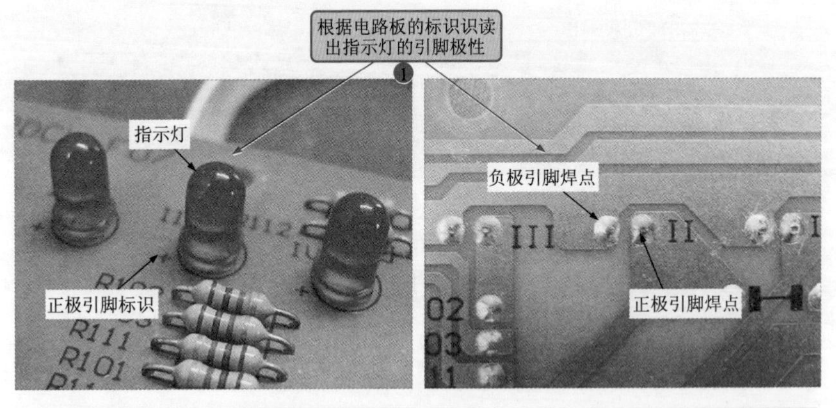
根据电路板的标识识读出指示灯的引脚极性
1
指示灯
正极引脚标识
负极引脚焊点
正极引脚焊点

图15-10 万用表检测指示灯的方法

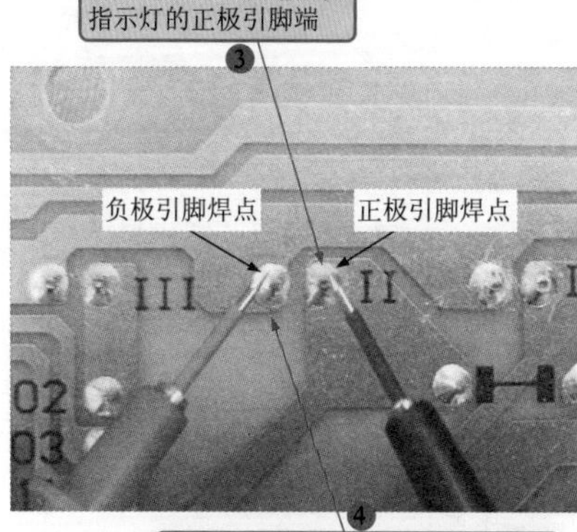
将万用表的黑表笔搭在指示灯的正极引脚端
3
负极引脚焊点
正极引脚焊点
4
将万用表的红表笔搭在指示灯的负极引脚端，对其正向阻值进行检测

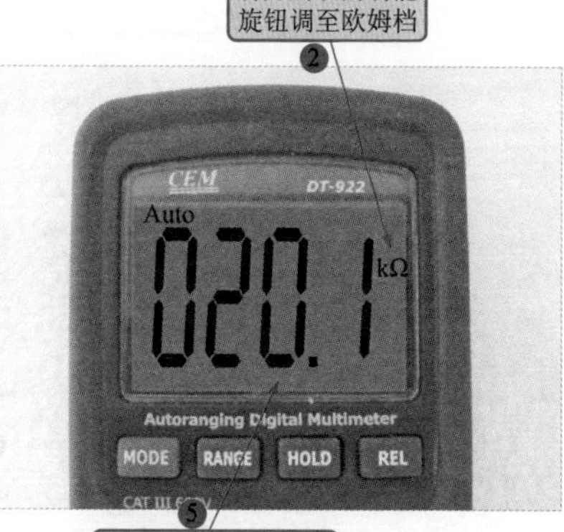
将万用表的功能旋钮调至欧姆档
2
CEM
DT-922
Auto
020.1
kΩ
Autoranging Digital Multimeter
MODE
RANGE
HOLD
REL
5
观察万用表显示屏读出实测数值为20.1kΩ

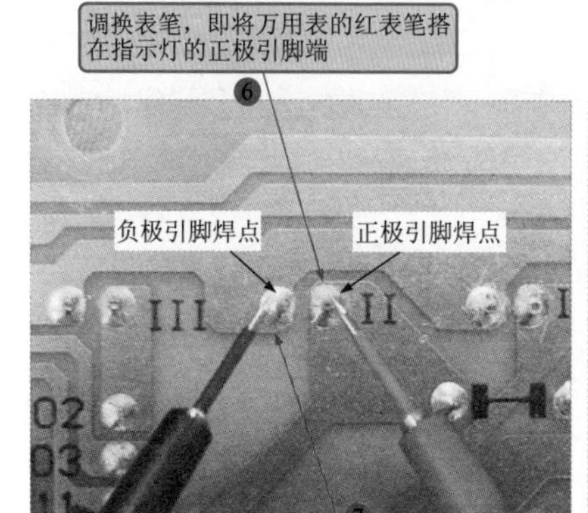
调换表笔，即将万用表的红表笔搭在指示灯的正极引脚端
6
负极引脚焊点
正极引脚焊点
7
将万用表的黑表笔搭在指示灯的负极引脚端，对其反向阻值进行检测

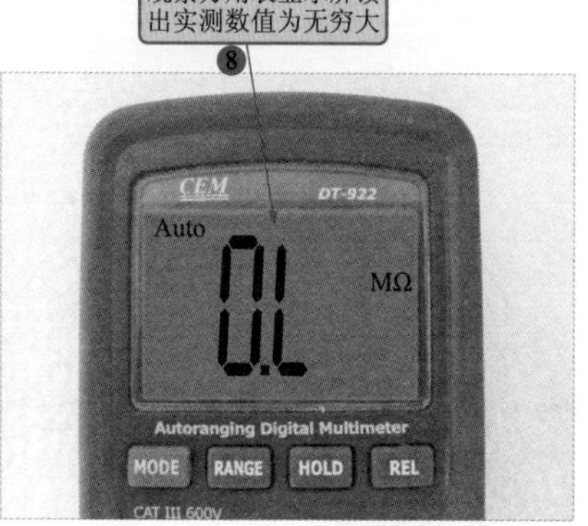
观察万用表显示屏读出实测数值为无穷大
8
CEM
DT-922
Auto
0.L
MΩ
Autoranging Digital Multimeter
MODE
RANGE
HOLD
REL
CAT III 600V

图 15-10　万用表检测指示灯的方法（续）

正常情况下，指示灯的正向阻值有一个固定值，反向阻值为无穷大，若检测的数值不符合该规律，则说明指示灯损坏。

第 16 章 万用表检测电动自行车的应用实例

16.1 电动自行车的特点

16.1.1 电动自行车的结构组成

电动自行车是以蓄电池等电能储存装置作为主能源，人力骑行作为辅助能源，以实现骑行、电力驱动、电力助动以及变速等功能的特种自行车。

图 16-1 为典型电动自行车的机械系统。电动自行车的机械系统主要

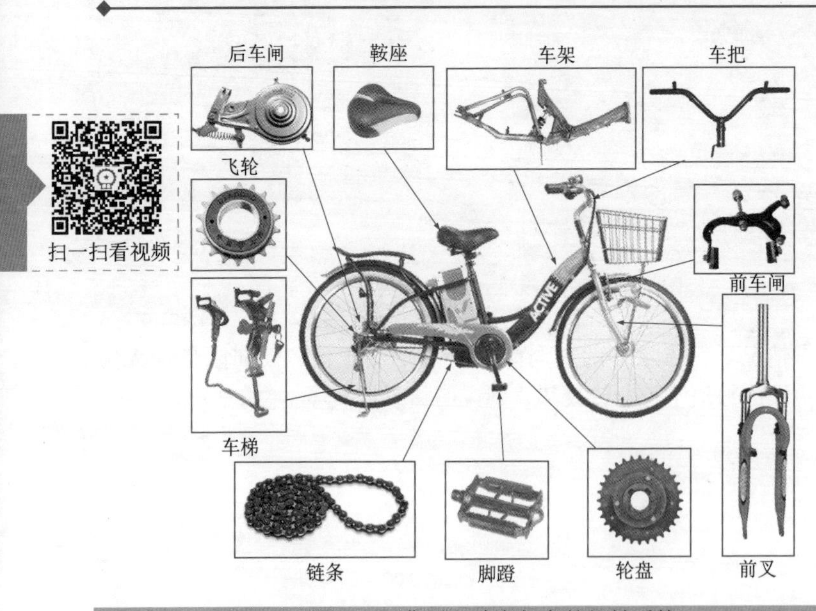

后车闸
鞍座
车架
车把
飞轮
扫一扫看视频
前车闸
车梯
前叉
链条
脚蹬
轮盘

图 16-1 典型电动自行车的机械系统

包括车架、车把、前叉、前车闸、前轮、鞍座、后车闸、后轮、车梯、脚蹬、轮盘、飞轮和链条等部分。

扫一扫看视频

图 16-2 为典型电动自行车的电气系统。电动自行车的电气系统是其特有的部分，该部分主要包括电动机、控制器、蓄电池、调速转把和闸把、仪表盘、电源锁、车灯和充电器等部分。

仪表盘
调速转把和闸把
电源锁
蓄电池
充电器
控制器
电动机

图 16-2 典型电动自行车的电气系统

如图 16-3 所示，电动机、控制器、蓄电池和调速转把是电动自行车的电动部分。驾驶人员转动调速转把，控制器根据调速转把送来的信号，控制蓄电池的电能输送到电动机中，使电动机开始旋转。

图 16-4 为典型电动自行车的仪表盘和车灯。仪表盘和车灯是电动自行车的显示和照明部分。仪表盘可用来指示剩余电量、行驶状态、行驶速度等信息。

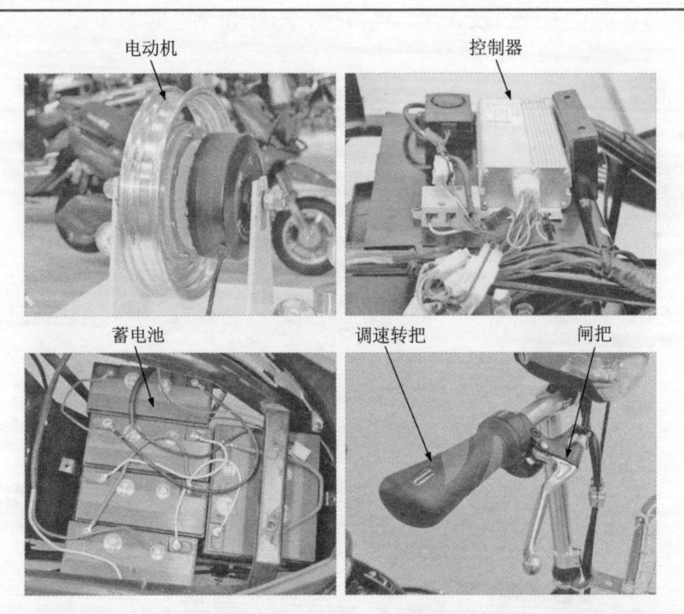
电动机
控制器
蓄电池
调速转把
闸把

图 16-3　电动机、控制器、蓄电池和调速转把及闸把

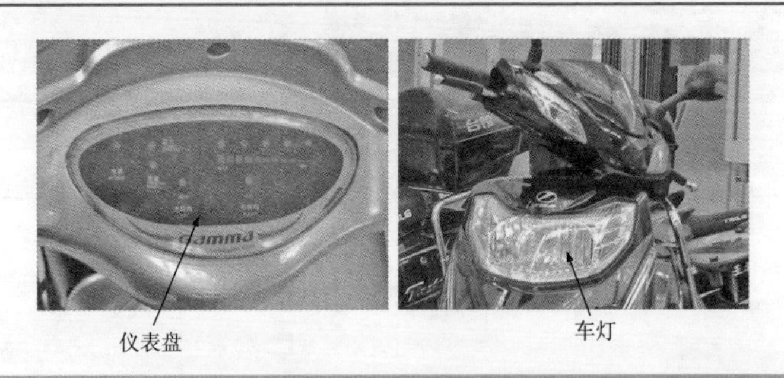
仪表盘
车灯

图 16-4　典型电动自行车的仪表盘和车灯

16.1.2　电动自行车的工作原理

图 16-5 为典型电动自行车的工作过程。

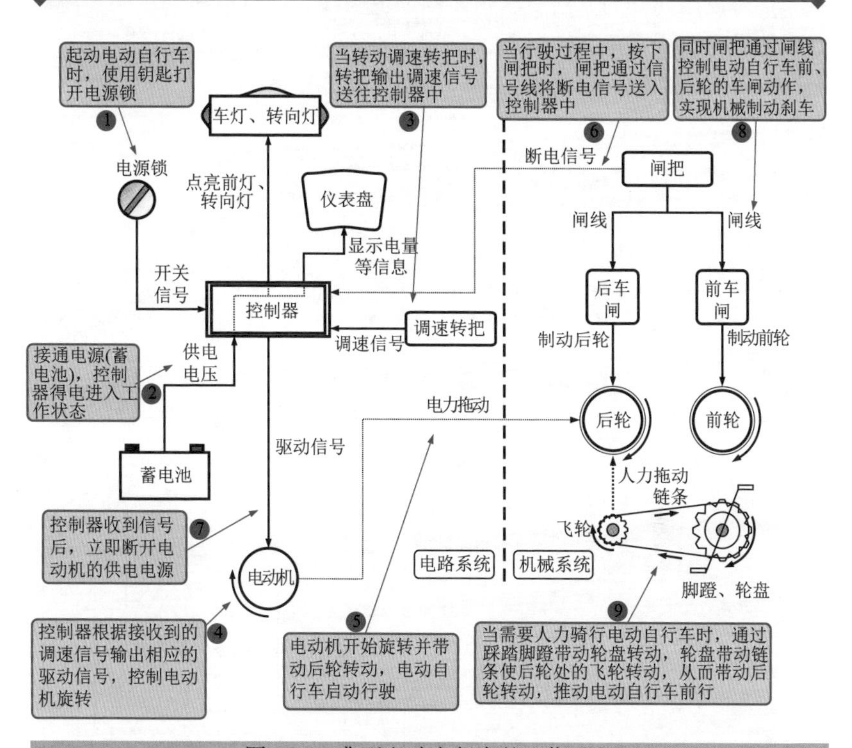

起动电动自行车时，使用钥匙打开电源锁
1
电源锁
车灯、转向灯
点亮前灯、转向灯
当转动调速转把时，转把输出调速信号送往控制器中
3
仪表盘
显示电量等信息
开关信号
控制器
调速转把
调速信号
接通电源(蓄电池)，控制器得电进入工作状态
2
供电电压
蓄电池
驱动信号
控制器收到信号后，立即断开电动机的供电电源
7
电动机
控制器根据接收到的调速信号输出相应的驱动信号，控制电动机旋转
4
电力拖动
电动机开始旋转并带动后轮转动，电动自行车启动行驶
5
电路系统
机械系统
当行驶过程中，按下闸把时，闸把通过信号线将断电信号送入控制器中
6
断电信号
闸把
同时闸把通过闸线控制电动自行车前、后轮的车闸动作，实现机械制动刹车
8
闸线
闸线
后车闸
前车闸
制动后轮
制动前轮
后轮
前轮
人力拖动
链条
飞轮
脚蹬、轮盘
当需要人力骑行电动自行车时，通过踩踏脚蹬带动轮盘转动，轮盘带动链条使后轮处的飞轮转动，从而带动后轮转动，推动电动自行车前行
9

图 16-5　典型电动自行车的工作过程

16.2 万用表检测电动自行车

16.2.1　万用表检测电动自行车的电动机

电动机是电动自行车中的关键部件，主要实现将蓄电池的电能转化为驱动电动自行车车轮转动的机械能的功能。电动机故障主要表现为电动机不转、行车过程中明显晃动、噪声大或有异响、电动机短时间内严重过热、爬坡困难等。

使用万用表检测时，可通过检测电动机各绕组之间的阻值和霍尔元件各引线的正、反向对地阻值，判断其性能好坏。

万用表检测电动机的方法如图 16-6 所示。

接着使用同样的方法对霍尔元件绿色引线、蓝色引线的正、反向对地阻值进行检测。正常情况下，三根引线的正、反向对地阻值应相同，如三组阻值不一致，则可能为相应的霍尔元件损坏。

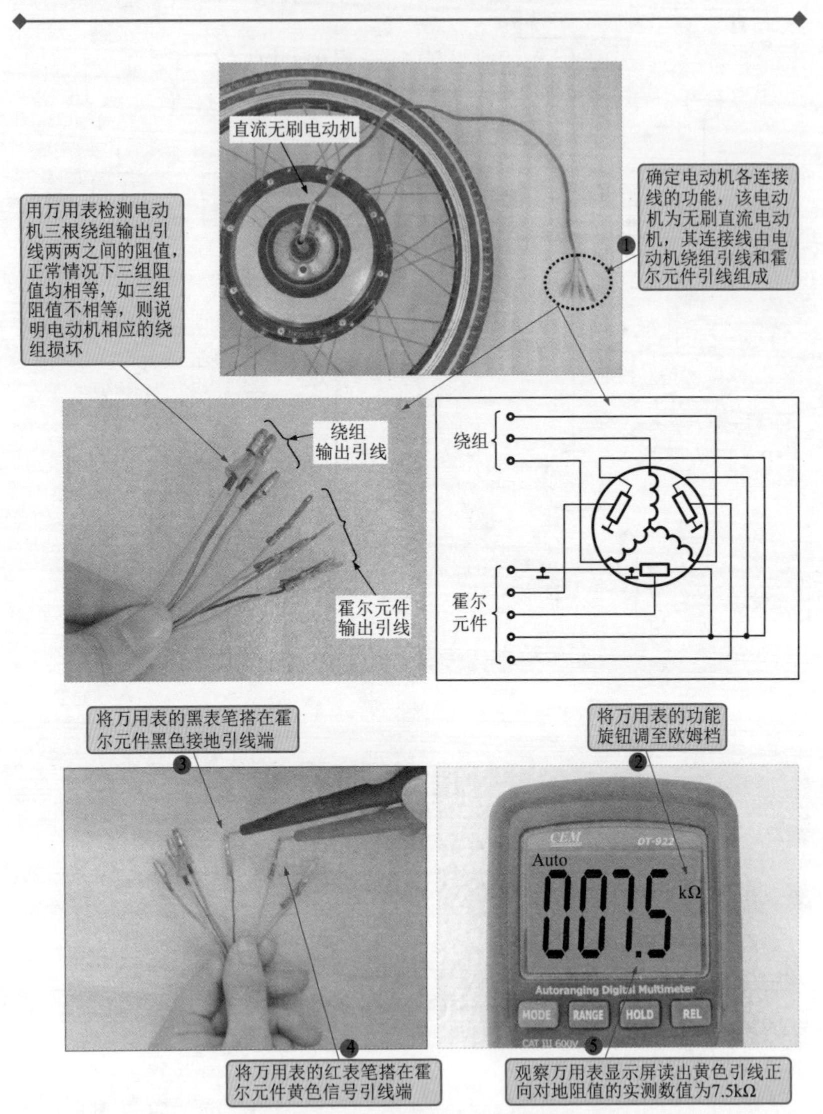
直流无刷电动机
确定电动机各连接线的功能，该电动机为无刷直流电动机，其连接线由电动机绕组引线和霍尔元件引线组成
用万用表检测电动机三根绕组输出引线两两之间的阻值，正常情况下三组阻值均相等，如三组阻值不相等，则说明电动机相应的绕组损坏
绕组输出引线
霍尔元件输出引线
绕组
霍尔元件
将万用表的黑表笔搭在霍尔元件黑色接地引线端
将万用表的功能旋钮调至欧姆档
CEM
DT-922
Auto
007.5
kΩ
Autoranging Digital Multimeter
MODE
RANGE
HOLD
REL
将万用表的红表笔搭在霍尔元件黄色信号引线端
观察万用表显示屏读出黄色引线正向对地阻值的实测数值为7.5kΩ

图 16-6　万用表检测电动机的方法

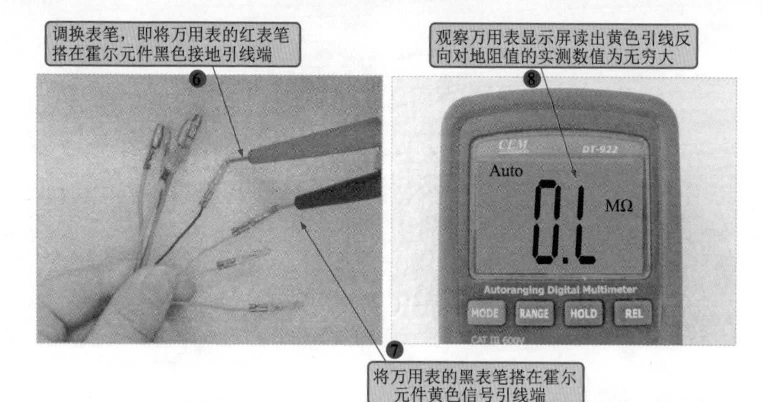
调换表笔，即将万用表的红表笔搭在霍尔元件黑色接地引线端
6
观察万用表显示屏读出黄色引线反向对地阻值的实测数值为无穷大
8
CEM
DT-922
Auto
0.L
MΩ
Autoranging Digital Multimeter
MODE
RANGE
HOLD
REL
7
将万用表的黑表笔搭在霍尔元件黄色信号引线端

图 16-6　万用表检测电动机的方法（续）

16.2.2　万用表检测电动自行车的控制器

控制器主要是对电动机的起停和调速进行控制，通常还具有欠压保护、过流、过载保护、限速保护、状态显示、定速、助力等功能。当控制器出现异常时，通常会引起电动自行车所有控制功能失常、电动自行车不起动、车速不稳、通电烧蓄电池熔断器等故障。

使用万用表检测时，可通过检测控制器与外部被控制器件之间连接插件处的电压，来判断性能好坏。

万用表检测控制器的方法如图 16-7 所示。

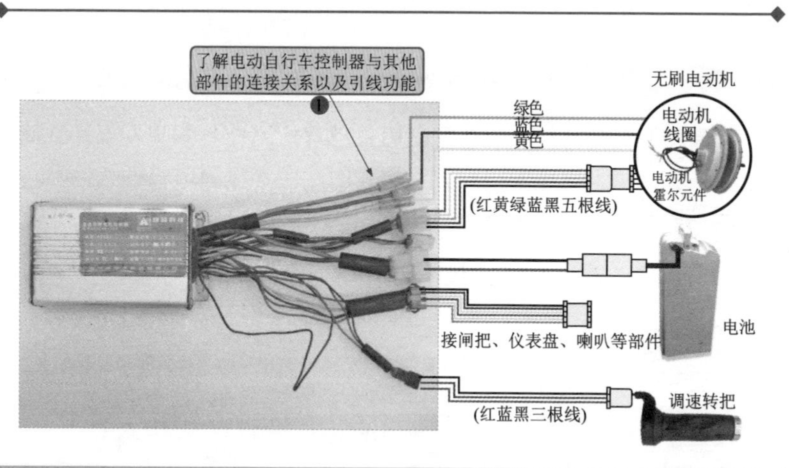
了解电动自行车控制器与其他部件的连接关系以及引线功能
1
无刷电动机
绿色
蓝色
黄色
电动机线圈
电动机霍尔元件
(红黄绿蓝黑五根线)
接闸把、仪表盘、喇叭等部件
电池
调速转把
(红蓝黑三根线)

图 16-7　万用表检测控制器的方法

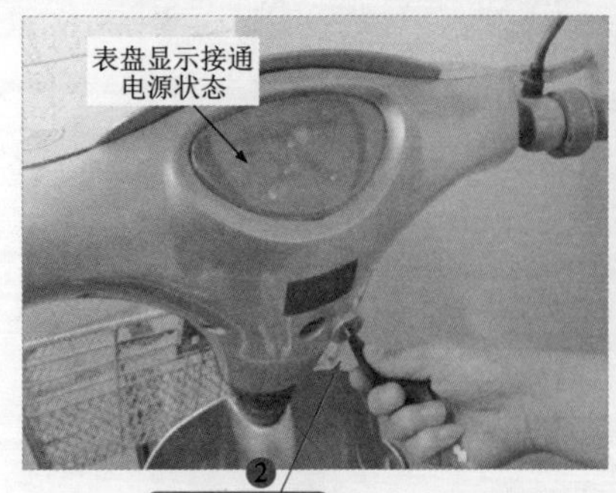
表盘显示接通
电源状态
2
打开电动自行
车的电源锁
3
将万用表的功能
旋钮调至电压档

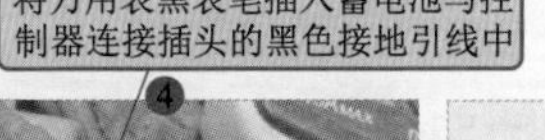
将万用表黑表笔插入蓄电池与控
制器连接插头的黑色接地引线中
4
控制器与蓄电
池连接插头
5
将万用表红表笔插入蓄电池与控
制器连接插头的红色供电引线中

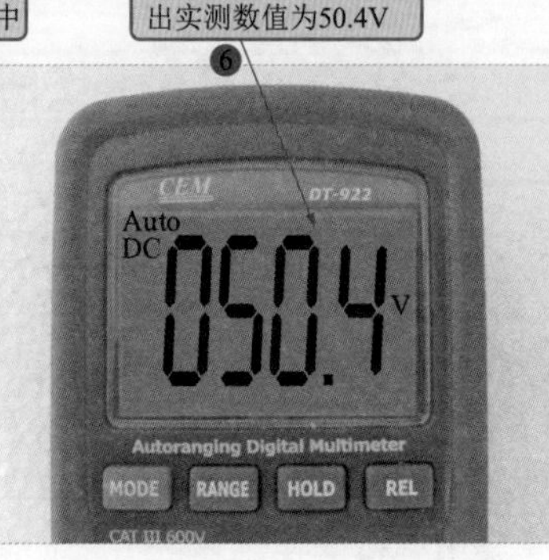
观察万用表显示屏读
出实测数值为50.4V
6
CEM
DT-922
Auto
DC
050.4
V
Autoranging Digital Multimeter
MODE
RANGE
HOLD
REL
CAT III 600V

图 16-7　万用表检测控制器的方法（续）

判断控制器的好坏，主要是使用万用表检测控制器与各部件之间的供电电压，其供电电压的检测方法均相同，但其检测值根据控制器控制部件的不同有所不同，见表 16-1。

表 16-1　控制器与各部件之间的供电电压表

控制器与无刷电动机线圈	绿色引线 蓝色引线 黄色引线	25V（最大速度时）
控制器与无刷电动机霍尔元件	红色引线	4. 33V
	黄色引线	0. 04V

（续）

控制器与无刷电动机霍尔元件	绿色引线	0.04V
	蓝色引线	4.86V
控制器与闸把	黄色引线	4.8V（捏下闸把时为0）
控制器与调速转把	红色引线（电源）	4.33V
	绿色引线（信号）	0.84~3.59V

相关资料

在检测过程中，若控制器与某部件之间的供电电压不正常，应对控制器进行拆卸，找到内部电路板，然后使用万用表对电路板上的各部件进行检测，如图16-8所示。

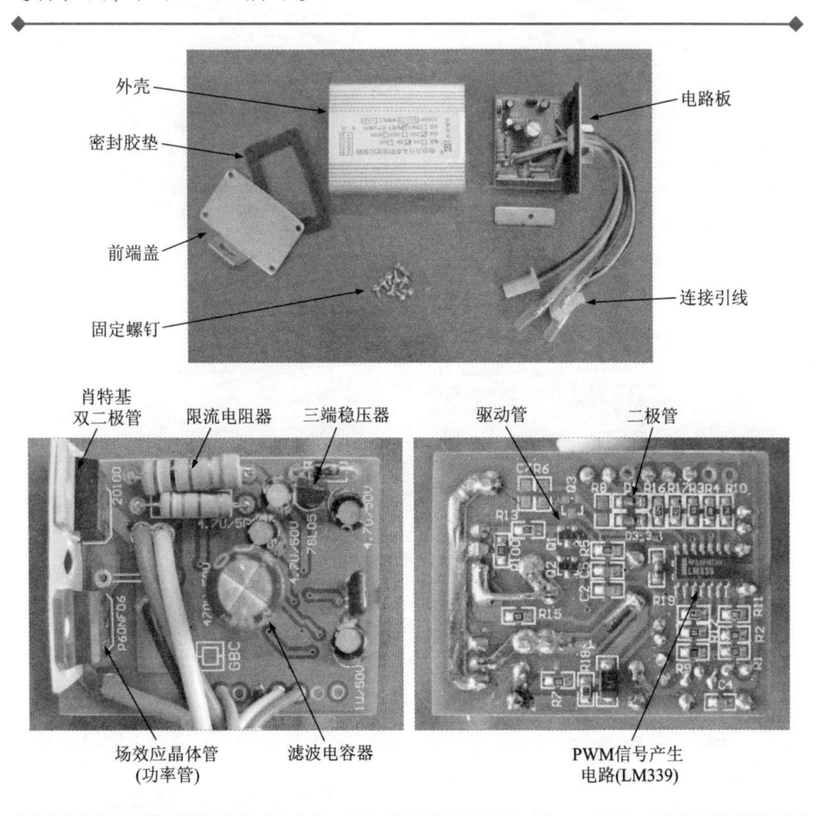
外壳
电路板
密封胶垫
前端盖
连接引线
固定螺钉
肖特基双二极管
限流电阻器
三端稳压器
驱动管
二极管
场效应晶体管(功率管)
滤波电容器
PWM信号产生电路(LM339)

图16-8 控制器及内部电路板结构

16.2.3 万用表检测电动自行车的蓄电池

蓄电池主要用于为电动自行车各工作部件提供工作电压。蓄电池出现故障主要表现为电池漏电、电池充不进电、电池变形、充满电后使用时间明显缩短、电池自放电严重等。

使用万用表检测时，可通过检测蓄电池的电压，判断性能是否良好。

万用表检测蓄电池的方法如图 16-9 所示。

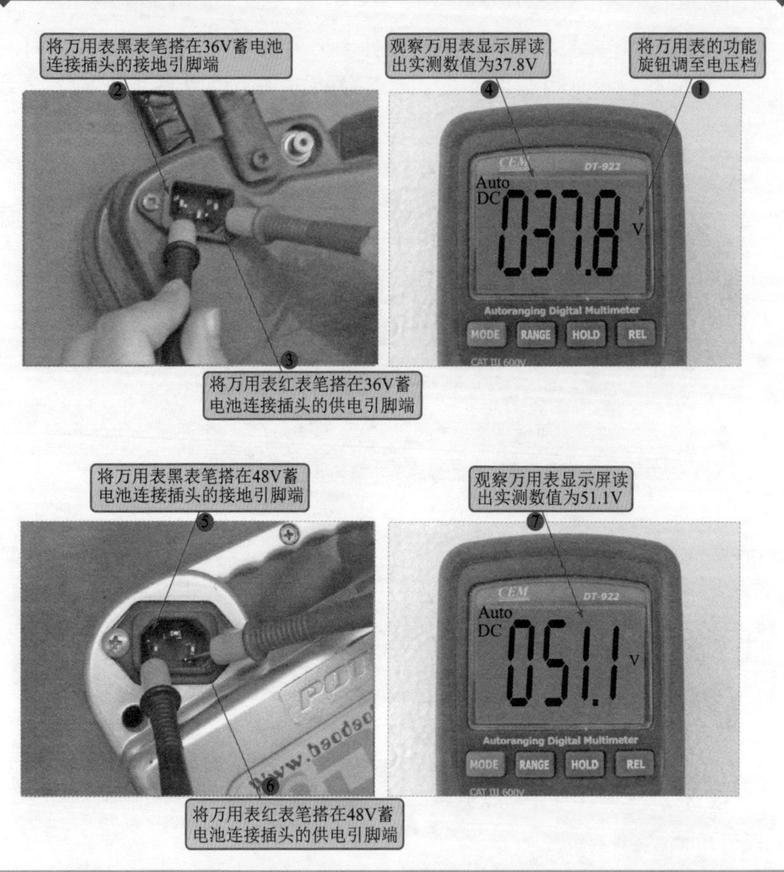
将万用表黑表笔搭在36V蓄电池连接插头的接地引脚端
观察万用表显示屏读出实测数值为37.8V
将万用表的功能旋钮调至电压档
将万用表红表笔搭在36V蓄电池连接插头的供电引脚端
将万用表黑表笔搭在48V蓄电池连接插头的接地引脚端
观察万用表显示屏读出实测数值为51.1V
将万用表红表笔搭在48V蓄电池连接插头的供电引脚端
CEM
DT-922
Auto
DC
037.8
V
051.1
Autoranging Digital Multimeter
MODE
RANGE
HOLD
REL
CAT III 600V

图 16-9 万用表检测蓄电池的方法

正常空载情况下，36V 蓄电池实测电压约为 37.8V。电动自行车的 36V 蓄电池由三个 12V 的单电池串联构成。若经上述检测，电池总电压偏低，则可将蓄电池盒打开，检测单个电池的电压，并找出不良的单电池。

正常空载情况下，48V 电池实测电压约为 51.1V。电动自行车 48V 蓄电池内部由四个 12V 的单电池串联构成。若经上述检测，电池总电压偏低，则可将蓄电池盒打开，检测单个电池的电压，并找出不良的单电池。

16.2.4 万用表检测电动自行车的充电器

充电器主要是将 220V 交流电压转换为 36V 或 48V 的直流充电电压，从而为电动自行车蓄电池输送能量。若充电器出现故障，将出现电源指示灯和充电指示灯不亮、工作时有异常响声、充不进电、电源和状态指示灯发暗且闪烁、输出电压偏高或偏低、无电压输出、充电时发热严重、通电烧保险等。

使用万用表检测时，可通过检测充电器的输出电压，来判断性能好坏。

万用表检测充电器的方法如图 16-10 所示。

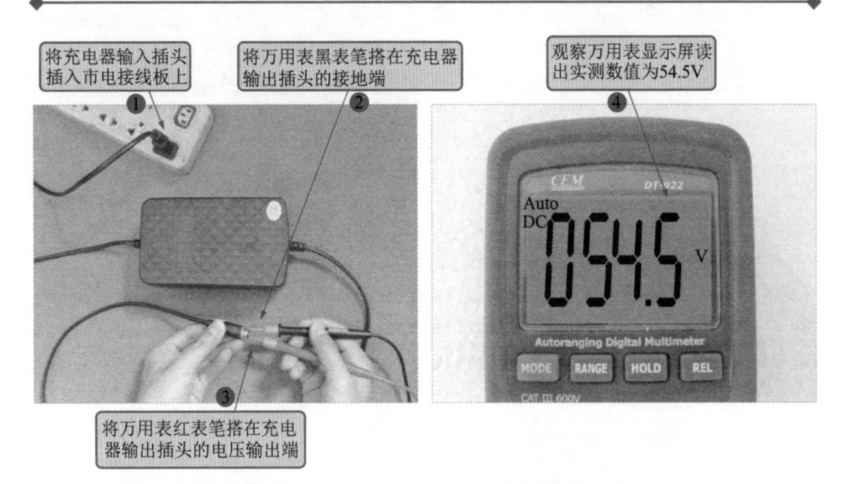
将充电器输入插头插入市电接线板上
1
将万用表黑表笔搭在充电器输出插头的接地端
2
观察万用表显示屏读出实测数值为54.5V
4
CEM
DT-922
Auto
DC
054.5
V
Autoranging Digital Multimeter
MODE
RANGE
HOLD
REL
3
将万用表红表笔搭在充电器输出插头的电压输出端

图 16-10 万用表检测充电器的方法

正常情况下，36V 充电器输出电压应为 41～44V，48V 充电器输出电压应为 55～58V。若无输出，则说明充电器异常，应使用万用表对充电器内部电路元件逐一进行检测，查找故障元器件。

16.2.5 万用表检测电动自行车的调速转把

调速转把是电动自行车的调速部件。若调速转把损坏，多会引起电

扫一扫看视频

动自行车出现调速控制功能失常、飞车、车速度偏低、无法达到高速行驶等故障。

使用万用表检测时，可通过检测调速转把的供电电压和信号电压，来判断性能好坏。

万用表检测调速转把的方法如图 16-11 所示。

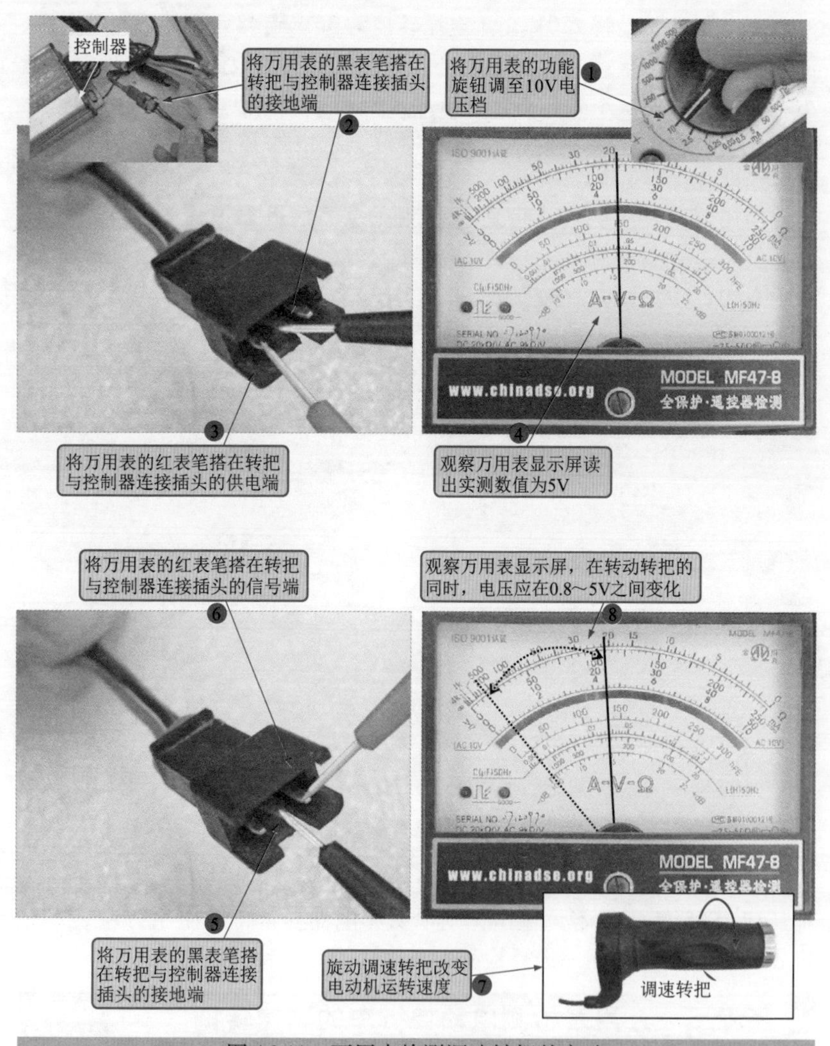
控制器
将万用表的黑表笔搭在转把与控制器连接插头的接地端
将万用表的功能旋钮调至10V电压档
将万用表的红表笔搭在转把与控制器连接插头的供电端
观察万用表显示屏读出实测数值为5V
MODEL MF47-8
www.chinadse.org
全保护·遥控器检测
将万用表的红表笔搭在转把与控制器连接插头的信号端
观察万用表显示屏，在转动转把的同时，电压应在0.8～5V之间变化
将万用表的黑表笔搭在转把与控制器连接插头的接地端
旋动调速转把改变电动机运转速度
调速转把

图 16-11 万用表检测调速转把的方法